V&R unipress

Diagonal
Zeitschrift der Universität Siegen

Jahrgang 2013

Herausgegeben vom Rektor der Universität Siegen, unterstützt von der Gesellschaft der Freunde und Förderer der Universität Siegen e. V.

Stephan Habscheid / Gero Hoch / Heike Sahm /
Volker Stein (Hg.)

# Schaut auf diese Region!

## Südwestfalen als Fall und Typ

Mit zahlreichen Abbildungen

V&R unipress

Bibliografische Information der Deutschen Nationalbibliothek

Die Deutsche Nationalbibliothek verzeichnet diese Publikation in der Deutschen Nationalbibliografie; detaillierte bibliografische Daten sind im Internet über http://dnb.d-nb.de abrufbar.

ISBN 978-3-8471-0143-7
ISBN 978-3-8470-0143-0 (E-Book)
ISSN 0938-7161


Printed in Germany.
Druck und Bindung: CPI Buch Bücher.de GmbH, Birkach
Redaktion und Korrektorat: Lisa Dörr, Nadine Reuther, M.A., Saskia Kaufhold

Gedruckt auf alterungsbeständigem Papier.

# Inhalt

# Vorwort

Die Universität Siegen – deren Zeitschrift DIAGONAL bereits 33 Mal erschienen ist – versteht sich als integraler Bestandteil der sie umgebenden Region Südwestfalen. Mit ihrem Leitspruch »Zukunft menschlich gestalten« signalisiert die Universität, Vorreiter sein zu wollen im Hinblick auf die Entwicklung persönlicher Lebenschancen von Menschen sowie im Hinblick auf zukunftstaugliche Innovation für Wirtschaft und Gesellschaft.

Aus diesem Selbstverständnis heraus ist DIAGONAL ein Medium, das ein übergeordnetes Thema im Licht der an der Universität vertretenen Fakultäten beleuchtet. Die 34. Ausgabe von DIAGONAL wartet dabei mit zwei Neuerungen auf:

- Personell hat ein neues Herausgeberteam die Verantwortung von den Gründern der Zeitschrift übernommen und damit den Generationenwechsel vollzogen. Es ist für die redaktionelle Arbeit zuständig, das Unternehmen V&R unipress für das Verlegen der Zeitschrift.
- Konzeptionell erfolgt eine Neupositionierung als interdisziplinäre wissenschaftliche Zeitschrift, durch deren jeweiliges übergeordnetes Thema die einzelnen Beiträge auch untereinander Bezüge aufweisen und daher integrativ verzahnt gelesen werden können.

Das diesjährige Thema – Südwestfalen – reflektiert den Aufbruch einer erst 2007 gegründeten Region und nimmt damit hintergründig ebenfalls den Faden der Neuerungen auf. Südwestfalen ist mit seinen 1,43 Millionen Einwohnern etwa 1,4-mal und mit seiner Fläche von 6.200 km$^2$ etwa 2,4-mal so groß wie das (immer wieder gern zu geografischen Vergleichen herangezogene) Saarland. Das nordrhein-westfälische Strukturprogramm »Regionale 2013«, das auf die erreichten Erfolge Südwestfalens hinweist, markiert das Ende einer wichtigen Zwischenetappe auf dem Weg des Zusammenwachsens.

DIAGONAL fragt in diesem Zusammenhang nicht primär danach, was Südwestfalen ist. Viel spannender ist, was sich von Südwestfalen und seinem Entstehungsprozess lernen lässt: Wo ist Südwestfalen (möglichst: nachahmenswertes) Beispiel für andere Regionen?

Wir wünschen den Leserinnen und Lesern von DIAGONAL eine ertragreiche Entdeckungsreise durch die gelebte Vielfalt einer jungen Region im Herzen Deutschlands.

Siegen, im März 2013

Stephan Habscheid, Gero Hoch, Heike Sahm, Volker Stein

Dirk Glaser

# Geleitwort

Liebe Leserinnen und Leser,

1,4 Millionen Einwohner, eine Fläche fast doppelt so groß wie Mallorca und ein erfolgreicher Wirtschaftsstandort: In Nordrhein-Westfalen liegt die *jüngste Region Deutschlands.* Die Rede ist nicht vom Ruhrgebiet, auch nicht vom Münsterland – gemeint ist Südwestfalen. Warum *jüngste Region Deutschlands?* Am Durchschnittsalter der Bevölkerung liegt es nicht, sondern an der erst wenige Jahre zurückliegenden Geburtsstunde. Erst 2007 haben sich die fünf Kreise – Soest, Olpe, Siegen-Wittgenstein, der Märkische Kreis und der Hochsauerlandkreis – zu diesem geographischen und wirtschaftlichen Schwergewicht zusammengeschlossen.

Wenn von Südwestfalen die Rede ist, fällt auch häufig der Begriff »Regionale«. Hinter diesem Wort verbirgt sich das wohl wichtigste Strukturförderprogramm des Landes Nordrhein-Westfalen. Die Idee hinter der Regionale ist ebenso einfach wie sinnvoll: gemeinsame Stärken nutzen, voneinander lernen und zusammen Antworten auf drängende Zukunftsfragen finden. Wie können wir die Lebensqualität in unseren Städten erhalten und verbessern? Wie können wir die vielen Dörfer in Südwestfalen fit für die Zukunft machen? Was können wir gegen den Fachkräftemangel unternehmen?

Durch die Regionale 2013 erhält Südwestfalen die Möglichkeit, innovative und beispielhafte Projekte zu entwickeln, die dann durch das Land NRW, den Bund und die EU prioritär gefördert werden. Bedingung für diese finanzielle Unterstützung ist jedoch, dass die gesamte Region die Projekte befürwortet. Beispielsweise müssen auch Akteure aus dem Kreis Soest einem Vorhaben im Kreis Siegen-Wittgenstein zustimmen: gute Idee, die die gesamte Region nach vorne bringen wird! An der Regionale arbeiten deshalb auch viele Partner mit: Politik, Wirtschaft, Tourismus-Verbände, Vereine, Bürgerinnen und Bürger – und natürlich auch die Universität Siegen.

Gemeinsam mit der Hochschule Hamm-Lippstadt, der Fachhochschule Südwestfalen und der BiTS Unternehmer-Hochschule hat die Universität Siegen beispielsweise die Business School »Südwestfälische Akademie für den Mittelstand« an den Start gebracht, eine zukunftsweisende Führungskräfteweiterbildung (nicht nur) für die regionale Wirtschaft. Ein weiteres Regionale-Projekt ist »Siegen – Zu neuen Ufern«. Jedem Siegener und auch vielen Besuchern sind sicherlich schon die städtebaulichen Veränderungen aufgefallen, die derzeit in der Krönchenstadt vor sich gehen: Die Siegplatte ist weg, im Unteren Schloss werden künftig Studierende Seminare und Vorlesungen haben. Auch hier hat die Universität tatkräftig mitgewirkt – ebenso wie an dem Vorhaben »Automotive Kompetenzregion Südwestfalen« und vielen weiteren Initiativen.

An mehr als 50 Regionale-Projekten wird derzeit gearbeitet. Viele spannende Ideen, die Südwestfalen nachhaltig und strukturell weiterentwickeln sollen. Die Investitionen und Gelder, die in die Region fließen – bislang sind es im Zuge der Regionale 2013 mehr als 200 Millionen Euro gewesen – sind dabei nur die eine Seite. Mindestens ebenso wichtig sind die neuen Kooperationen, die neuen Netzwerke und das neue Denken, das sich auf vielen Ebenen durchsetzt: Zu nennen sind hier beispielsweise der intensive Technologie-Transfer zwischen Hochschulen und Unternehmen, die interkommunale Zusammenarbeit zwischen immer mehr Städten und Gemeinden oder das Netzwerk der Dorfgemeinschaften, in dem Ortsvorsteher gemeinsam über Maßnahmen gegen Leerstände und Einwohnerrückgang nachdenken. Die Region lernt zusammenzuarbeiten und erkennt, dass sie gemeinsam mehr erreichen kann. Der Anfang ist vielerorts gemacht, es gilt jetzt, diesen Prozess in Gang zu halten.

Erfolgreicher Wirtschaftsstandort, reizvolle und abwechslungsreiche Landschaften und innovativer Bildungsstandort: Südwestfalen besitzt große Stärken, die mit Hilfe der Regionale weiter ausgebaut werden. Eine Frage wird mir häufig gestellt: Was passiert nach diesem Prozess? Auch wenn die Regionale Ende 2014 offiziell ihren Schlusspunkt findet, die Südwestfalen-Entwicklung geht natürlich weiter. Wir müssen auf Grundlage des bisher Erreichten weiter an der Wahrnehmung gemeinsamer Interessen arbeiten und Herausforderungen zusammen angehen. Dann finden wir nicht nur Gehör in Düsseldorf oder Berlin, sondern wir können auch Steuergelder sparen, wenn es um die aktive Gestaltung der Zukunft geht – in einer Region, die immerhin ein Fünftel von NRW ausmacht. Zudem ist parallel zur Regionale ein weiterer wichtiger Prozess in Gang gesetzt worden: das Regionalmarketing. Südwestfalen wird als neue regionale Marke helfen, künftig benötigte Fach- und Führungskräfte mit ihren Familien zu gewinnen. Das Regionalmarketing ist von der Politik und der Wirtschaft angestoßen und getragen. Besonders wichtig ist, dass auch hier viele weitere Akteure mitarbeiten, zum Beispiel der SauerlandTourismus und der Touristikverband SiegerlandWittgenstein – schließlich geht es um unsere gemeinsame Zukunft. Den Claim haben Sie bestimmt bereits gehört: »Südwestfalen – Alles echt!«.

All dies soll verdeutlichen: Wir sind zwar die *jüngste Region Deutschlands*, in den vergangenen Jahren ist jedoch bereits viel in Bewegung gesetzt worden. Südwestfalen hat sich aufgemacht, um seine Zukunft aktiv zu gestalten und zusammenzuwachsen. Die Regionale 2013 hat dafür den Grundstein gelegt. Diesen Prozess gilt es weiter fortzuführen, auch mit der Regionalmarketing-Kampagne »Alles echt!«.

Es freut mich, dass mit dem vorliegenden Heft von DIAGONAL vielfältige und innovative Perspektiven der Wissenschaft auf das Phänomen der Region – im besonderen Fall Südwestfalens und im Allgemeinen – als Ressource für den weiteren Dialog einem größeren Publikum zugänglich gemacht werden.

Ich wünsche Ihnen viel Spaß beim Lesen und beim Gewinnen neuer Erkenntnisse!

Ihr

Dirk Glaser, Geschäftsführer Südwestfalen Agentur

Stephan Habscheid, Gero Hoch, Heike Sahm & Volker Stein

# Schaut auf diese Region! Südwestfalen als Fall und Typ. Zur Einleitung in das Heft

Land, Stadt, Metropole – räumlich bestimmte Formen stehen oft im Mittelpunkt, wenn wir uns über unsere Gesellschaft verständigen. Im öffentlichen Diskurs sind zentrale Probleme der Gegenwart und Zukunft (Bevölkerungsentwicklung, Klimawandel, Wettbewerb etc.) lokal spezifiziert, werden gesellschaftliche Risiken, Herausforderungen und Potentiale vor sprachlichen und bildlichen *räumlichen* Bezugshintergründen positioniert, ausgerichtet und dimensioniert.[1] So sehen sich beispielsweise regionale Staatenbünde und Nationalstaaten, Bundesländer, Städte, Dörfer und andere politisch-administrative Einheiten in räumlich strukturierten Ratings und Rankings positioniert und vergleichend zu anderen Orten in Beziehung gesetzt. Vor diesem Hintergrund streben sie danach, ihre Stellung im ›globalen‹ Wettbewerb strategisch zu gestalten, indem sie ihre besonderen Stärken herausarbeiten und intensivieren, Risiken reduzieren und Sicherheit erhöhen, ein überzeugendes Image von sich selbst entwerfen: Sie sollen gleichsam zu Erfolgsmarken unter den Regionen werden, die Investoren, Fachkräfte und Touristen anziehen.[2]

In Nordrhein-Westfalen zum Beispiel existiert mit dem Strukturförderprogramm der *Regionale*

> »ein Angebot des Landes an seine Teilräume, sich für einen begrenzten Zeitraum auf eine strukturpolitisch ausgerichtete Projektstrategie zu verständigen und diese – kommunale Grenzen überschreitend – gemeinsam umzusetzen. [....] Erhält eine Region den Zuschlag, so können die vorgeschlagenen Maßnahmen aus den bestehenden Förderprogrammen des Landes prioritär gefördert werden.«[3]

Vor diesem Hintergrund hoben sich 2007 fünf Kreise des Raumes Südwestfalen – Olpe, Siegen-Wittgenstein, Soest, Hochsauerlandkreis, Märkischer Kreis – buchstäblich selbst als »Region« aus der Taufe und erhielten den Zuschlag, die

1 Vgl. z.B. Egner / Pott 2010; Löw 2010; zu sprachlichen Verfahren und Mitteln der kommunikativen Raumkonstitution z.B. Vater 1991.
2 Vgl. Löw 2010, S. 11 ff., 53.
3 Dahlheimer 2011, S. 22.

Regionale 2013 auszurichten.[4] Die Teilnahme an diesem Strukturprogramm verbindet sich dem Selbstverständnis nach mit identitätsstiftenden Elementen einer »Leistungsschau« und eines kollektiven »Lernprozesses«, der die beteiligten Akteure dazu in die Lage versetzen soll, durch interkommunale und kreisübergreifende Zusammenarbeit und die Kooperation diverser regionaler Institutionen (Wirtschaft, Bildung, Wissenschaft, Kunst etc.) den eingangs beschriebenen Herausforderungen einer lokalen Gestaltung des Globalen zu begegnen und dazu Fördermittel einzuwerben.[5]

In wissenschaftlicher Perspektive sind Städte und Regionen nicht nur materielle (natürliche, bauliche) »Behälter« von Gesellschaft, sondern aufs Engste verwoben mit kulturellen Lebensformen: Sie stellen historisch gewachsene Rahmenbedingungen und Ergebnisse spezifischer Ausprägungen von Gesellschaft dar.[6] Städte und Regionen entstehen und verändern sich daher im kulturellen Modus der Kommunikation, die freilich mehr umfasst als raumbezogene Identitätsstiftung und Markenpolitik. Anders gesagt, umfasst regionale Kommunikation nicht nur charakteristische Weisen und Formen, *über* den Raum zu sprechen, sondern auch eine besondere Ausprägung der Kommunikation *im* Raum, die sich in charakteristischer Weise mit sozialer Praxis und materiellen Strukturen - Gebäuden, Artefakten, menschlichen Körpern - verbindet, gleichsam die »lesbare«, zeichenhafte Oberfläche der Region in all ihren historischen und gegenwärtigen, ökonomischen, technologischen, sozialen und künstlerischen Bezugssystemen bildet.[7]

Vor diesem Hintergrund erscheinen Städte und Regionen oftmals bis ins Detail *durchzogen* von einem je spezifischen roten Faden, einer charakteristischen Sinnfigur, einem besonderen Habitus, der im Alltag ihrer Bewohnerinnen und Bewohner sichtbar gelebt, erfahren und gefühlt wird.[8] Wer den Anspruch hat, die Entwicklung einer Region strategisch zu gestalten, tut demnach gut daran, in deren charakteristische Lebensform(en) einzutauchen, um Rahmenbedingungen der Entwicklung und Gestaltung zu verstehen, Potentiale zu erkunden, Gefühle des Glücks und Unbehagens in der Region und ihren gewachsenen Teilräumen zu ergründen.[9] Wie die neuere stadtsoziologische Forschung zeigt, manifestiert sich gelebte und gefühlte Identität nicht nur im Offensichtlichen oder Spektakulären, den schon von weitem sichtbaren »Leucht-

4 Voigtsberger 2011, S. 6.
5 Regionale Kompakt 2011, S. 10.
6 Vgl. Löw 2010, S. 37.
7 Ebd., 39. Zum hier skizzierten Konzept von Kommunikation Scollon / Scollon 2003.
8 Vgl. Löw 2010, S. 61 f., unter Bezug auf Williams 1965.
9 Einem ähnlichen Programm mit freilich weiter reichendem kulturkritischem Anspruch sieht sich die philosophische Forschungsrichtung der Neuen Phänomenologie verpflichtet, vgl. z. B. Großheim 2010.

türmen«, sondern auch durch das vermeintlich selbstverständliche Detail, auf dem kollektive Identitätsbildung im Alltag beruht:[10] Akzeptanz soziokultureller Vielfalt, gelebte Toleranz gegenüber Minderheiten, breite bürgerschaftliche Partizipation, Umgang mit Armut im öffentlichen Raum, Integration Benachteiligter, Gestaltungswille und Zuversicht im Blick auf die Zukunft.

Mit der vorliegenden Ausgabe von DIAGONAL wird der Versuch unternommen, verschiedene wissenschaftliche Disziplinen durch ihre Bezüge zu Fragen und Herausforderungen »der Region« – im besonderen Fall Südwestfalens und im Blick auf Konzepte, die diesen Raum mit ähnlichen Räumen typisierend verbinden – zueinander in Beziehung zu setzen. Dass die einzige Universität derjenigen Region, die hier als Beispiel dient, auch in dieser Form einen wissenschaftlich fundierten Beitrag zur Regionale 2013 zu leisten versucht, erscheint naheliegend, zumal vielfältige Forschungsprojekte der Universität – von der Religionsgeschichte bis zur Innovation im Automobilbau, von den sozialen Diensten bis zur Umgestaltung urbaner Räume – sich (auch) auf die Region beziehen. Zu bedenken ist freilich, dass die Universität als Institution, um ein Wort aus dem kirchlichen Diskurs aufzugreifen, zwar *in* der Region und *für* die Region ist, nicht aber *von* der Region, sondern eingebettet in übergreifende akademische und gesellschaftliche Kontexte. Dementsprechend hat das Interesse der Wissenschaft und der (akademischen) Bildung – über den speziellen Fall und seine Charakteristik hinaus – immer auch dem Allgemeineren zu gelten.

Durch das Ziel der Verallgemeinerung – über den Horizont der Einzeldisziplin hinaus – stellt sich das Heft in die Tradition von DIAGONAL. Im Unterschied zu früheren Heften wird Verallgemeinerung diesmal nicht über die Verwandtschaft von abstrakten Begriffsbildungen und Benennungen im wissenschafts- und bildungssprachlichen Diskurs gesucht, sondern ausgehend von einem konkreten, alltäglich strukturierten, zusammenhängenden Phänomen- und Praxisbereich. Verallgemeinerung wird angestrebt durch die Frage, wie sich je spezifische Einzelaspekte des konkreten Falls mit den begrifflichen Inventaren verschiedener Wissenschaften (und in der Summe: der Universität) fassen und zu anderen, aus der Forschung bekannten Fällen systematisierend und vergleichend in Beziehung setzen lassen.[11] In einem Bild-Beitrag, den Studierende des Departments Fotografie der Universität Siegen mit Frau Professorin Uschi Huber erarbeitet haben, werden Erfahrungen in und mit regionalen Lebensformen mit künstlerischen Mitteln verarbeitet. Wie im Fall der Eiserfelder Brücke, die hier in einer ganz besonderen Stimmung erscheint, setzen sich die Arbeiten auch mit Motiven auseinander, die tief im kollektiven Bildgedächtnis der Region verankert sind (vgl. den Beitrag von Angela Schwarz).

10 Vgl. Löw 2010, S. 57 ff.

11 Vgl. zur Programmatik Löw 2010, in Bezug auf die Stadtsoziologie.

In vielen Beiträgen geht es auch um die Frage, inwieweit sich am beispielhaften Fall der Regionale 2013 in Südwestfalen typische Herausforderungen und (wissenschaftlich fundierte) Lösungsansätze beobachten lassen, wie sie vergleichbar auch in anderen Regionen Deutschlands und der Welt zu finden waren oder sind. Im besten Fall kann die Wissenschaft so auch dazu beitragen, den kollektiven Lernprozess – in der Region und über die Region hinaus – durch eine Vermittlung des Besonderen mit dem Allgemeinen zu unterstützen.

## Literatur

Dahlheimer, Achim (Ministerium für Wirtschaft, Energie, Bauen, Wohnen und Verkehr NRW): ›Strukturprogramm für einen vielseitigen Raum – Regionale Südwestfalen‹, in: *Südwestfalen Agentur* (Hg.): Südwestfalen Kompass 3.0 »Seitenblicke«. Dortmund / Olpe 2011, S. 22 – 24.

Egner, Heike / Pott, Andreas (Hg.): Geographische Risikoforschung. Zur Konstruktion verräumlichter Risiken und Sicherheiten. Stuttgart 2010.

Großheim, Michael: ›Von der Maigret-Kultur zur Sherlock Holmes-Kultur. Oder: Der phänomenologische Situationsbegriff als Grundlage einer Kulturkritik‹, in: Großheim, Michael / Steffen Kluck: *Phänomenologie und Kulturkritik*. Freiburg i. Br. 2010, S. 52 – 84.

Löw, Martina: Soziologie der Städte. Frankfurt a. M. 2010.

›Regionale Kompakt‹, in: *Südwestfalen Agentur* (Hg.): Südwestfalen Kompass 3.0 »Seitenblicke«. Dortmund / Olpe 2011, S. 10 – 13.

Scollon, Ron / Scollon, Suzie Wong: Discourses in Place. Language in the Material World. London / New York 2003.

Vater, Heinz: Einführung in die Raum-Linguistik. Hürth 1991.

Voigtsberger, Harry K. (Minister für Wirtschaft, Energie, Bauen, Wohnen und Verkehr NRW): ›Geleitwort‹, in: *Südwestfalen Agentur* (Hg.): Südwestfalen Kompass 3.0 »Seitenblicke«. Dortmund / Olpe 2011, S. 6.

Williams, Raymond: The Long Revolution. Harmondsworth 1965.

Jürgen Jensen[1]

# Siegen – Zu neuen Ufern. Wasserbauliche Modellversuche als Grundlage zur Umgestaltung der Sieg im Bereich der Siegener Innenstadt (eine Chance für Siegen ...)

## Kurzfassung

In einem sehr komplexen Umfeld unterschiedlichster Ansprüche, Randbedingungen und Zielvorstellungen aus Hochwasserschutz, naturnahem Gewässerausbau, Anlieger- und Gewerbeinteressen, Städte- und Verkehrsplanung sowie den Forderungen der EU-Wasserrahmenrichtlinie bilden interdisziplinäre Untersuchungen mit einem wasserbaulichen Modell die Grundlage für die Neugestaltung der Sieg in der Siegener Innenstadt. Die Freilegung der Sieg im Bereich der in den 1960er Jahren gebauten »Siegplatte« ist ein wesentlicher Teil des Projektes »Siegen - Zu neuen Ufern« und der Siegener Beitrag zur »Regionale Südwestfalen 2013« (Abbildung 1).

Abb. 1: Dampferlinie Betzdorf-Hilchenbach, Haltestelle Siegen-Siegbrücke.
Quelle: Kesper 1984, S. 131

1 Unter Mitwirkung von Jens Bender, Torsten Frank und Jörg Wieland, alle Forschungsinstitut Wasser und Umwelt (fwu) der Universität Siegen, Paul-Bonatz-Str. 9 – 11, 57076 Siegen.

## Vorbemerkung

Die Regionale ist ein Strukturförderprogramm des Landes Nordrhein-Westfalen; Ausrichter für die Regionale 2013 ist Südwestfalen mit dem Oberzentrum Siegen. Mit der Regionale 2013 wird unter anderem das Ziel verfolgt, gemeinsam den Herausforderungen der Globalisierung und des demografischen Wandels zu begegnen und in den fünf südwestfälischen Kreisen entsprechende Ideen, Projekte und Maßnahmen zu entwickeln. Das Projekt »Siegen – Zu neuen Ufern« ist der Siegener Beitrag zur »Regionale Südwestfalen 2013«; ein wesentlicher Teil dieses Projektes ist die Freilegung der Sieg im Bereich der in den 1960er Jahren gebauten »Siegplatte« in der Siegener Innenstadt. Als Alternative zur technischen Instandsetzung der Siegplatte wurde 2009 beschlossen, die Siegplatte rückzubauen und damit das Stadtbild Siegens aufzuwerten sowie der Europäischen Wasserrahmenrichtlinie zur Renaturierung von Gewässern gerecht zu werden. Im Rahmen des Strukturförderprogramms Regionale 2013 wurde die architektonische und städtebauliche Planung zur Umgestaltung des Siegplattenbereiches in einem Wettbewerb europaweit ausgeschrieben.

## 1. Geschichte der Stadt Siegen und der Siegplatte

Die im südlichen Teil Nordrhein-Westfalens (Siegerland) gelegene Stadt Siegen (Oberzentrum mit rund 100.000 Einwohnern) wird durch das namengebende Gewässer, die Sieg (Gewässerkennzahl 272), durchflossen. Die Stadt Siegen hat eine dokumentierte Geschichte von mehr als 2000 Jahren. In dem verzweigten Talkessel der oberen Sieg münden innerhalb des Stadtgebiets die Gewässer Ferndorf und Weiß sowie weitere kleine Bäche ein. In den vergangenen Jahrhunderten wurde Siegen im Bereich der heutigen Innenstadt durch verschiedene Einwirkungen, wie Großbrände und Kriege, erheblich verändert.

Abbildung 2 zeigt den Blick vom Siegufer auf die Sieg und die Oberstadt um das Jahr 1850 und im Vergleich dazu die Aussicht mit Siegplatte in gleicher Blickrichtung, allerdings vorgerückt auf die Siegplatte vor der in der linken Darstellung sichtbaren Brücke der Bahnhofstraße.

Abb. 2: Blick von der Sieg Richtung Oberstadt, damals und heute. Quelle: Bild links: Archiv der Stadt Siegen, Referat Tiefbau; Bild rechts: fwu

Das einschneidende Ereignis für die städtebauliche Entwicklung im 20. Jahrhundert war der verheerende Bombenangriff im Dezember 1944, bei dem 80 % der Infrastruktur Siegens völlig zerstört oder irreparabel beschädigt wurden. Abbildung 3 zeigt einen Blick auf den Herrengarten bzw. das Westufer der Sieg nach dem Bombenangriff 1944 und im Vergleich die Situation mit der Siegplatte.

Abb. 3: Blick auf Herrengarten und Westufer der Sieg, jeweils rechts im Bild das Gebäude der heutigen Universitätsverwaltung; 1944 und mit Siegplatte. Quelle: Bild links: Archiv der Stadt Siegen, Referat Tiefbau; Bild rechts: fwu

Nach dem Krieg lag das Hauptaugenmerk auf dem Bereitstellen von funktionaler Infrastruktur sowie der Schließung von Baulücken. Abbildung 4 zeigt die Situation der Sieg nach dem Wiederaufbau in den 1950er und 1960er Jahren; ebenfalls mit Blick auf Westufer und Herrengarten. Die Siegufer wurden beidseitig durch senkrechte Mauern befestigt und das Westufer (rechts) bereits mit einer kurzen Überkragung versehen.

Abb. 4: Blick auf Herrengarten und Westufer der Sieg in den 1950er und 1960er Jahren; rechts unten (außerhalb des Bildes) die Brücke Hindenburgstraße und im Hintergrund die Brücke Bahnhofsstraße. Quelle: Archiv der Stadt Siegen, Referat Tiefbau

## 2. Bau der Siegplatte und Ausbau der Sieg

In den Jahren 1967 und 1968 wurde die Sieg im Bereich der Siegener Innenstadt auf einer Länge von etwa 250 m mit der sogenannten Siegplatte überbaut. Ausschlaggebend für den Bau der Siegplatte war nicht zuletzt die öffentliche Forderung nach zentral gelegenen Parkmöglichkeiten. So entstand auf der etwa 5100 m$^2$ großen Siegplatte Platz für etwa 230 Autos. Gelagert wird das Bauwerk linksseitig auf einer Pfeilerreihe mit 29 Pfeilern und einem massiven Unterzug entlang der Gewässerachse. Auf der rechten Seite lagert die Platte auf einer Ufermauer und einem Randbalken auf Bohrpfählen (vgl. Abbildung 5 und Abbildung 10). Insgesamt ragt die Siegplatte etwa 20 m über das Gewässer, was einem prozentualen Flächenanteil von etwa 80 % der Gewässerbreite entspricht.

Im Zuge dieser Baumaßnahme wurde außerdem die Gewässersohle als Doppeltrapezgerinne mit linksseitig angeordneter Niedrigwasserrinne ausgebaut. Weiterhin wurde die Sohle über eine Länge von etwa 350 m mit einer erosionssicheren Höckerpflasterung versehen und die Bereiche unterhalb der Brücken Bahnhofstraße und Hindenburgstraße bereinigt und angepasst.

Diese Lösung wurde damals mit einem wasserbaulichen Modellversuch in dem Wasserbaulabor der Gesamthochschule-Universität Siegen von Professor Kadereit mit erarbeitet. Bei den Modellversuchen standen 1967 allerdings

Abb. 5: Ausbau der Sieg in der Siegener Innenstadt und Herstellung der Siegplatte im Jahr 1968. Quelle: Archiv der Stadt Siegen, Referat Tiefbau

überwiegend hydraulische Fragestellungen im Vordergrund. Dafür wurde ein auf den unmittelbaren Flussschlauch der Sieg und Weiß beschränktes Modell errichtet (Kadereit / Gruhle 1967). Dieses Modell wurde mit einem zweifach überhöhten Maßstab von 1:50 für die Längen und 1:25 für die Höhen hergestellt (Abbildung 6). Bei solchen wasserbaulichen Modellversuchen wird heute auf eine Überhöhung verzichtet, da Überhöhungen tendenziell zu einer Überschätzung der Leistungsfähigkeit der so nachgebildeten Abflussprofile führen.

Mit dem damaligen Modell wurden umfangreiche Modellversuche durchgeführt, die nach mehreren Ausbauvorschlägen und Untervarianten in den durch Abbildung 5 und Abbildung 10 dargestellten Ausbau der Sieg mündeten, welcher auch mit der Überbauung durch die Siegplatte und die zugehörigen Pfeiler nach wie vor die sichere Hochwasserabflussführung gewährleisten sollte. Hierzu wurden von Professor Kadereit empfohlen und auch später ausgeführt: der Ausbau einer Mittelwasser-Rinne, der Ausbau der Weiß-Mündung (u. a. durch den Einbau eines betonierten Höhenversatzes der Gewässersohle; auch Absturz genannt), die Bereinigung bzw. strömungsgünstigere Gestaltung des Bereiches der Hindenburgbrücke, die Anordnung von strömungslenkenden Bauwerken (Leitwerken) im Bereich der Siegbrücke sowie die Bereinigung des linken Ufers der Sieg unterhalb der Mündung der Weiß.

Abb. 6: Ansicht des Gesamtmodells 1967 zur Durchführung von Modellversuchen für die Überbauung in Siegen (überhöhtes Modell im Maßstab 1:50 für die Längen und 1:25 für die Tiefen). Quelle: fwu

Mit dem entsprechenden Ausbau sollten ebenfalls Tendenzen zur Ablagerung von Geschiebe in der Sieg reduziert werden. Eine vollständige Freihaltung von Geschiebe dieses Siegabschnittes durch den Ausbau konnte aber nicht erzielt werden; hierzu hätte es des weiteren Ausbaus der damals vorhandenen Wehre als Geschiebefang bedurft.

Weitere Empfehlungen aus dem Versuchsbericht, die aber ebenfalls nicht zur Ausführung gelangten, waren ein noch stärkerer Umbau der Weiß-Einmündung, um deren negative Einflüsse auf die Hochwasserabführung in der Sieg zu reduzieren, sowie ein Ausbau der Sieg unterhalb der Weißeinmündung.

## 3. Die Siegplatte

### 3.1 Reparatur- und Sanierungsbedarf der Siegplatte

Nach mehr als 30-jähriger Nutzung wies die Siegplatte einen hohen Sanierungsbedarf auf. Unter anderem wurde infolge einer schadhaften Oberflächenabdichtung chloridhaltiges Wasser in die Konstruktion eingetragen, was zu erheblichen Korrosionserscheinungen der Bewehrung geführt hat (Abbildung 7).

Abb. 7: Zustand der Siegplatte mit Korrosionsschäden an der Unterseite. Quelle: fwu

Aufgrund des erheblichen Sanierungsbedarfs wurde die Sanierungsfähigkeit der Siegplatte bzw. der Plattenkonstruktion von Fachkollegen bezweifelt, d. h. die Sanierung hätte durch einen kostenintensiven Ab- und Neubau der Überkragung erfolgen müssen. Der Zustand der Unterkonstruktion hatte ebenfalls Auswirkungen auf die dem Parkverkehr entnommenen Felder 6 und 7 der Siegplatte, die den heutigen Maria-Rubens-Platz bilden: Insbesondere die Tragfähigkeit des Feldes 6 ist so gering, dass bei der Neugestaltung der Oberfläche des Platzes ein leichter Oberbau gewählt werden musste, der ein Befahren nicht zulässt. Da dies allerdings nie ganz zu verhindern ist, waren bereits auch hier wieder Schäden an der gepflasterten Oberfläche aufgetreten.

## 3.2 Hochwassergefahr im Bereich der Siegener Innenstadt

Im Gegensatz zu weiten Teilen des Siegerlandes und auch der Stadt Siegen selbst ist der innerstädtische Bereich Siegens mit der Siegplatte, der Bahnhofsstraße und den angrenzenden Straßen topografisch eher flach. Somit sind bei hochwasserbedingten Überflutungen großflächige Teile der Siegener Innenstadt gefährdet. Hochwertige Immobilien, wie z. B. Apollo-Theater, Sparkassengebäude, Sieg-Carré und Citygalerie weisen daher bei Hochwasserereignissen ein großes Schadenspotenzial auf. Insbesondere die Brücke Bahnhofstraße hat nach Ergebnissen von hydrodynamisch-numerischen Untersuchungen (Jensen / Zoch

2004) bzw. detaillierteren Untersuchungen im wasserbaulichen Modellversuch bei einem 100-jährlichen Abfluss (Bemessungsabfluss, d.h. der Abfluss, der im statistischen Mittel einmal in 100 Jahren auftritt, auch als $HQ_{100}$ bezeichnet) kein Freibord mehr; d.h., die Unterkante der Konstruktion wird durch den Wasserspiegel erreicht und beeinflusst den Hochwasserabfluss. Durch Oberflächenwellen oder Treibgut ist bei solchen und auch nur wenig darüber hinausgehenden Hochwasserabflüssen davon auszugehen, dass es zu einem stärkeren Rückstau und Ausuferungen im Bereich der jetzigen Siegplatte und damit zu Hochwasserschäden in der Siegener Innenstadt kommen könnte. Aufgrund der Topografie des Uferverlaufs treten allerdings sowohl oberhalb als auch unterhalb Ausuferungen bereits vor Erreichen eines $HQ_{100}$ auf; z.B. im Bereich des Gerichts an der Berliner Straße. Allein aus der Forderung nach einem angemessenen Hochwasserschutz für diesen Bereich der Siegener Innenstadt ergibt sich Handlungsbedarf.

Seit dem Bau der Siegplatte sind mehrfach (z.B. im Februar 1984 und im August 2007) Hochwasserereignisse im Bereich eines etwa 25-jährlichen Abflusses aufgetreten (s. Abbildung 8).

Abb. 8: Hochwasser im August 2007 im Bereich der Brücke Bahnhofstraße. Quelle: fwu

Auch durch die zahlreichen Eingriffe in das Gewässerbett haben sich im Laufe der Jahre Geschiebe- und Sedimentablagerungen in dem betrachteten Gewässerabschnitt ergeben. Abbildung 9 zeigt den Ausbauzustand der Sieg an der Weißeinmündung 1968 (links) und den Zustand mit Geschiebeablagerungen im Jahr 2007 (rechts). Die Sedimentablagerungen finden sich unter der gesamten Siegüberkragung wieder und weisen an einzelnen Positionen eine Mächtigkeit von bis zu 1,2 m auf (Abbildung 10). Dieser Zustand resultiert in einem stark reduzierten Gewässerquerschnitt, was wiederum zu einer Verschärfung der Hochwassergefahr führt.

Abb. 9: Ausbauzustand der Sieg an der Weißeinmündung 1968 (links) und Zustand mit Geschiebeablagerungen 2007 (rechts). Quelle: Bild links: Archiv der Stadt Siegen, Referat Tiefbau; Bild rechts: fwu

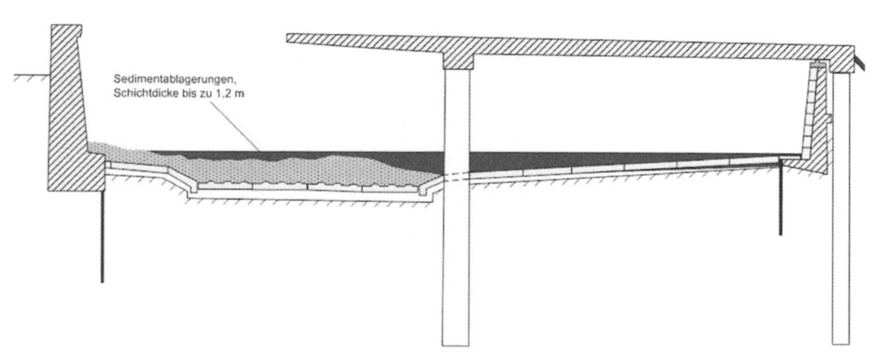


Abb. 10: Derzeitiger Querschnitt der Sieg mit Überkragung und Verlandungen in der Siegener Innenstadt. Quelle: fwu

### 3.3 Gewässerstrukturgüte und Wassergüte

Die Europäische Wasserrahmenrichtlinie (EU-WRRL) fordert die Herstellung eines guten ökologischen und chemischen Zustandes für die Oberflächengewässer in der Europäischen Union. Für erheblich veränderte oder künstliche Gewässer, bei denen der gute ökologische Zustand nicht erreicht werden kann, sieht die EU-WRRL ein gutes ökologisches Potenzial als wesentliches Entwicklungsziel vor.

Maßnahmen an Flüssen unterliegen jedoch nicht nur technischen und ökologischen, sondern auch rechtlichen und wirtschaftlichen Anforderungen. Bei urbanen Gewässern kommen außerdem Aspekte des Städtebaus und städtische Entwicklungsziele hinzu. So muss ein innerstädtisches Gewässer für den Hochwasserfall eine ausreichende hydraulische Leistungsfähigkeit aufweisen. Bei Niedrigwasser sollte das Gewässer ein optisch ansprechendes Bild bieten, um dem Ziel der Naherholung gerecht zu werden.

Die Wasserqualität der Sieg war in den Nachkriegsjahren durch stark belastete Einleitungen (z. B. gewerbliche Einleitungen aus Gerbereien) sehr schlecht und hat sich in den vergangenen Jahren durch Abwasserreinigungsanlagen erheblich verbessert; heute ist die Wasserqualität der Sieg als *gut* bis *sehr gut* einzustufen. Ebenfalls ist die Sieg heute durchgängig für Flora und Fauna; fast alle Querbauwerke (Wehre) sind rückgebaut bzw. *geschliffen* (z. B. durch das Programm Lachs 2000, in Nordrhein-Westfalen später in Wanderfischprogramm NRW umbenannt, vgl. Schulte-Wülwer-Leidig 1991). Letzte Beispiele sind der vor kurzem erfolgte Rückbau des Wehres »Effertsufer« und die Einbindung der Weiß durch eine raue Rampe anstelle des bisherigen Absturzes.

Mit einem Gewässerentwicklungskonzept wurden bereits im Jahr 2004 für die Sieg sowie Ferndorf und Weiß konkrete Möglichkeiten zur Verbesserung der Gewässerstrukturgüte erarbeitet (Jensen / Zoch 2004a).

Im betrachteten Gewässerabschnitt stehen somit heute Wassergüte und Gewässerstrukturgüte (das Maß für die ökologische Qualität des Gewässerbettes und seines Umfeldes von 1: naturnah bis 7: übermäßig geschädigt) im klaren Gegensatz zueinander. Während die Wassergüte als *gut* bis *sehr gut* einzustufen ist, kann die Gewässerstrukturgüte lediglich in die Güteklasse 7 (linkes und rechtes Vorland und Ufer) bzw. in Güteklasse 5 (Sohle) eingestuft werden (vgl. Abbildung 11). Die Sieg entspricht heute somit in weiten Bereichen nicht den Anforderungen der EU-WRRL.

Abb. 11: Gewässerstrukturgüte der Sieg und Weiß im innerstädtischen Bereich Siegens. Quelle: fwu

# 4. Wasserbauliche und städtebauliche Untersuchungen

## 4.1 Voruntersuchungen

Das Gewässerentwicklungskonzept (Jensen / Zoch 2004a) für die Sieg und die Nebenflüsse Ferndorf und Weiß zeigt nicht nur im Innenstadtbereich Siegens eine überaus starke urbane Inanspruchnahme des Gewässerumfeldes auf. Nahezu im gesamten Stadtgebiet Siegens wurden einschränkende Bedingungen des Gewässerumfeldes, durch z. B. Bebauungen und Nutzungen entlang des Gewässers, identifiziert.

Im Rahmen der Prüfungen zum bauphysikalischen Zustand der Siegplatte sowie im Fortgang des Gewässerentwicklungskonzepts der Sieg sollten verschiedene Handlungsmöglichkeiten und städteplanerische Konsequenzen untersucht werden.

Daher wurde im Februar 2008 die Universität Siegen, vertreten durch den Lehrstuhl für Wasserbau und Hydromechanik mit Prof. Dr.-Ing. Jürgen Jensen vom Forschungsinstitut Wasser und Umwelt (fwu) und dem Lehrstuhl für Städtebau mit Prof. Dipl.-Ing. Bernd Borghoff, in interdisziplinärer Zusammenarbeit mit der Erarbeitung von städtebaulichen Entwurfsvarianten für den unmittelbaren Siegverlauf zwischen Hindenburg- und Bahnhofsstraße bzw. der Weißeinmündung beauftragt. Dabei war insbesondere die wasserbauliche Umsetzbarkeit und eine Aufwertung des ökologischen Zustands des Gewässerbettes der Sieg zu beachten. Weiterhin war sicher zu stellen, dass alle Entwürfe den wasserrechtlichen Vorgaben genügen und es sollte dargestellt werden, in welchem Maße der Hochwasserschutz der Sieg im hochwertig bebauten innerstädtischen Bereich verbessert werden kann (Frank / Jensen 2010; Jensen u. a. 2008).

Wegen der Komplexität der Planungsaufgabe und der Vielfalt der zu beteiligenden Verwaltungsbereiche wurde von der Stadt Siegen die Projektgruppe »Umgestaltung der Sieg« eingerichtet, ihr wurden insbesondere die folgenden Aufgaben übertragen: Fortschreibung des bauphysikalischen Gutachtens »Siegplatte«, Erarbeitung der stadtentwicklungspolitischen Konsequenzen und Aufarbeitung der finanzwirtschaftlichen Konsequenzen. In dieser Projektgruppe wurde ein großer Teil der Fragen durch die entsprechenden Fachgebiete der Universität Siegen und hier das fwu bearbeitet.

## 4.2 Wasserbauliches und städtebauliches Modell

Zur wasserwirtschaftlichen Begleitung der Umgestaltungsplanung wurde das fwu der Universität Siegen von der Stadt Siegen im Februar 2009 beauftragt, die hydraulischen Untersuchungen anhand eines physikalischen Modells durchzuführen; diese Untersuchungen erfolgten in Kooperation mit dem Städtebau. Im Wesentlichen sollten durch das wasserbauliche Modell folgende Aufgaben bearbeitet werden:

- Nachweis einer schadlosen Abführung des Bemessungshochwasserabflusses nach Umsetzung der Umgestaltungsmaßnahme
- Entwurf einer optimal gestalteten Gewässersohle zur ökologischen und ästhetischen Abführung von Niedrigwasserabflüssen
- Identifizierung des Einflusses der derzeit vorhandenen Pfeilerreihe der Siegplatte
- Abbildung der hochturbulenten Strömungsverhältnisse im Mündungsbereich des Gewässers Weiß und deren Einfluss auf die Wasserspiegellage im Planungsbereich.

Das aktuelle Siegmodell wurde entsprechend dieser Fragestellungen konsequenterweise ohne Überhöhung in einem ungewöhnlichen Maßstab von 1:30 errichtet und bildet nicht nur aus städtebaulichen Gründen die angrenzenden Uferareale mit ab. Das Modell hat eine Länge von 18,5 m, eine maximale Breite von 5,7 m und eine resultierende Fläche von 90 m$^2$. Im Maßstab von 1:30 bildet es die Sieg auf einer Länge von 600 m (Gewässerstationierung km 130,200 – 130,800) und die einmündende Weiß auf einer Länge von 75 m (Gewässerstationierung km 0,00 – 0,075) ab (Jensen / Wieland / Bender 2008) (s. Abbildung 12). Der unverzerrte Modellmaßstab von 1:30 ermöglicht auf Grundlage des FROUDEschen Modellgesetzes für alle erforderlichen hydraulischen bzw. wasserbaulichen Untersuchungen eine hervorragende Voraussetzung für die Umrechnung der Versuchsergebnisse aus dem Modell auf den Naturmaßstab (Kobus 1984).

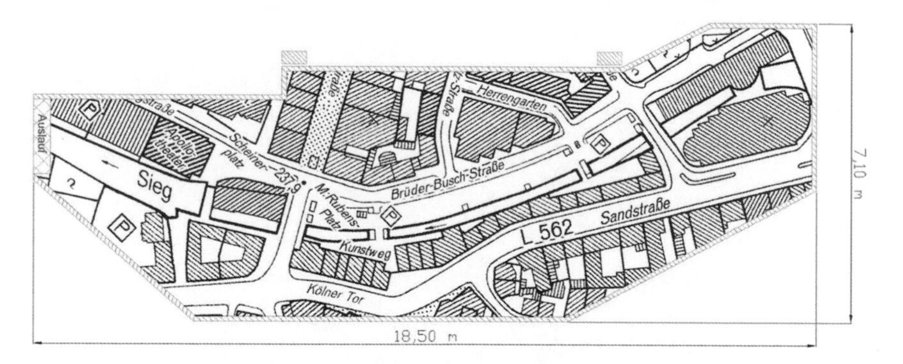


Abb. 12: Modellbereich des wasserbaulichen und städtebaulichen Modells im Labor des Forschungsinstituts Wasser und Umwelt der Universität Siegen. Quelle: fwu

Zunächst wurde der Ist-Zustand mit vorhandener Siegplatte in das Modell eingebaut. Dies gewährleistet einen direkten Vergleich der Wasserspiegellagen im heutigen Zustand (Ist-Zustand) mit denen nach der Umgestaltung. Eine Verschärfung der Hochwassersituation für angrenzende Gebäude nach Durchführung der Umbaugestaltung muss vermieden werden. Die zu untersuchenden Abflüsse reichen vom Niedrigwasser über die mittlere Wasserführung und verschiedenes Hochwasser (jährliches Hochwasser $HQ_1$, 5-jährliches Hochwasser $HQ_5$ usw.) bis hin zum 100-jährlichen Hochwasser ($HQ_{100}$) nach Vorgabe der zuständigen Bezirksregierung Arnsberg.

Zur Beantwortung von wasserbaulichen und wasserwirtschaftlichen Fragestellungen sind i. d. R. nur Gewässergeometrie und hydraulisch relevante Komponenten im Modell notwendig. Das Sieg-Modell sollte jedoch auch zur Entscheidungsfindung der Fachgremien und zur Veranschaulichung der Umgestaltungsvariante für die Bevölkerung beitragen (s. Abbildung 13). Aus diesem Grund wurde das Modell durch die Errichtung der an das Gewässer angrenzenden Gebäude im Modellmaßstab um diesen städtebaulichen Aspekt erweitert. Die Arbeiten an den Modellgebäuden wurden von dem Fachgebiet Städtebau der Universität Siegen durchgeführt. Alle Gebäude wurden auf Grundlage von Bestandsplänen, ergänzt durch Ortsbesichtigungen und zusätzliche Vermessungsarbeiten, erstellt. Insgesamt beinhaltet das Sieg-Modell zwölf dreidimensionale Gebäude, vier Brücken und Stadtmobiliar, wie Bäume und Statuen (s. Abbildung 14).

Abb. 13: Vergleich Modell- mit Naturzustand im Bereich der Siegplatte. Quelle: fwu

Abb. 14: Fertiggestelltes Modell der Sieg im Bereich der Siegener Innenstadt im Planungszustand. Quelle: fwu

Dieses Modell stellt eine außergewöhnliche Verbindung eines großmaßstäblichen hydraulischen Modells mit einem anspruchsvollen städtebaulichen Modell dar. Mit den hydraulischen Untersuchungen in diesem Modell konnte u. a. nachgewiesen werden, dass die Bemessungsabflüsse nach der Umbaumaßnahme schadlos abgeführt werden. Weiterhin konnten Entwurfsänderungen durch das beauftragte Architekturbüro kurzfristig im Modell untersucht und entsprechend optimiert sowie im Gegenzug weitere Vorgaben aus der hydraulischen Untersuchung in den Planungsprozess zurückgegeben werden.

## 5. Projekt »Siegen – Zu neuen Ufern«

Im September 2009 schrieb die Stadt Siegen im Rahmen des Strukturförderprogramms Regionale 2013 die architektonische und städtebauliche Planung für die Umgestaltung bzw. Offenlegung der Sieg europaweit aus. Als Randbedingungen für die Umgestaltungsvarianten waren durch die Voruntersuchungen (Frank / Jensen 2010; Jensen u. a. 2008) der Rückbau der Siegplatte sowie die Aufweitung des rechten, westlichen Ufers vorgesehen. Bei den Entwurfsvarianten musste ebenfalls gewährleistet sein, dass die schadlose Abführung eines $HQ_{100}$ möglich ist. Außerdem sollte eine ökologisch wertvolle und attraktive Wasserführung bei Niedrigwasser und die Zugänglichkeit des Gewässers für die Bevölkerung erreicht werden.

Der im Frühjahr 2010 gekürte Siegerentwurf sieht vor, das rechte Ufer nach

Rückbau der Siegplatte treppenartig bis an einen auf halbem Höhenniveau am Gewässer entlanglaufenden Gehweg heranzuführen. Die Gewässersohle soll über die gesamte Länge des betrachteten Gewässerabschnittes entfernt und durch ein offenes, natürliches Sohlsubstrat ersetzt werden. Die bestehende Bruchsteinufermauer auf der in Fließrichtung gesehen linken Seite soll aufgrund der Standsicherheit der vorhandenen Bebauung erhalten bleiben (Abbildung 15).

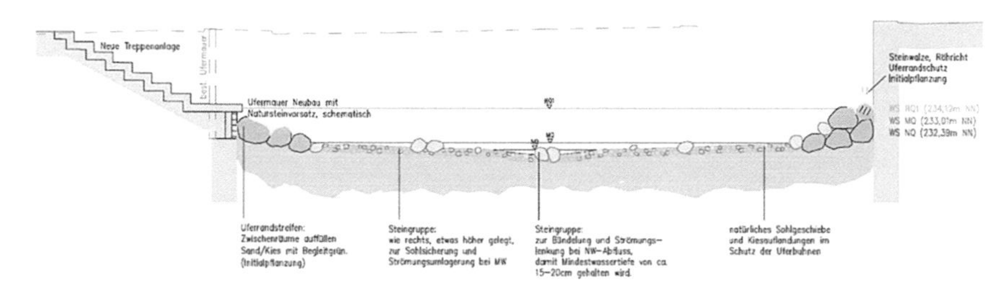


Abb. 15: Neuentwurf einer durchgehenden Sohlgestaltung bei Entfernung der bisherigen Sohlpflasterung nach LOIDL/BPR. Quelle: Arbeitsgruppe Architekturbüro LOIDL / Ingenieurbüro Beraten Planen Realisieren (BPR)

Planung und Modelluntersuchung sehen im Niedrigwasserbereich in der Gewässermitte unregelmäßig anzuordnende Stör- bzw. Belebungssteingruppen vor. Die Gruppen bestehen aus mindestens drei tief eingebundenen Steinen mit einem Einzelgewicht von mindestens 400 kg. So wird die Strömung des Niedrigwasserabflusses geführt und die Strömungsdiversität erhöht. Durch die Anordnung der Steingruppen wird außerdem die Sohlstruktur stabilisiert und das Gewässer bei Niedrigwasserabfluss optisch aufgewertet.

Zur Vermeidung von Ausspülungen der Gewässersohle, die sog. Tiefenerosion, und der damit verbundenen Gefahr einer Unterspülung der linksseitigen Ufermauer, werden ca. 200 mm unter der Gewässersohle sog. Sohlriegel in Form einer schlafenden Sicherung eingebaut. Darunter versteht man große Schüttsteine mit einem Durchmesser von 200 – 600 mm, die als Begrenzung einer möglichen Tiefenerosion dienen.

Zur Sicherung der Ufermauern werden entlang der Fußpunkte buchtenartige Steinschüttungen aus Wasserbausteingemischen mit einer Korngröße von ca. 200 bis 600 mm angebracht. Zur Unterstützung der Niedrigwasserrinne werden aus diesen Steinschüttungen flache Niedrigwasserbuhnen ausgebildet, die beidseitig etwa über ein Drittel der Profilbreite senkrecht in das Gewässer hineinragen (vgl. Abbildung 16).

Abb. 16: Neu geplante Sohlstruktur der Sieg in der Siegener Innenstadt mit buhnenartig angeordneten Belebungssteingruppen. Quelle: fwu

In die Ufermauersicherungen werden Vegetationswalzen mit Röhrichtwurzeln eingebracht. Diese Initialbepflanzung gewährleistet den Bestand der heimischen Flora. Die auf diese Weise angedeutete Uferböschung liegt oberhalb des Mittelwasserspiegels und bildet so den amphibischen Lebensraum des Gewässerabschnittes. Weitere Ausgestaltungsdetails bzw. etwaige Anpassungen der genannten Maßnahmenbestandteile sind Aufgabe der Ausführungsplanung und werden weiterhin mit den Genehmigungsbehörden abgestimmt.

Die geplante Umbaumaßnahme schöpft damit unter Berücksichtigung der gegebenen Rahmenbedingungen alle Möglichkeiten einer naturnahen Gewässerentwicklung und der Herstellung eines *guten natürlichen Potenzials* aus.

## 6. Zusammenfassung und Ausblick

Die Siegplatte ist seit dem Bau Ende der 1960er Jahre umstritten und wird seitdem kontrovers diskutiert. Die Vorteile, wie z.B. zentral gelegene Parkplätze, stehen heute nicht nur städtebaulichen Ansprüchen gegenüber. So mancher Besucher hat die Sieg in der Siegener Innenstadt nicht wahrgenommen bzw. darauf geparkt, ohne den Fluss gesehen zu haben.

Mit vielen Aktivitäten, wie Studien- und Diplomarbeiten, wurde an der Universität Siegen in den Fachgebieten »Wasserbau« und »Städtebau« die Umgestaltung der Siegplatte bereits thematisiert. Aber auch außeruniversitär befasste man sich in den vergangenen Jahren naturgemäß, z.B. im Entwurf des städtebaulichen Rahmenplans Siegen-Mitte, mit Planungskonzepten zur Freiraumgestaltung und auch mit künstlerischen Visionen zur Stadtmitte Siegens und der Sieg.

Heute spielt die Aufenthaltsqualität der Innenstädte wieder eine größere Rolle und die Zugänglichkeit und Einbindung der innerstädtischen Gewässer wird angestrebt. Diese Chance für die Stadt Siegen durch eine naturnahe Gestaltung der Sieg mit Rückbau der Siegplatte wurde 2007 im Vorfeld der Bürgermeisterwahl von der lokalen Politik erkannt und konsequent entwickelt.

Die Errichtung eines kombinierten wasserbaulichen und städtebaulichen Modells lieferte einen wesentlichen Baustein zur Umgestaltung der Sieg in der Siegener Innenstadt. Aus wasserbaulicher bzw. hydraulischer Sicht lagen die Vorteile im Wesentlichen in der genaueren Darstellung hochturbulenter Strömungsverhältnisse sowie der Identifizierung des Pfeilereinflusses im Ist-Zustand. Aus städtebaulicher Sicht ermöglichte das Modell eine sehr anschauliche Darstellung der Planungszustände für Entscheidungsträger der Stadt und für die Bevölkerung. Insgesamt stellte dieses wasserbauliche und städtebauliche Modell ein hervorragendes Instrument für den Qualitäts- und Sicherheitsgewinn im Planungsprozess dar.

Während der Untersuchungen am Modell der Sieg wurde die Öffentlichkeit in allen Phasen der Bearbeitung einbezogen; bei etwa 60 Terminen haben sich über 1500 Bürgerinnen und Bürger das Modell der Sieg und die dabei erzielten Ergebnisse erläutern lassen. Auch die Vertreter und Gremien der Stadt Siegen, die politischen Fraktionen und andere Interessengruppen haben sich regelmäßig über den Stand der Arbeiten und insbesondere der nunmehr vorgesehenen Umgestaltung der Sieg am Modell informiert. Durch diesen Beteiligungsprozess konnten frühzeitig offene Fragen geklärt und auch Detailabstimmungen durchgeführt werden.

Mit dem großmaßstäblichen Modell konnten auch wissenschaftlich anspruchsvolle Fragestellungen bearbeitet werden, wie z. B. die Untersuchung der hydraulischen Wirkung einer Reihe von 29 Pfeilern in der Sieg bei Hochwasserabflüssen. So wird durch die Entfernung der Pfeiler beim Bemessungsabfluss eine Absenkung der Wasserspiegellagen vor der Brücke Hindenburgstraße zwischen 30 und 40 cm erreicht, in Kombination mit einer nicht mehr eintauchenden Konstruktionsunterkante der Brücke Bahnhofstraße sowie bei einem Entfernen der zugehörigen Brückenpfeiler sogar um bis zu 50 cm. Für die neu strukturierte natürliche Sohle der Sieg wird ein Teil dieser Absenkung wieder aufgebraucht. Die verbleibende Absenkung des $HQ_{100}$-Verlaufs, die vor allem auf die deutlich strömungsgünstigere, neu geplante Brücke Bahnhofstraße und die Entfernung der Siegplatte zurückzuführen ist, führt zu einer signifikanten Verbesserung der Hochwassersituation in dem hochwertig bebauten innerstädtischen Bereich Siegens.

Die theoretische Bearbeitung der o. a. Fragestellungen zur Umgestaltung der

Sieg wäre auf Grundlage theoretischer Ansätze einschließlich der 2-dimensionalen numerischen Modellierung mit hinreichender Qualität ohne wasserbauliche Modellversuche nicht möglich gewesen.

Nach erfolgreicher Planfeststellung Anfang 2011 wurde der Rückbau der Siegplatte im August 2012 (vgl. Abbildung 17) begonnen und im Oktober 2012 (vgl. Abbildung 18) abgeschlossen. Die Bauarbeiten an der Gewässersohle, der rechten Ufermauer sowie den Brücken sind für den Zeitraum von April 2013 bis Dezember 2014 vorgesehen. Aufgrund der Tatsache, dass die Umgestaltung der Siegener Innenstadt ein Regionale 2013 Projekt (»Siegen - Zu neuen Ufern«) ist, kann die Stadt Siegen mit einer vorrangigen Landesförderung von bis 90 % der Kosten rechnen.

Abb. 17: Sieg mit Siegplatte im Juni 2012. Quelle: fwu

Nach dem Rückbau der Siegplatte und der Umgestaltung der Sieg in der Siegener Innenstadt (entsprechend dem Wettbewerbsgewinner des freiraumplanerischen Wettbewerbs) werden die Hochwassergefahr in der Innenstadt deutlich reduziert, die Aufenthaltsqualität und die Gewässerstrukturgüte bzw. die -ökologie verbessert.

Aus Sicht des Verfassers stellt die Umgestaltung der Siegener Innenstadt eine große Chance für die zukünftige Entwicklung der Stadt Siegen dar! Für diese im Spannungsfeld verschiedener Interessen mutige Entscheidung und konsequente Umsetzung des Projektes »Siegen - zu neuen Ufern« danken wir allen Verfahrensbeteiligten und den Mandatsträgern der Stadt Siegen.

Abb. 18: Sieg ohne Platte im November 2012. Quelle: fwu

## Literatur

Bender, Jens / Wieland, Jörg / Frank, Torsten / Jensen, Jürgen: ›Erfassung hydraulischer Wechselwirkungen bei wasserbaulichen Modellversuchen am Beispiel der Sieg im Bereich der Siegener Innenstadt‹, in: *Wasserwirtschaft.* Wiesbaden 2013, zur Veröffentlichung in Ausgabe 04/2013 angenommen.

Frank, Torsten / Jensen, Jürgen: ›Freilegung der Sieg – Renaturierung und stadtplanerische Gestaltung (ein laufendes Verfahren)‹, in: Stamm, J. / Graw, K.-U. (Hg.): *Wasserbau und Umwelt – Anforderungen, Methoden, Lösungen. Dresdner Wasserbauliche Mitteilungen* 2010/40, S. 325–336.

Frank, Torsten / Bender, Jens / Wieland, Jörg / Griese, Thomas / Jensen, Jürgen: ›Wasserbauliches- und städtebauliches Modell als Grundlage der Umgestaltung der Sieg im Bereich der Siegener Innenstadt‹, in: *Wasserwirtschaft.* Wiesbaden 2013, zur Veröffentlichung in Ausgabe 04/2013 angenommen.

Jensen, Jürgen / Zoch, Gabriele: Hydraulische Berechnungen zur Sieg im Bereich der Siegplatte: Bericht der Forschungsstelle Wasserwirtschaft und Umwelt (fwu) an der Universität Siegen 2004, unveröffentlicht.

Jensen, Jürgen / Zoch, Gabriele: Konzept zur naturnahen Entwicklung der Sieg, Ferndorf und Weiß unter Berücksichtigung möglicher innerstädtischer Umgestaltungen (Gewässerentwicklungskonzept). Beiträge zum Symposium Lebensraum Fluss, TU München, Wasserbau und Wasserwirtschaft, Nr. 100. 2004a.

Jensen, Jürgen / Borghoff, Bernd / Frank, Torsten / Arnold, Matthias / Wahl, Thomas: Entwurf von städtebaulichen Lösungsvarianten und numerische Voruntersuchungen für die Neugestaltung der Sieg in der Siegener Innenstadt (Bereich »Siegplatte«). fwu und Lehrgebiet Städtebau und städtebauliches Entwerfen, Universität Siegen 2008, unveröffentlicht.

Jensen, Jürgen / Frank, Torsten, / Wieland, Jörg / Bender, Jens: Wasserbauliche Modellversuche zur Umgestaltung der Sieg in Siegen-Mitte. Berichtsteil des Wasserwirtschaftlichen Erläuterungsberichts »Siegen – zu neuen Ufern«. fwu, Universität Siegen 2010.

Kadereit, Jochen / Gruhle, Hans Dieter: Modellversuche für die Überbauung der Sieg in Siegen: Versuchsbericht, Wasserbaulabor der Staatlichen Ingenieurschule für Bauwesen. Siegen 1967, unveröffentlicht.

Kesper, Horst: Das Hüttental – alte Ansichten neu dokumentiert. Siegen 1984, S. 131.

Kobus, Helmut: Wasserbauliches Versuchswesen. DVWK-Schrift 39. Berlin 1984.

Schulte-Wülwer-Leidig, Anne: Ökologisches Gesamtkonzept für den Rhein: Lachs 2000. IKSR. Koblenz 1991.

Petra Lohmann

# Architektur und Identität

*Für Karl Kiem*

## I. Siegerländer Fachwerkhäuser als Teil einer allgemeinen Wertedebatte

Architektur ist Teil einer vielschichtigen Wertedebatte, die um emotionale Themen wie Schönheit, Heimat und Identität kreist. Aleida Assmann zufolge speichern architektonisch gebildete Räume Geschichte. »Sie verkörpern Kontinuität und Dauer, die die Erinnerung von Individuen, Epochen und Kulturen übersteigt.«[1] Der hohe Stellenwert von architektonischen Räumen einer Region besteht darin, als Orientierungspunkt für das Selbstverständnis der eigenen Biografie im Kontext interpersonaler Erinnerungen und Erwartungen zu fungieren. Damit bildet Region den Grund von Heimat. Der Rekurs auf regional typische Gebäude dient der »Entschleunigung lokaler Identität«[2] und dem Bewahren von Heimat, wobei im Folgenden unter Heimat sowohl die örtliche als auch die ideelle Übereinstimmung mit sich selbst verstanden wird. Am Einzelbeispiel der Fachwerkhäuser des Siegener Industriegebiets soll der hohe Stellenwert, den die Architektur in diesem Bezugsrahmen haben kann, deutlich werden. Diese Fachwerkhäuser sind durch die Photographien Bernd und Hilla Bechers zu großer Berühmtheit gelangt. Während diese Häuser für die genannten Künstler als Objekte einer Kunstgattung, d. i. die Photographie, relevant sind, sind sie in der vorliegenden Untersuchung in ihrer realen Dinghaftigkeit von Bedeutung. Angesichts der angeführten Verbindung zwischen Architektur und Region bzw. Heimat, dienen diese Häuser – so die These der vorliegenden Untersuchung – als Instrument der Identifikation.

Die an diesem Bezugsrahmen von Region und Heimat ausgerichtete Untersuchung der Bestimmung der Architektur als Instrument der Kultivierung hat

1 Assmann 1994, S. 13 – 35, Zitat S. 16.
2 Romeiß-Stracke 2008, S. 1.

zwei Zielsetzungen. Die erste Zielsetzung besteht darin, Region als Heimat zu deuten und diese als Voraussetzung eines Verhältnisses zu sich selbst zu bestimmen. Zentral ist dafür das Verständnis von Heimat als wesentlicher Teil der Historiographie des eigenen Selbst, bzw. als ein Woher und ein Woraufhin der eigenen Geschichte, die immer auch ein Teil der Geschichte des sozialen Umfeldes ist. Dessen Hauptcharakteristikum ist im Fall der Region Siegerland die eisenverarbeitende Industrie. Die zweite Zielsetzung besteht darin, die um 1900 entstandenen Fachwerkhäuser des Siegener Industriegebiets als Ausdruck des Hauptcharakteristikums der Region herauszustellen. Bei diesen Häusern handelt es sich um die Wohnhäuser der Arbeiter, die in der Siegener Eisenindustrie tätig waren. Bernd und Hilla Bechers aus den 1960er und 1970er Jahren stammende Photodokumentation dieser Häuser zeigt, dass sie über das ganze Siegerland verstreut und keine Einzelerscheinungen sind, sondern häufig ein Ensemble bildeten, das als Straßenzug in der Nähe der Gruben und Hütten das Erscheinungsbild eines jeweiligen Ortes und damit das Bild einer ganzen Region wesentlich prägte. Obgleich sich die Anzahl dieser Fachwerkhäuser im Laufe der Jahre reduziert hat und sich ihr äußeres Erscheinungsbild durch An- und Umbauten sowie Verkleidungen der Fassaden und das Einsetzen neuer Fenster z. T. erheblich geändert hat, sind immer noch genügend weitgehend ursprünglich gebliebene Häuser erhalten und selbst die in ihrem äußeren Erscheinungsbild veränderten Häuser sind auf Grund ihrer Kubatur relativ schnell und eindeutig ihrem Ausgangsstatus als Wohnhaus eines Arbeiters der Siegener Eisenindustrie zuzuordnen. Diese Häuser fungieren daher auch nach dem Schließen der Gruben und Hütten als Zeugen einer Arbeitswelt, die über Jahrhunderte die Region bestimmt und als solche allererst ihrem Charakter nach ausgebildet hat. Sie dürfen daher als Instrumente der Identifikation mit der Region verstanden werden. Die folgenden, vor ca. vier Jahren entstandenen Abbildungen zeigen eine kleine Auswahl Siegerländer Fachwerkhäuser, die bereits von Bernd und Hilla Becher vor ca. vier bis fünf Jahrzehnten photographiert wurden. Der hohe künstlerische Wert ihrer photographischen Dokumentation dieser Häuser spielt im Folgenden allerdings keine Rolle, sondern hier geht es vielmehr um die aktuelle Realität der Häuser an sich, so wie sie sich in ihrer Bestimmung als Identifikationsinstrument für die zeitgenössische Siegerländer Bevölkerung manifestieren (siehe Abbildung 1).

Mit dem Verständnis der Siegerländer Fachwerkhäuser als Identifikationsinstrument grenzt sich die vorliegende Untersuchung vom Diskurs ab. Bislang hat man diese Häuser hauptsächlich unter kunsthistorischen und museumsspezifischen Perspektiven erörtert. Beispiele dafür sind die Ausführungen von Martina Dobbe, die sie aus bildwissenschaftlicher Sicht und als Teil der festen

Abb. 1: Lohmann, Petra: Fachwerkhäuser, 2009, Eiserntalstraße 138, Eisern.
Quelle: Eigene Abbildung

Sammlung des Siegener Museums für Gegenwartskunst erörtert,[3] sowie Maren Polte, die die Art und Weise der Photodokumentation dieser Häuser als Vorbild und zentralen Punkt der Auseinandersetzung der Schüler von Bernd und Hilla Becher mit dem Werk ihrer Lehrer herausstellt.[4] Eine Ausnahme bilden die bauhistorischen Untersuchungen von Karl Kiem, in denen diese Häuser als reale Architektur Gegenstand der Betrachtung sind, die ihrerseits darauf gerichtet ist, die Konstruktion dieser Häuser als einen ganz eigenen Bautyp von Fachwerkarchitektur auszuweisen.[5] Mit Rücksicht auf die Bildung von Heimat im Sinne der Klärung der eigenen Herkunft aus einer bestimmten Region steht die Erörterung dieser Häuser als Instrumente der Identifikation jedoch noch aus.

Diesem Desiderat wird in der vorliegenden Untersuchung in zwei Abschnitten und einer Schlussbetrachtung nachgegangen. Der erste Abschnitt skizziert allgemeine Bestimmungsstücke einer Heimat-stiftenden Identifikation mit der je eigenen Region und verweist an Hand von zwei Beispielen aus Laien- und Fachpublikum auf Möglichkeiten des Selbstverhältnisses zu seiner Region

3 Dobbe 2001 und dies. 2007.
4 Polte 2012.
5 Kiem 2007, S. 10–29.

bzw. Heimat Siegerland. Der zweite Abschnitt handelt von der Praxis der ästhetischen Rezeption der Arbeiterwohnhäuser hinsichtlich der Frage, wie die Sensibilisierung der Siegerländer Bürger für diese allerorts in der Region Siegerland vorhandenen Häuser gestärkt werden kann. Die Schlussbemerkung reflektiert, wie sich die in den beiden skizzierten Abschnitten abzeichnende Sorge um den Erhalt dieser Häuser und die Motivation ihrer Betrachtung als Gegenstand der Wissenschaft im Kontext der von ausgewählten Denkmalpflegetheorien entlehnten Begriffe Wert und Geschichte begründen lässt.

## II. Siegerländer Fachwerkarchitektur als Identifikationsinstrumente

Die Fachwerkhäuser der Siegener Industrieregion sind identitätsstiftend, weil sie folgende, für Heimat konstitutive Aspekte garantieren: Sie sind Zeichen einer vertrauten unmittelbaren Umgebung. Als solche versinnbildlichen sie die soziokulturellen Kodexe, in denen man ethologisch aufgehoben ist. Dabei sind sie ineins »Repräsentation und Präsenz«[6] dieser Aspekte von Heimat. In Anlehnung an die Kategorisierung, die Bernd und Hilla Becher in der Ordnung ihrer Photos von den Fachwerkhäusern des Siegerlandes vorgenommen haben, stellt die Methode der Taxonomie ein Verfahren dar, mit dem die Bandbreite individueller Variationen des architektonischen Grundthemas ›Siegerländer Arbeiterwohnhaus‹ deutlich gemacht und didaktisch die Fähigkeit des Aufmerkens auf die subtilen Differenzen dieser in ihrer Nüchternheit scheinbar so gleichen Häuser in ihrem Umfeld gestärkt werden kann.

II.1 Die erste Voraussetzung von Heimat ist ganz allgemein die Beziehung zwischen Mensch und Raum. Unter Raum wird der Ort verstanden, der einem Mensch qua Geburt ursprünglich zukommt und in dem er seine ersten sozialen Erfahrungen macht, die seinen Charakter und seine Weltanschauung prägen. Nach Hans Boesch ist davon auszugehen, dass diese ersten Erfahrungen das Selbstverhältnis des Menschen zu sich selbst qualitativ wesentlich mitbestimmen.[7] Vor diesem Hintergrund ist zu begrüßen, dass das Verhältnis des Siegerländers zu seinem Umfeld nicht nur Gegenstand wissenschaftlicher Regionalforschung ist, sondern dass es sich gegenwärtig auch zunehmend im Engagement einer interessierten Bürgerschaft niederschlägt, die sich Aufklärung über ihre regionale Geschichte verschaffen möchte. Die Auseinandersetzung mit den Siegerländer Fachwerkhäusern bietet die Möglichkeit, sich mit einer bestimmten Region zu

6 Zum Verhältnis von »Repräsentation und Präsenz« in der Architektur vgl. Schoper 2010, S. 12.
7 Boesch 1993, S. 2.

identifizieren, diese als seinen Ursprungsort zu begreifen sowie sich die Geschichte des Ortes und die Mentalität seiner Bewohner als Bestimmungsstücke seiner eigenen Biografie und seines eigenen Temperamentes zuzuschreiben, durch die man sich negativ wie positiv sein eigenes Selbst bildet. Diese Weisen der Identifikation sind Voraussetzungen eines Heimatbegriffs, der hier, wie in Anlehnung an die folgenden Ausführungen deutlich werden soll, als örtliches und geistiges Bei-sich-selbst-sein bzw. Zuhause-Sein verstanden wird.

II.1.1 Eine einzige und hinreichende Definition von Heimat gibt es zwar nicht, aber es lassen sich in der Literatur einige, immer wiederkehrende Merkmale von Heimat ausmachen, die die oben genannte und hier angestrebte Bestimmung von Heimat unterstreichen und in einen breiteren rezeptionsgeschichtlichen Bezugsrahmen stellen.[8] So verbinden Hermann Bausinger und Konrad Köstlin mit Heimat einen Sozialraum von regionaler Einzugsgröße, in dem sich der Mensch sicher fühlt, weil er ihn in seinen Strukturen versteht und er ihm deshalb vertraut ist:

> »Heimat als Nahwelt, die verständlich und durchschaubar ist, als Rahmen, in dem sich Verhaltenserwartungen stabilisieren, in dem sinnvolles, abschätzbares Handeln möglich ist – Heimat also als Gegensatz zu Fremdheit und Entfremdung, als Bereich der Aneignung, der aktiven Durchdringung, der Verlässlichkeit.«[9]

Ina-Maria Greverus hebt insbesondere auf den Begriff der Identität im Sinne des ›Bei-sich-selbst-seins‹ innerhalb vertraut gewordener Strukturen ab. In diesem Kontext konstituiert sich Heimat ihrer Auffassung nach in der Einheit von Gemeinschaft, Raum und Tradition. Die solcherart geglückte Einheit ist nichts anderes als die »heile Welt«[10], in der der Mensch in der Orientierung im Raum sein Bedürfnis nach kultureller Eindeutigkeit und Sicherheit für die praktische Bewältigung seines Lebensalltags befriedigt weiß.

Aus existenzphilosophischer Sicht bildet Otto Friedrich Bollnow zufolge Heimat das räumliche und zeitliche Komplement zur Fremde.[11] Die soziologische Sicht auf Heimat hebt zudem auf Heimat als Voraussetzung der Bildung von Gruppenidentität ab.[12] In diesen beiden Positionen wird Heimat jeweils entwicklungsbezogen gedacht. Rainer Piepmeier zufolge kann Heimat »neu gewonnen […] werden«[13], denn Heimat heißt »Beheimatung« und meint den dynamischen Prozess des sich lebenspraktischen und alltagstauglichen Aneig-

8 Vgl. zu den folgenden Ausführungen die Definition des Begriffs ›Heimat‹ unter www.bpb.de/lernen/unterrichten/grafstat/134586/info-03 – 05-was-ist-heimat-definitionen.
9 Bausinger / Köstlin 1980, S. 20.
10 Greverus 1979, S. 10.
11 Bollnow 1935.
12 Simmel 1958, S. 32 ff.
13 Piepmeier 1990, S. 106.

nenkönnens eines sozialen Lebensraums, in dem Menschen untereinander Bekanntschaften pflegen und Nachbarschaften bilden.[14] Heimat wäre so Bedingung der Möglichkeit sozialen Daseins in einem räumlich und zeitlich bestimmten aktiven interpersonalen Zusammenhang und nicht mehr länger nur passiver Herkunftsnachweis, dessen Ursprung einem bloß widerfährt.[15] In diesem Sinne ist Heimat für Bernhard Waldenfels der Ort, »wo ich im vollen Sinne lebe als einer, der eingewöhnt ist und nicht nur eingeboren«[16].

II.1.2 Die Auseinandersetzung mit der Region Siegerland – wenngleich auch nicht so spekulativ und abstrakt wie hier am Beispiel der Siegerländer Fachwerkhäuser in Rücksicht auf die Begriffe Identität und Heimat – ist auch Gegenstand der *Geschichtswerkstatt*, die interessierte Laien in Kooperation mit der Stadt Siegen und Historikern der Universität Siegen betreiben sowie der *Forschungsstelle Siegerland* an der Universität Siegen. Der Zweck der Geschichtswerkstatt ist, zwischen Wissenschaft und Forschung zu vermitteln, Publikationen zu fördern, Tagungen abzuhalten und Ausstellungen und Exkursionen zu kulturell wichtigen Orten des Siegerlandes zu organisieren. Außerdem gibt die Geschichtswerkstatt seit 1996 mit den »Siegener Beiträgen« ein eigenes Jahrbuch heraus.[17] Während die Industriekultur des Siegerlandes, in deren Kontext die angeführten Fachwerkhäuser gehören, schon Thema der »Siegener Beiträge« war,[18] steht die Auseinandersetzung mit diesen Häusern selbst in dieser Publikationsreihe noch aus.

Anders verhält es sich mit der *Forschungsstelle Siegerland*. Bei dieser Forschungsstelle handelt es sich um einen an der Universität Siegen etablierten Forschungsverbund, der sich ausdrücklich mit der Stadt Siegen und der Region Siegerland auseinandersetzt. Die Tradition dieser Forschungsstelle hat ihre Wurzeln in einer Vereinigung »gleichen Namens [...], die von 1958 bis etwa 2001 unter der Trägerschaft der Stadt Siegen und unter der Leitung mehrerer Direktoren des Siegerlandmuseums« ähnliche Ambitionen hatte. Die *Forschungsstelle Siegerland* versteht sich als Dachorganisation von Forschungsvorhaben, die sich aus unterschiedlichen Perspektiven »mit dem Siegerland als einer in mehrfacher Hinsicht einmaligen Kulturregion beschäftigen«. Zurzeit gehört dazu neben Projekten und Themen wie

> »Sprachatlas, Pietismusforschung und Gemeinschaftsbewegung, Heiratsmigration, Industriegeschichte, Strukturwandel und demographischer Wandel der Region, Tourismuswerbung, Arbeitgeberverband, Fürsorge, Amateurfotografie und -filme im Siegerland«

14 Cremer / Klein (Hg.) 1990, S. 35.
15 Bausinger / Köstlin 1980, S. 21.
16 Waldenfels 1990, S. 113.
17 www.geschichtswerkstatt-siegen.de.
18 Vgl. Burwitz 2000 und Bartolosch 2001.

auch ein Projekt von Karl Kiem zur Erforschung der »Becher-Häuser«[19], d. s. die genannten Fachwerkhäuser des Siegener Industriegebiets, in denen die in der heimischen Eisenindustrie tätigen Arbeiter gewohnt haben.[20]

II.2 Die angeführten Ambitionen zeigen am Beispiel der Arbeiterwohnhäuser, dass der Architektur ein für die Region Siegerland identitätsstiftendes Potential zugeschrieben wird. Architektur dient dabei als Projektionsfläche gesellschaftlicher Realitäten und diese Realitäten gilt es mit einer speziellen Methode zu entschlüsseln.

II.2.1 Tom Schoper zufolge ist Architektur sowohl Kulturgut als auch Allgemeingut. Diese Eigenschaft von Architektur manifestiert sich seiner Auffassung nach als »Verhältnis von Repräsentation und Präsenz«[21]. Das »Verstehen[...]« dieses Verhältnisses vollzieht sich als »wechselseitige[s] Befragen«[22] dessen, was das jeweilige Werk der Architektur bekanntermaßen für den Fragenden immer schon war und was es aktualiter repräsentiert. Üblicherweise hinterfragt man Alltagsarchitektur wie die der Arbeiterwohnhäuser nicht auf diese Weise. Für die Erhellung der identitätsstiftenden Bedeutung dieser Häuser ist es jedoch förderlich. Dafür sind sie anfänglich »im Sinne eines orientierenden Wieder-Erkennens«[23] zu betrachten. Dabei geht es zunächst um ihre Präsenz. Anschließend stellt sich die Frage nach einer sich in diesen Häusern »offenbarenden Bedeutung«, die über die »physische«[24] Faktizität der Häuser hinausgeht. Hier spielt der Verweisungsbezug von Architektur eine wichtige Rolle. Einerseits genügen diese Häuser sich selbst, aber auf ihren kulturellen Hintergrund hin hinterfragt, sind sie andererseits – wie im Fall der Region Siegerland – Zeugen der eisenverarbeitenden Industrie und der Lebensverhältnisse der Arbeiter und damit der Geschichte dieser Region. In diesem Fall sind sie Repräsentant der besonderen Kultur dieser Arbeitswelt. Sie dienen so als Abbild, Referenz oder Verweis. Lässt sich der Rezipient solchermaßen auf die Architektur der Arbeiterwohnhäuser ein, dann löst er sie »auf der Basis seines Verstehens aus dem Hier und Jetzt heraus [...]« und bringt dadurch diese Häuser und damit ineins sich selbst »in einen anderen Kontext«[25]. Aus

19 www.uni-siegen.de/phil/siegerland/index.html?lang=de. Der Anstoß zum vorliegenden Beitrag ist diesem Forschungsprojekt (Leitung Univ.-Prof. Dr. Dr. Karl Kiem, Universität Siegen) geschuldet. Während das Forschungsprojekt aus bauhistorischer Perspektive die Siegerländer Fachwerkhäuser in Rücksicht auf einen ganz bestimmten Bautyp hin hinterfragt, handelt dieser Beitrag ausschließlich vom ideellen Kontext dieser Häuser.

20 Zur Betrachtung des Siegerlandes in einem überregionalem Bezug vgl. Gans / Briesen 1994, S. 64 ff.

21 Schoper 2010, S. 12.

22 Ebd., S. 18.

23 Gadamer 1979, S. 331 – 338, Zitat S. 334.

24 Ebd., S. 18.

25 Schoper 2010, S. 18.

diesem neuen bzw. vertieften Bezug auf die Arbeiterwohnhäuser geht eine Vorstellung der historischen Verhältnisse hervor, durch die über Generationen hinweg die Familiengeschichten der Siegerländer bestimmt waren und deren soziale Auswirkungen sich mittelbar durch das Faktum der Arbeiterwohnhäuser manifestieren und dadurch die Jetztzeit ebenfalls immer noch mittelbar mitbestimmen.

Diese Mittelbarkeit äußert sich nicht als Erleben konkreter historischer Fakten, sondern eher als atmosphärische Wahrnehmung einer durch die vergangene Arbeitskultur geprägten Mentalität, die sich fest über Generationen hinweg in die Lebensweisen der Siegerländer eingeprägt hat, so dass die sozialen und ästhetischen Auswirkungen dieser durch enormen Arbeitseifer und strengen Calvinismus geprägten Mentalität heute immer noch erlebbar sind. Karl Wilhelm Dahm zufolge kommen der »Siegerlandmentalität« vier Merkmale zu. Das sind: »Aktivität als Prinzip« oder wie man sich durch Arbeit und Pflichtbewusstsein Gott gegenüber bewähren konnte, »antiweltlich-strenge Lebensführung« oder der Verzicht auf alle lebensweltlichen Genüsse und Ästhetisierung der Lebensumstände, »Exklusivitätsbewusstsein« oder das Bewusstsein der Erwählung des bekehrten Sünders und »antiautoritäres Gemeinschaftsverständnis« oder die hierarchielose Gleichheit der Bekehrten vor Gott, die sich in der Lebenspraxis in Form von christlichen Genossenschaften und Haubergsvereinen niederschlug.[26] Diese Mentalität lässt sich an den Arbeiterwohnhäusern ablesen. Sie spiegeln ein durch Arbeit bestimmtes entbehrungsreiches Leben, das sich auf Rentabilität, Planmäßigkeit, Rechenhaftigkeit und Kontinuierlichkeit beschränkt, das das Schmuckhafte zugunsten des Gebrauchs zurückstellt, das sich jeden Luxus versagt und das seine Stärke nicht in der Kraft des Individuellen, sondern in der Dominanz einer Gruppe von Gleichen erkennt, mit der man dieselben lebenspraktischen und religiösen Werte verfolgt. Ein Ausscheren aus diesem strengen Regelwerk war kaum möglich. Diese Dominanz der Gruppe zeigt sich u. a. in dem äußeren Erscheinungsbild der Arbeiterwohnhäuser, die ebenfalls in Gemeinschaftsarbeit errichtet wurden und damit in Rücksicht auf dieses Bild der sozialen Kontrolle der Gruppe unterlagen. Dass kaum und wenn dann auch nur kleine, erst auf den zweiten Blick erkennbare Unterschiede zwischen den an sich immer schmucklosen und nüchternen Erscheinungsbildern dieser Häuser bestehen, zeigen die Kategorien, in die Bernd und Hilla Becher die photographische Dokumentation dieser Häuser eingeteilt haben. Die Übereinstimmung der Häuser in ihrem äußeren Erscheinungsbild ist nahezu umfassend. Sie bezieht sich auf: Giebelseiten, verschieferte Giebelseiten, Straßen- und Rückseiten, verschieferte Straßen- und Rückseiten, Eckansichten, Abwicklungen einzelner Häuser sowie Straßen- und Ortsansichten (siehe Abbildungen 2, 3, 4 und 5).[27]

26 Dahm 1983, S. 485 – 509.
27 Vgl. Becher 2000, S. 19.

Abb. 2: Lohmann, Petra: Fachwerkhäuser, 2009, Schulstraße 24, Eisern.
Quelle: Eigene Abbildung

Abb. 3: Lohmann, Petra: Fachwerkhäuser, 2009, Siegen Eichen 1, Allenbach.
Quelle: Eigene Abbildung

Abb. 4: Lohmann, Petra: Fachwerkhäuser, 2009, Haus Nr. 3, Habach.
Quelle: Eigene Abbildung

Abb. 5: Lohmann, Petra: Fachwerkhäuser, 2009, Löcherbacher Weg 20, Plittershagen.
Quelle: Eigene Abbildung

II.2.2 Ein didaktisches Mittel, um die Sensibilität für diese Art der Gleichheit ausbilden zu können, an der sich mittelbar die skizzierte Mentalität zeigt, und um die kleinen Differenzen innerhalb des scheinbar Gleichen aufzuzeigen, ist das auf den schwedischen Naturforscher Carl von Linné zurückgehende Verfahren der Taxonomie, das später z. B. von Emile Durkheim in anthropologischen Untersuchungen zur Klassifikation von Sprach- und Kulturräumen oder von Michael Foucault auf dem Gebiet der Wissensgenese eingesetzt wurde.[28] Allgemein versteht man unter einer Taxonomie ein Klassifikationsschema oder anders gesagt, ein einheitliches Verfahren, mit dem sich Objekte eines gewissen Bereichs nach bestimmten Kriterien klassifizieren und d. h., sich in bestimmte Kategorien oder Klassen einordnen lassen.[29] Dieses Verfahren fundiert wesentlich auf dem Vergleich. Bei Alfred Brunswig heißt es: »Zwei Objekte vergleichen heißt: sie aufmerksam [...] mit spezieller Hinsicht auf ihr gegenseitiges Verhältnis betrachten«[30] und dabei Analogien und Differenzen herausstellen.

Benjamin Bloom zufolge besteht der kognitive und affektive Gewinn dieses Verfahrens u. a. darin, auf konkrete Einzelheiten eines Gegenstandes aufmerksam zu werden, die einem ohne diesen geschulten Blick nicht bewusst geworden wären.[31] In diesem Fall sind es die genannten Kategorien der äußeren Erscheinungsweisen der spezifischen Fachwerkarchitektur der Siegerländer Arbeiterwohnhäuser. Durch das taxonomisch motivierte Herangehen an diese Häuser versteht man zunehmend, wie einerseits die Einzelheiten der architektonischen Form ihrer Konstruktionsvoraussetzung nach synthetisch zusammenhängen und man kann andererseits das, was man analytisch an diesen einzelnen Bestimmungsstücken der Fachwerkarchitektur sieht, durch Nachbildung immer besser verstehen und beim nächsten Mal problemlösend anwenden oder alternativ ein neues, ähnliches Schema entwerfen. Schlussendlich wird dadurch insgesamt das Urteilsvermögen in Rücksicht auf die Architektur dieser Häuser und die Lebenswelt ihrer Bewohner gestärkt und die Fähigkeit, die entsprechenden ästhetischen, funktionalen und sozialen Werte zu erkennen, zu verinnerlichen und sie relational in Beziehung zueinander zu setzen, gestärkt. Am Ende eines solchen Erkenntnisprozesses steht eine selbstgebildete Haltung, mit der man auf seine Region als Ursprung seiner eigenen Biographie reagieren kann.

28 Durkheim 2001 u. Foucault 1995.
29 Zum Begriff der Taxonomie vgl. den Artikel ›Taxonomie‹, in: Koschnik 1992.
30 Brunswig 1910, S. 62.
31 Bloom 1976.

## III. Die Siegerländer Fachwerkhäuser im Kontext ausgewählter Denkmalpflegetheorien

Die Ausführungen sollten zeigen, dass und wie am regionalen Beispiel der Wohnhäuser der Arbeiter aus der Siegerländer Eisenindustrie Architektur für das Entwickeln eines Bewusstseins von Heimat als Instrument der Identitätsbildung verstanden werden kann. Obwohl dieses Beispiel an einem regionalen Objekt älteren Datums erörtert wurde, ist es von überregionaler Bedeutung und a-historisch. Es lässt sich vielmehr in einen breiten Bezugsrahmen stellen, der u. a. durch die Wertetheorie Alois Riegls und durch Max Dvoraks Auffassung von der Geschichte als Grund unserer eigenen Jetztzeit geprägt ist.

Aus dem genannten Bezugsrahmen lässt sich der Appell ableiten, die angedeuteten Möglichkeiten der Architektur der Arbeiterwohnhäuser entsprechend Max Dvoraks Rede zu nutzen, nach der gilt: »wer solch« ein identitätsstiftendes Gebäude »vernichtet«, ist »ein Feind« seines Lebensumfeldes bzw. seiner Region. Er schädigt die »Allgemeinheit« dieser Lebenssphäre, denn architektonische Objekte wie diese Häuser

> »sind nicht nur für diesen oder jenen Menschen geschaffen worden, und was sie [...] an Erinnerungen oder sonstigem Gefühlsinhalt verkörpern, ist nicht minder Allgemeingut, wie die Schöpfungen der großen Dichter oder die Errungenschaften der Wissenschaft.«[32]

Diese Relevanz nochmals potenzierend, postuliert Alois Riegl in Rücksicht auf den »Erinnerungswert«[33] alter Gebäude und auf deren »Geschichtlichkeit als zentrale geistige Dimension«, die »ewige Schaustellung des Kreislaufes vom Werden und Vergehen«,[34] weil allein ein solcher Kreislauf ein Fundament für Identität bildet. Denn wenn man weiß, woher man kommt, kann man – moderner gesprochen – im Sinne von Ernst Bloch dieses ›Woher‹ als Bezugspunkt einer eigenständig mit dem historischen Ursprung seiner Biographie ideell übereinstimmenden oder sich davon abgrenzenden tendenziellen Annäherung an das Noch-Nicht-Sein seiner anvisierten Identität einsetzen, wobei diese Identität nichts anderes als das geistige Zuhause des sich solchermaßen in Rücksicht auf seine Herkunftsregion dynamisch bildenden Menschen ist.[35]

32 Dvorak 1918, S. 9 f.
33 Riegl 1988, S. 68. Vgl. dazu Dolff-Bonekämper 2010.
34 Zitiert nach Bacher 1995, S. 72.
35 Vgl. Klein 2007, S. 102 ff.

## Literatur

Assmann, Aleida: ›Zum Problem der Identität aus kulturwissenschaftlicher Sicht‹, in: Bausinger, Hermann / Köstlin, Konrad (Hg.): *Heimat und Identität. Probleme regionaler Kultur.* Neumünster 1980, S. 13–35.

Bacher, Ernst (Hg.): Kunstwerk oder Denkmal? Alois Riegls Schriften zur Denkmalpflege. Wien / Köln / Weimar 1995.

Bartolosch, Thomas A.: Aspekte Siegerländer Wirtschaftsgeschichte. Hg. v. Geschichtswerkstatt Siegen, Arbeitskreis für Regionalgeschichte e.V. Siegen 2001.

Bausinger, Hermann /Köstlin, Konrad (Hg.): *Heimat und Identität. Probleme regionaler Kultur.* Neumünster 1980.

Becher, Bernd und Hilla: Fachwerkhäuser des Siegener Industriegebietes. München 2000 [1977].

Bloom, Benjamin: Taxonomie von Lernzielen im kognitiven Bereich. Weinheim 1976.

Boesch, Hans: Stadt als Heimat. Schriftstellerinnen und Schriftsteller äussern sich zu Stadtgestalt, Geborgenheit und Entfremdung. Zürich 1993.

Bollnow, Otto Friedrich: ›Der Mensch und seine Heimat‹, in: *Anklamer Heimatkalender* 1935. Vgl. http://www.otto-friedrich-bollnow.de/doc/Heimat.pdf [letztes Zugriffsdatum 18.11.2012].

Brunswig, Alfred: Das Vergleichen und die Relationserkenntnis. Leipzig / Berlin 1910.

Burwitz, Ludwig: Aufsätze zur Stadtgeschichte. Hg. v. Geschichtswerkstatt Siegen, Arbeitskreis für Regionalgeschichte e.V. Siegen 2000.

Cremer, Will / Klein, Ansgar (Hg.): Heimat: Analysen, Themen, Perspektiven. Bundeszentrale für politische Bildung. Bd. 249/I, S. 76–90. Bonn 1990.

Dahm, Karl Wilhelm: ›Siegerland-Mentalität und Max Weber-These‹, in: Gemper, Bodo (Hg.): *Religion und Verantwortung als Element gesellschaftlicher Ordnung.* FS Karl Klein. Siegen 1983, S. 485–509.

Dobbe, Martina: Bernd und Hilla Becher Fachwerkhäuser. Siegen 2001.

Dobbe, Martina: Fotografie als theoretisches Objekt. München 2007.

Dolff-Bonekämper, Gabi: Gegenwartswerte. Für eine Erneuerung von Alois Riegls Denkmalwerttheorie. Berlin / München 2010.

Durkheim, Emile: The Elementary Forms of Religious Life. Oxford 2001.

Dvorak, Max: Katechismus der Denkmalpflege. Wien 1918.

Foucault, Michel: Die Ordnung der Dinge. Eine Archäologie der Humanwissenschaften. Frankfurt am Main 1995.

Gadamer, Hans-Georg: ›Über das Lesen von Bauten und Bildern‹ [1797], in: Ders.: *Gesammelte Werke.* Bd. 8. Ästhetik und Poetik I. Kunst als Aussage. Tübingen 1993, S. 331–338.

Gans, Rüdiger / Briesen, Detlef: ›Das Siegerland zwischen ländlicher Beschränkung und nationaler Entgrenzung: Enge und Weite als Elemente regionaler Identität‹, in: Lindner, Rolf (Hg.): *Die Wiederkehr des Regionalen: über neue Formen kultureller Identität.* Frankfurt am Main 1994, S. 64–90.

Greverus, Ina-Maria: Auf der Suche nach Heimat. München 1979.

›Heimat‹: www.bpb.de/lernen/unterrichten/grafstat/134586/info-03-05-was-ist-heimat-definitionen [letztes Zugriffsdatum 19.11.2012].

Kiem, Karl: ›Eisenzeit. Bauten der Eisenförderung und-Verarbeitung sowie der entsprechende Arbeiterwohnungsbau im Siegener Industriegebiet‹, in: Ders. (Hg.): *Konversionen. Zum Umgang mit Bauten der Eisenindustrie in Europa.* Aachen 2007, S. 10 – 29.

Klein, Manfred: Heimat als Manifestation des Noch-Nicht bei Ernst Bloch. Norderstedt 2007.

Lindner, Rolf (Hg.): *Die Wiederkehr des Regionalen. Über neue Formen kultureller Identität.* Frankfurt am Main 1994, S. 13 – 35.

Piepmeier, Rainer: ›Philosophische Aspekte des Heimatbegriffs‹, in: Cremer, Will / Klein, Ansgar (Hg.): *Heimat. Analysen, Themen, Perspektiven.* Bielefeld 1990, S. 91 – 108.

Polte, Maren: Klasse Bilder. Die Fotografieästhetik der »Becher-Schule«. Berlin 2012.

Riegl, Alois: ›Der moderne Denkmalkultus, sein Wesen und seine Entstehung‹, in: Conrads, Ulrich / Neitzke, Peter (Hg.): *Konservieren, nicht restaurieren. Streitschriften zur Denkmalpflege um 1900.* Braunschweig 1988, S. 43 – 87.

Romeiß-Stracke, Felicitas: Architektur stiftet regionale Identität. 2008, verfügbar unter: www.architektur_tourismus_und_regionale_identiät_2008-3.doc, S. 1 [letztes Zugriffsdatum 19. 11. 2012].

›Taxonomie‹, in: Koschnik, Wolfgang J.: Standardwörterbuch für die Sozialwissenschaften, Bd. 2, München / London / New York / Paris 1992.

Schoper, Tom: Zur Identität von Architektur. Vier zentrale Konzeptionen architektonischer Gestaltung. Bielefeld 2010.

Simmel, Georg: ›Exkurs über den Fremden‹, in: Ders.: *Soziologie. Untersuchung über die Formen der Vergesellschaftung.* Berlin 1958, S. 509 – 512.

Waldenfels, Bernhard: Der Stachel des Fremden. Frankfurt am Main 1990.

www.geschichtswerkstatt-siegen.de [letztes Zugriffsdatum19. 11. 2012].

www.uni-siegen.de/phil/siegerland/index.html?lang=de [letztes Zugriffsdatum 19. 11. 2012].

Hildegard Schröteler-von Brandt

# Zukunftsfähige Regional- und Dorfentwicklung – am Beispiel des DenkRaumes »Zukunft Dorf« der REGIONALE 2013 Südwestfalen

Als Kuratorin des DenkRaumes »Zukunft Dorf« bei der REGIONALE 2013 Südwestfalen und in Kenntnis der regionalen Struktur durch zahlreiche Studien- und Forschungsprojekte zur Dorfentwicklung und zur demografischen Entwicklung möchte ich in meinem Beitrag zu Beginn kurz charakterisieren, welche Eckpunkte die demografische Entwicklung in den nächsten 20 Jahren kennzeichnen, welche Auswirkungen zu erwarten sind und wie sich die demografische Situation in der Region Südwestfalen darstellen wird. Anschließend werde ich im Schwerpunkt drei Themenfelder ansprechen:

- Die Region als Feld-Forschungslabor: Hier soll aufgezeigt werden, welche zentralen Forschungsfragen hinsichtlich der demografischen Entwicklung derzeit bestehen, in welchen transdisziplinären Kontext sie gestellt werden können und warum sich die Region Südwestfalen besonders als Feld-Forschungslabor eignet.
- Die Region als Experimentier- und Erprobungsfeld mit Modellcharakter: In diesem Themenfeld sollen Zielsetzung, Herangehensweise und Organisationsform des DenkRaumes »Zukunft Dorf« der REGIONALE 2013 Südwestfalen dargestellt werden, in dem das Zusammenwirken zwischen modellhaften Praxisprojekten und fachlich-wissenschaftlicher Expertise verankert ist sowie neue Methoden für bedeutende Zukunftsfragestellungen ländlicher Regionen erprobt wurden.
- Die Region als REGIONALE-Projekt: Anhand einiger Projekte aus dem DenkRaum »Zukunft Dorf« soll verdeutlicht werden, welche beispielhaften Projekte im Rahmen der REGIONALE 2013 Südwestfalen entwickelt wurden und wie hier wissenschaftliche Erkenntnisse und planungspraktische Umsetzung zusammenwirken.

## Die demografische Entwicklung in Südwestfalen

Die zentralen demografischen Entwicklungsfaktoren in Südwestfalen sind der Rückgang der Bevölkerung durch die geringe Geburtenrate von 1,4 Geburten je Frau und den wachsenden Sterbeüberschuss mit der Folge einer seit Jahren rückläufigen natürlichen Bevölkerungsentwicklung sowie die zunehmende Alterung der Gesellschaft durch die höhere Lebenserwartung. Andere Eckpunkte der allgemeinen demografischen Entwicklung, wie die Veränderung der Haushaltsgrößen mit der Zunahme von kleinen Haushalten und die Internationalisierung wirken sich, im Gegensatz zu den Agglomerationsräumen, im ländlichen Raum in deutlich geringerem Maße aus.

In den nächsten Jahrzehnten kommt es weiterhin zu gravierenden Verschiebungen innerhalb der Altersgruppen mit einem höheren Anteil älterer Menschen als Folge der geburtenstarken Jahrgänge der 1960er Jahre. Dieser *Fahrplan* der rückläufigen Bevölkerungsentwicklung und der Veränderung der Altersstruktur für die nächsten Jahrzehnte ist geschrieben.

Die absolute Abnahme bei Kindern und Jugendlichen sowie der Rückgang bei der Altersgruppe der bis zu 45-Jährigen führten insgesamt zum Verlust des demografischen Nachwuchspotenzials: Die potentielle Elterngeneration nimmt von Generation zu Generation ab. Dies hat im ländlichen Raum nicht nur Auswirkungen auf die Bildungsinfrastruktur oder das dörfliche Vereinsleben etc., sondern insbesondere auch auf die Nachfrage an öffentlicher Infrastruktur. In vielen ländlichen Regionen, und so auch in Südwestfalen, wird der demografische Bevölkerungsverlust noch zusätzlich durch die Abwanderung der jüngeren Einwohnerschaft aufgrund mangelnder beruflicher Perspektiven verstärkt. Für die Wirtschaft drohen mit der Abwanderung und dem Rückgang an jungen Einwohnern Engpässe beim Angebot an Arbeitskräften. Vor dem Hintergrund der zurückgehenden Einwohnerzahlen spielt in den kommunalen und regionalen Debatten die Sicherung der Grundversorgung und der öffentlichen Infrastrukturausstattung eine zentrale Rolle.

Eine weitere besondere Herausforderung der demografischen Entwicklung ist die Versorgung der zunehmenden Gruppe der älteren Menschen und vor allen Dingen der Hochbetagten über 80 Jahre in den nächsten 20 Jahren. Die *Alterung* wird sich höchst unterschiedlich darstellen: Der Anteil der bis ins hohe Alter recht aktiven Bevölkerungsgruppe wird stark zunehmen, aber auch das Bedürfnis nach Pflege, Betreuung und Unterstützungsleistungen wird steigen; insbesondere in den Dörfern mit ihren eher weitmaschigen Versorgungsnetzen müssen die Kommunen nach Lösungen für diese *soziale Frage* der Zukunft suchen.

Besondere Auswirkungen werden durch die demografische Entwicklung und die Abwanderung aus den ländlich geprägten Bereichen für den dortigen

Wohnungsmarkt erwartet. In NRW wurde Mitte 2011 ein Gutachten der Empirica AG zur Entwicklung der Wohnungsbaunachfrage in allen Kreisen des Landes veröffentlicht. In den schrumpfenden Kreisen Südwestfalens wird z. B. die demografisch bedingte Neubaunachfrage durch den Rückgang der Bevölkerung, durch die schrumpfende Zahl der Haushalte sowie den geringen Anteil junger Menschen sehr niedrig sein, und es kommt sogar zu demografisch bedingten Wohnungsüberhängen. Zudem wird für die Region eine hohe qualitative Neubaunachfrage aufgrund der mangelnden Qualität der Altbauten und dem hohen Anteil an nicht qualitätsvollem Wohnungsbestand festgestellt (z. B. hoher Modernisierungsbedarf oder schlechte energetische Ausstattung) (Abb. 1).

Abb. 1: Typisches Beispiel leerstandsgefährdeter Bausubstanz.
Quelle: Eigene Abbildung

Im Ergebnis bedeutet dies, dass in den Kreisen Südwestfalens die Nachfrage nicht nur wegen der demografischen Entwicklung, sondern auch wegen der hohen Anteile an minderwertigen Altbauten zurückgehen wird und sich die Leerstandsquote erhöht. Bis 2030 kann in der Region Südwestfalen von einem Überhang von 20 % des heutigen Wohnungsbestandes ausgegangen werden. Planungsstrategisch müssen die Kommunen die alte Wachstumspolitik von immer mehr Neubauflächen verlassen und sich im Rahmen eines gesteuerten Flächenressourcenmanagements vor allem mit den Wohnungsbeständen und hier wiederum vorrangig mit dem Baubestand in den Ortskernen befassen.

Schrumpfende Bevölkerungszahlen haben eine Reduktion von Versorgungsstrukturen, von Dienstleistungen und Handel zur Folge. Der Abbau bzw. die Umstrukturierungsprozesse in der Infrastruktur müssen sich nun neuen Paradigmen unterfügen, die nicht mehr ausschließlich auf Wachstum ausgerichtet sind, sondern als neue Formen der Daseinsvorsorge mit der Bündelung von Leistungen und Angeboten entworfen werden müssen. Solche notwendigen bevorstehenden Umstrukturierungsprozesse verlaufen nicht mehr entlang herkömmlicher und altbekannter Diskurslinien: Es müssen neue Kooperationsformen, auch unter Einbezug der ansässigen Bürgerinnen und Bürger, entwickelt werden, die divergierende Interessen und Wertekonflikte mit sich bringen.

In Südwestfalen wird die Problematik verstärkt durch die sehr kleinteilige Siedlungsstruktur. In den 59 Städten und Gemeinden lebt etwa ein Drittel der Bevölkerung in Ortsteilen mit bis zu 3.000 Einwohnern und in einer Fülle kleiner und kleinster Dörfer (Abb. 2).

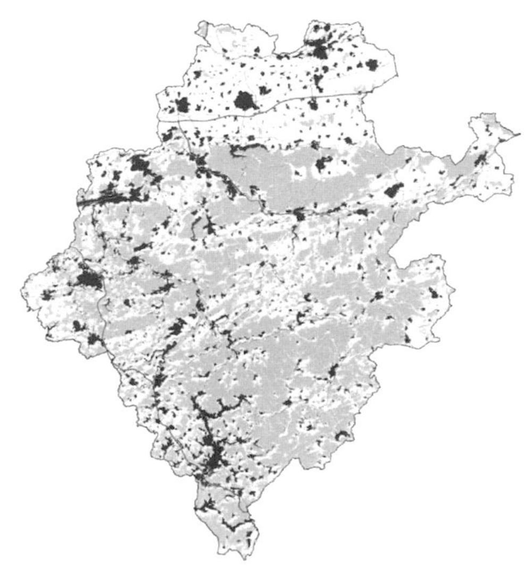

Abb. 2: Siedlungsstruktur in Südwestfalen.
Quelle: Südwestfalen Agentur GmbH 2010

Die meisten Kommunen sind Flächengemeinden. So verteilen sich die 23 Ortsteile in Bad Berleburg, als zweitgrößter Flächengemeinde in NRW, auf 275 qkm: Weite Wege zum Zentralort und ein weitmaschiges Netz an Versorgungseinrichtungen sind die Folge.

Die demografische Entwicklung verläuft in Deutschland sehr unterschiedlich und ein sogenannter *Schrumpfungskeil* erstreckt sich von Ost- nach Westdeutschland bis ins Ruhrgebiet hinein. Die Region Südwestfalen sowie die angrenzenden Bereiche in Nordhessen und dem östlichen Rheinland-Pfalz liegen in einer Übergangszone zwischen stagnierenden, schrumpfenden und noch leicht wachsenden Gebieten. Innerhalb der Region Südwestfalen verläuft die demografische Entwicklung ebenfalls unterschiedlich. Besonders betroffen vom Bevölkerungsrückgang sind die östlichen Regionen Südwestfalens, insbesondere die abseits der Autobahnen A4 und A45 liegenden Kommunen in Wittgenstein und im Hochsauerland sowie der altindustrialisierte Märkische Kreis. Nach dem Statistischen Landesamt (www.it.nrw.de) verloren zwischen 2000 und 2012 der Kreis Siegen-Wittgenstein 4,6 % Einwohner, der Hochsauerlandkreis

5,0 % und der Märkische Kreis sogar 5,8 %. Die prozentual geringsten Bevölkerungsverluste verzeichneten die Kreise Soest (-0,7 %) und Olpe (-1,6 %).

Die fünf Kreise werden voraussichtlich bis 2030 im Durchschnitt weitere 11 % ihrer Bevölkerung verlieren. Die Prognose des Statistischen Landesamtes NRW (www.it.nrw.de) auf der Grundlage der Bevölkerungsvorausberechnung geht für Südwestfalen von einem Bevölkerungsrückgang von 1.421.038 Einwohner im Jahr 2011 auf 1.265.564 im Jahr 2030 (-10,9 %) aus. Der Bevölkerungsverlust von 155.474 Einwohnern entspricht einer Anzahl, die größer ist als die derzeitige Gesamteinwohnerzahl des Kreises Olpe. Der Kreis Siegen-Wittgenstein würde z. B. 11,3 % (31.925 Einwohner) verlieren.

## Die Region als Feld-Forschungslabor

Viele Fragen des gesellschaftlichen Transformationsprozesses betreffen die Bereiche Bildung, Soziales und Raum. Insbesondere die demografischen Faktoren, die nicht unmittelbar wirken, sondern sich mit wirtschaftlichen, räumlichen und sozialen Rahmenbedingungen überlagern, verlangen Lösungsansätze, die nur im inter- und transdisziplinären Rahmen gefunden werden können. Die Verknüpfung von städtebaulich-architektonischen, bildungspolitischen und sozialen Fragen wird von der Praxis eingefordert. Forschungsfragen in der neuen Fakultät II Bildung.Architektur.Künste der Universität Siegen mit ihrem breiten disziplinären Fächerspektrum könnten im Rahmen einer neu *gedachten* regionalen Entwicklung gestellt und so die räumlichen Aspekte stadtentwicklungspolitischer Strategien erweitert werden.

Südwestfalen als Feld-Forschungslabor und Forschung *in* der Region bedeuten, dass die Region auf der Basis etablierter Kooperationsnetzwerke als Referenzregion für Forschungsfragen dienen kann. Die Ergebnisse empirischer, quantitativer und qualitativer Forschung könnten der Region zur Verfügung gestellt und damit auch direkt eine *Unterstützungsarbeit* bei der Lösung regionaler Zukunftsaufgaben durch die Universität geleistet werden. Die im wahrsten Sinne des Wortes *kurzen Wege* in die Region lassen sich zudem forschungsökonomisch nutzen.

Darüber hinaus kann auch *an* der Region geforscht werden, indem die hier bearbeiteten Fragestellungen in den Kontext von relevanten Forschungsfragen gestellt und exemplarisch konzeptionelle Lösungen für örtliche Problemstellungen entwickelt werden.

## Südwestfalen als Raumkategorie ländlicher Raum

Der sogenannte ländliche Raum wird durch eine Vielfalt von Strukturtypen geprägt. Die Raumabgrenzungen des Bundesamtes für Bauwesen, Städtebau und Raumentwicklung (BBSR) gehen von sehr unterschiedlichen ländlichen Räumen aus (www.bbsr.bund.de). Abgrenzungskriterien für die verschiedenen Raumtypen bilden sowohl siedlungsstrukturelle Elemente wie Bevölkerungsdichte und Siedlungsflächenanteil als auch die Typisierung nach Erreichbarkeit und Zentralität. Ländliche Räume lassen sich sowohl in sehr peripheren als auch in zentralen ländlichen Strukturen identifizieren. Somit gibt es nicht *den* ländlichen Raum, sondern sehr heterogene ländliche Räume. Durch die Zuordnung zu wachsenden und schrumpfenden zentralen Orten und den dortigen Versorgungseinrichtungen werden weiterhin ländliche Kreise mit und ohne Strukturschwächen unterschieden. Bezüglich der Raumtypologie (BBSR 2010) vereinigt Südwestfalen verschiedene ländliche Raumkategorien von zentralen über teilweise städtische bis zu peripheren Strukturen. Eine Untersuchung speziell dieses Raumes bietet die Möglichkeit, den unterschiedlichen physisch-materiellen Raum (z. B. Einwohnerdichte, Mobilitätsangebote, Zugang zu Infrastruktur etc.) und die verschiedenartigen sozialen Handlungsweisen und Aneignungsmuster zu erforschen und dabei deren unterschiedliche Ausprägungen, Problemlagen und Chancen im Rahmen der gesellschaftlichen Transformationsprozesse zu betrachten. Die Untersuchungen zum ländlichen Raum in Südwestfalen könnten somit zugleich auch einen Beitrag zur Frage Stadt-Land-Verhältnis liefern.

Eine weitere Forschungsthese geht davon aus, dass die zeitliche Dimension des individuellen Verhältnisses zum Raum (wie Wohndauer / Verweildauer) ein Kriterium für die Bindung und die Identitätsbildung mit der räumlichen Umwelt bildet. Ebenso wären die Faktoren *Distanz* im Raum und *Distanzüberwindung* aus dem Blickwinkel einer ländlichen Region ein interessantes Untersuchungsgebiet.

## Stadt- und Regionalentwicklung in Südwestfalen im Kontext der demografischen Entwicklung

Allgemeine raumbezogene Untersuchungen zur demografischen Entwicklung in den letzten Jahren widmen sich vor allem dem Ausbau statistischer Untersuchungen und Datenbanken (vgl. Bertelsmann Stiftung 2006 / 2008 oder IT NRW). Hierdurch konnte sich die Sicht auf Raumentwicklung durch demografische Veränderungen verbreitern, und dies mündete in konkrete regionale Debatten und kommunalpolitische Fragestellungen über die zu erwartenden

Auswirkungen der demografischen Entwicklung. Auch wenn sich vermehrt die Datenbasis für die Städte und Gemeinden verbessert hat (DESTATIS 2009, BBSR 2005), so fehlen doch Aussagen zu konkreten lokalen Auswirkungen und zu spezifischen Handlungsfeldern zur Bewältigung der demografischen Entwicklung. Zumeist werden viele sehr allgemein gültige Strategien und Handlungsfelder (vgl. Bertelsmann Stiftung 2006 / 2008, Dettbarn-Reggentin 2007) oder spezifische Handlungsfelder wie Infrastruktur (Naumann 2009), Immobilien (Just 2009, alternde Gesellschaft (Kreuzer 2006)) etc. vor Ort diskutiert. Zudem wird die demografische Entwicklung in Schrumpfungsregionen anders wahrgenommen als in stagnierenden oder wachsenden Regionen. Auch neu eingesetzte Demografiebeauftragte in Kommunen werden in der Tradition von Alten- oder Behindertenbeauftragten eher sektoral eingesetzt, ohne dass in den Kommunen die demografische Entwicklung lediglich als Rahmenbedingung für ein neues, geändertes Planungsbewusstsein erkannt wird und eine strategische Neuaufstellung der Kommune als notwendig erachtet wird.

Im Rahmen der Forschungs- und Kooperationsprojekte zwischen der Universität Siegen und den beteiligten Gemeinden wurden Untersuchungen mit dem Ziel durchgeführt, die kleinräumigen Auswirkungen der demografischen Entwicklung anhand von beispielhaften Gemeinden herauszuarbeiten (Schröteler-von Brandt / Schwalbach 2009; Schwalbach / Schröteler-von Brandt 2009; Schwalbach 2010). Da allgemeine Prognosen auf dieser kleinräumigen Ebene nicht vorliegen, wird auf der Grundlage von Daten zur Ausgangssituation und der Ortskenntnis in Zusammenarbeit mit örtlichen Akteuren ein Entwicklungstrend aufgezeigt. Auf der Grundlage dieser kleinräumigen Bevölkerungsuntersuchungen werden in Verbindung mit den städtebaulichen Strukturen, den Bau- und Wohntypen, der öffentlichen und privaten Infrastruktur, den sozialen und kulturellen Netzwerken sowie der Mobilität demografiebezogene Entwicklungspotenziale und auch Entwicklungshemmnisse aufgezeigt. Nach Rückkoppelung dieser Ergebnisse in Form von Informations- und Beteiligungsprozessen vor Ort werden – eingebettet in eine gesamtstädtische Strategie – thematische und akteursbezogene Teilkonzepte entwickelt (Schröteler-von Brandt / Loth 2011).

Die vorliegenden Untersuchungen versuchen planungsmethodische Grundlagen hinsichtlich der Untersuchungsinstrumente und -kriterien zu schaffen, um sowohl die Datengrundlage als auch die Handlungsfelder lokal und kleinräumig verorten zu können und damit zielorientiert kommunalen Bedürfnissen anzupassen. Wie stellen sich die Auswirkungen der demografischen Entwicklung auf allen Ebenen der Stadtpolitik und in den einzelnen Ortsteilen dar (Flächenressourcen, Schulpolitik, Infrastrukturausstattung etc.), und wie, mit welchen Konzepten und Konzeptfindungsstrategien, kann hier reagiert werden?

Die Einbeziehung der Bevölkerung muss systematisch im Planungsprozess verankert werden.

Der demografische Wandel stellt auch die gesundheitliche Versorgung in ländlichen Räumen vor neue Herausforderungen. Praktisch relevant sind vor allem die Probleme durch infrastrukturelle Engpässe und eingeschränkte Mobilität. Weitere Fragestellungen ergeben sich etwa aus der schon erwähnten wohnungswirtschaftlichen Situation und notwendigen Anpassungskonzepten oder hinsichtlich der Sicherung der sozialen Gemeinschaft und des zivilgesellschaftlichen Engagements.

## Die Region als Experimentier- und Erprobungsfeld mit Modellcharakter

Den Kern einer REGIONALEN in NRW bilden anspruchsvolle, modellhafte und vor allem strukturwirksame Strategien, Projekte und Ereignisse, die darauf ausgerichtet sind, das Profil einer Region zu schärfen und sie auf die anstehenden wirtschaftlichen, demografischen, sozialen und ökologischen Herausforderungen vorzubereiten.

Die REGIONALE verfügt nicht über eigene Fördermittel, aber durch die Zuordnung zu einem REGIONALE-Projekt entsteht ein prioritärer Zugang zu den bestehenden Förderprogrammen – zum Beispiel aus dem Bereich der Städtebauförderung oder der Dorferneuerung.

Zur Förderung innovativer Projektansätze verfolgt die REGIONALE 2013 Südwestfalen unterschiedliche Strategien. Einerseits gibt es die klassische Antragsstellung, bei der konkrete Projekte einen Qualifizierungsprozess (dreigliedriges Zertifizierungsverfahren) durchlaufen. Andererseits hat sie es sich zur Aufgabe gemacht, den Wissens- und Erfahrungsaustausch in der Region zu unterstützen und sich aktiv auf die Suche nach herausragenden Projektansätzen zu machen. Zu diesem Zweck wurden die sogenannten »DenkRäume« ins Leben gerufen. Einer dieser DenkRäume widmet sich dem Thema »Zukunft Dorf« mit den fünf Handlungsfeldern: Generationendorf, Versorgung und Mobilität, Dorf als Ort von Arbeit / Tourismus, bauliche Dorfentwicklung und Identifikation sowie bürgerschaftliches Engagement. Erstmals in NRW werden im Rahmen einer REGIONALE die Entwicklung der ländlich strukturierten Ortsteile und deren Verbindung zu ihren Zentralgemeinden in den Klein- und Mittelstädten stärker in den Fokus genommen.

Auf der Grundlage dieser Handlungsfelder initiiert der DenkRaum einen mehrdimensionalen Prozess des Wissens- und Erfahrungsaustausches. Akteure vor Ort werden für die Probleme des ländlichen Raumes sensibilisiert und der

Erfahrungsaustausch untereinander wird gefördert. So wurde z. B. das Vernetzungsprojekt »Dörfer entlang des Rothaarsteigs« gestartet, um von den guten Projekten der Anderen zu lernen und gemeinsam Problemfelder anzugehen. Über 100 Dörfer zwischen Burbach und Brilon haben sich in diesem modellhaften Netzwerk zusammengeschlossen. Durch thematische Veranstaltungen, z. B. zu Alternativen der Nahversorgung oder zum Leerstandsmanagement, durch Workshops und regionale Aktionen werden eigene Projektideen vom DenkRaum »Zukunft Dorf« initiiert und die Dörfer motiviert, selber zukunftsweisende Projektideen zu entwickeln.

Der DenkRaum dient damit als Impulsgeber für die Initiierung neuer Ideen sowie als Sprachrohr mit Bezug auf Herausforderungen der Region, und er unterstützt und begleitet die lokalen Akteure bei ihren Vorhaben. In den Dörfern und Dorfgemeinschaften gibt es ein großes Potenzial für bürgerschaftliches Engagement und eine hohe Bereitschaft zur Selbstorganisation bei der Bewältigung der anstehenden Aufgaben. Hierzu benötigen die Dörfer Hilfestellung und Unterstützung, und es bedarf eines Netzwerkes der Dörfer innerhalb der Region, damit man voneinander lernen kann. Das Engagement vieler zumeist ehrenamtlicher Akteure wird erschwert durch fehlende Strukturen im Hintergrund, und somit kommt dem DenkRaum auch eine besondere Bedeutung als regionale Plattform bei der Unterstützung der Akteursgruppen zu. Hier wird es von Bedeutung sein, wie sich diese Unterstützungsstrukturen im weiteren Prozess implementieren lassen.

Die Strategie richtet sich auf den Aufbau von zwei Säulen: zum einen den Wissenstransfer (»Investition in die Köpfe«), zum anderen die Entwicklung von Projekten in baulich-investiven Bereichen und die Konzeption und Erprobung neuartiger Kooperationsmodelle.

Der Wissenstransfer soll zum Vorlauf für Innovationsprojekte und Netzwerke werden, in denen die Region Südwestfalen in der Fachwelt beachtete Pionierarbeit bei der Lösung von Zukunftsfragen leistet. Durch die Entwicklung neuer, auch überraschender und kreativer Strategien und Projektideen könnte die Region bundesweit eine Vorreiterrolle für die Lösung ähnlicher Strukturprobleme übernehmen. Auch Hinweise für die Gestaltung und Überarbeitung von Förderrichtlinien vor dem Hintergrund der Projekterfahrungen gehören dazu. Die REGIONALE Südwestfalen 2013 hat sich in ihrem DenkRaum »Zukunft Dorf« als Schwerpunkt den Wissenstransfer und damit sowohl den Austausch von internem Wissen in dem Netzwerk der Dörfer als auch den Input durch externe Berater zum Ziel gesetzt. Durch modellhafte Projekte der Dorfentwicklung sollen zudem gute Beispiele gezeigt werden, die anderen Dörfern als Anregung dienen können. Der Erfahrungsaustausch erfolgt innerhalb von Themenschwerpunkten; er umfasst auch die Beauftragung von Forschungsarbeiten und Feldstudien sowie Kooperationen mit den Hochschulen der Region. In diesem

Zusammenhang konnten bereits Ergebnisse zu den im vorherigen Kapitel genannten wissenschaftlichen Untersuchungsfeldern in die DenkRaum Arbeit einfließen.

Der DenkRaum besteht aus einem inneren Vorbereitungskreis und einem Lenkungskreis unter Beteiligung der Fördergeber (siehe auch: www.suedwestfalen.com). Der Inner Circle bereitet Projekte und Initiativen vor, plant und führt sie in enger Zusammenarbeit mit den Akteuren durch; der Lenkungskreis diskutiert, berät und entscheidet über die DenkRaum-Projekte (Abb. 3).

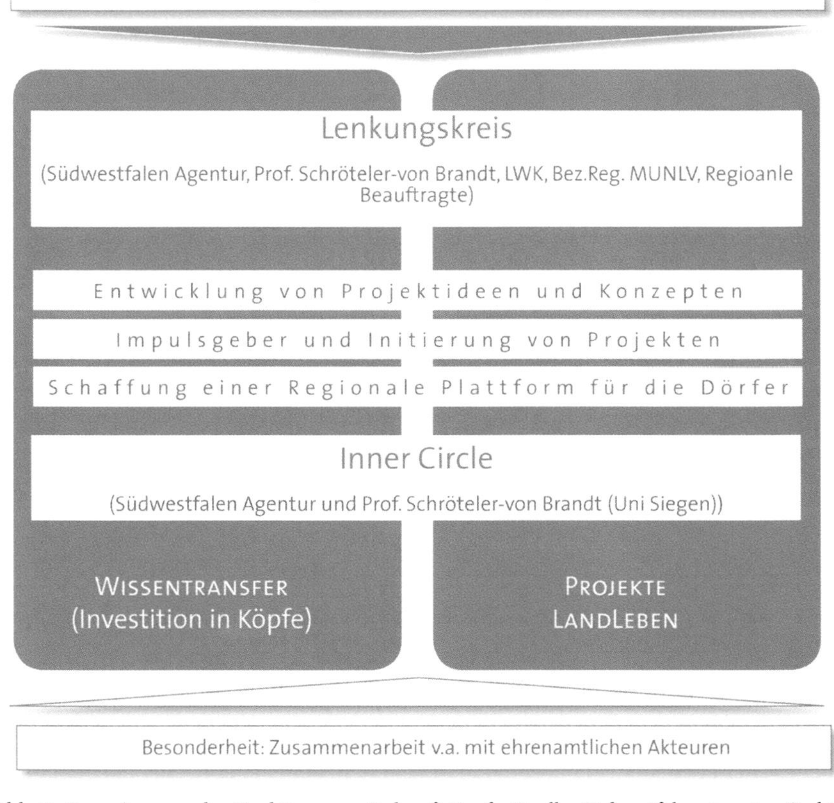


Abb. 3: Organigramm des DenkRaumes »Zukunft Dorf«. Quelle: Südwestfalen Agentur GmbH 2010

Meine Zielsetzung in der Mitarbeit im Inner Circle und im Lenkungskreis ist die fachliche Beratung, die Mitwirkung bei der Implementierung der Innovationsprozesse in die Praxis und die Erweiterung der Handlungsmöglichkeiten der lokalen Akteure.

## Die Region als REGIONALE-Projekt

Die folgende Auswahl beispielhafter Projekte bezieht sich auf die strategischen Bausteine des Wissenstransfers und die Erarbeitung modellhafter Konzepte, nicht auf bauliche Realisierungen.

### Ebene Wissenstransfer

Aus dem vielfältigen Themenspektrum des Wissenstransfers soll der Bereich der Leerstandsoffensive herausgegriffen werden. Auf der Grundlage der eingangs geschilderten Problematik der zunehmenden Gebäudeleerstände wurde in Zusammenarbeit mit der Universität Siegen Ende 2010 ein Symposium zum Leerstand veranstaltet, welches sich der Thematik in der gesamten Breite widmete und sowohl wissenschaftliche Grundlagen als auch praktische Handlungsfelder in den Blick nahm. Es folgten weitere Veranstaltungen zum Thema, wie Ende 2011 zur Wohnungsmarktentwicklung in Südwestfalen unter Beteiligung der zuständigen Ministerien und der NRW Bank. Neben diesen Beispielen klar definierter fachlicher *Grundlagenarbeit* in Zusammenhang mit der Diskussion strategischer Handlungsebenen folgte eine Busexkursion nach Marburg zusammen mit dem ZeLE (Zentrum für Ländliche Entwicklung NRW) zur Besichtigung konkreter Beispiele von ungenutzter Bausubstanz und dem Austausch über strategischer Planungsansätze der Innenentwicklung in den dörflichen Stadtteilen der Stadt Marburg. Auch hierdurch konnte der Blick auf das Problem der Leerstandsentwicklung geschärft und gleichzeitig das Spektrum der in den Blick genommenen Handlungsebenen erweitert werden. Durch die Mitarbeit der Universität Siegen im »Labor Wittgenstein Wandel« des Zweckverbandes Region Wittgenstein mit den drei Kommunen Bad Berleburg, Bad Laasphe und Erndtebrück sollen die drei Kommunen in ihrem Bemühen unterstützt werden, modellhafte Strategien im Umgang mit Leerstand zu entwickeln und umzusetzen. Verschiedene Workshops mit Experten aus der Immobilien- und Wohnungswirtschaft, Gewerbetreibenden, Einzelhändlern etc. wurden durchgeführt, um die im Vorfeld erstellten Leerstandkataster als auch die Strategien auf den verschiedenen Handlungsebenen (Wohn-, Gewerbe- und Geschäftsimmobilie) gemeinsam zu erörtern. Beispielhaft wurden ein *Werkzeugkasten* zum Umgang mit Leerstand entwickelt und Anpassungsstrategien zur Bewältigung der demografischen Auswirkungen auf die Handlungsfelder ›Wohnstandorte‹ und ›öffentlicher Raum‹ thematisiert (z.B. fortlaufendes Leerstandsmonitoring, Aufwertung der Versorgungsinfrastruktur und des Wohnumfeldes, Lenkung der Immobiliennachfrage auf den Bestand etc.). Als nächstes wird derzeit ein integriertes regionales Entwicklungskonzept von den drei Kommunen gemeinsam entwickelt mit einem regionalen Handlungskonzept ›Wohnen‹ sowie einem Konzept zur Daseinsvorsorge. Der Zweckverband schafft sich so mit fachlicher Beratung durch die Universität Siegen eine immer breitere, quantitativ und qualitativ fundierte Erkenntnisbasis für Konzepte und versucht beispielhaft Modellprojekte umzusetzen, in denen unterschiedliche Nutzungs- und Raumtypen behandelt werden, z. B. in der Innenstadt von Bad Laasphe das Thema Innenstadtentwicklung / Altstadtkerne oder auf der Gewerbebrache in Bad Berleburg-Arfeld das Thema Industriebrachenentwicklung.

## Ebene Beratung und Unterstützung

Viele Projekte in den Dörfern stützen sich auf ehrenamtliches Engagement vieler aktiver Menschen. Diese versuchen ihr Dorf für die Veränderungen der Zukunft »fit zu machen«. Das Projekt »Bürger machen Dorf« setzt beim ehrenamtlichen und bürgerschaftlichen Engagement an. Viele Dorfgemeinschaften und Bürgerinitiativen haben Projektideen für den Umgang zum Beispiel mit alten Bahnhofsgebäuden, ehemaligen Schulgebäuden o. ä. für kulturelle, gemeinschaftliche Zwecke, für privates Mehrgenerationenwohnen und vieles mehr. Für die Umsetzung sind nachhaltige und tragfähige Betriebs- und Trägerstrukturen ausschlaggebend, da öffentliche Mittel kaum zur Verfügung stehen werden. Um ein Projekt zur Realisierung zu bringen, Fördererzuschüsse zu bekommen und die finanziellen Folgen für die zukünftigen Betreiber sachgerecht abschätzen zu können, bedarf es einer fachlichen Beratung. Orientiert an dem Programm »Initiative ergreifen« der Städtebauförderung in NRW werden im Rahmen des DenkRaumes Projekte begleitet, wie zum Beispiel der Umbau des Bahnhofes in Drolshagen-Hützemert oder das Bergenthal-Museum in Medebach-Oberschlehdorn. Das Ziel ist »die Befähigung zum Handeln«; ein sachkundiges Projekt- und Beratungsteam begleitet die einzelnen Initiativen. Jedes Projekt muss einen Qualifizierungsprozess durchlaufen, in einem Netzwerk der Dörfer zusammenarbeiten und den Erfahrungsaustausch suchen. Derzeit werden zehn Projekte begleitet. Die Voraussetzung für jedes einzelne Projekt ist seine Herleitung aus einer integrierten kommunalen Gesamtentwicklungsstrategie und einer Verankerung in der Dorfgemeinschaft.

Ein ganz anders gelagertes Projekt sind die »Haferkistengespräche« (Abb. 4). Sie entstanden aus der Idee, dass im Dorf eine Gruppe aktiver Bewohner sich mit der Installierung eines Dorfladens, mit dem Ausbau von Tourismus oder mit der Verstärkung des bürgerschaftlichen Engagements beschäftigt oder der Frage nachgehen möchte, wie qualitativ gute bauliche und städtebauliche Projekte für das Dorf entstehen können. »Dorfgespräche auf der Haferkiste« bilden ein niederschwelliges Angebot zum Wissenstransfer nach dem Motto »Dörfer ler-

Abb. 4: Haferkiste – wanderndes Symbol der Dorfgespräche. Quelle: Eigene Abbildung

nen von Dörfern«. Die Haferkistengespräche werden von den Dörfern selbst organisiert. Die unkompliziert und ohne großen Aufwand zu bewerkstelligenden Veranstaltungen sind geeignet, sowohl mit Experten aus anderen Dörfern das eigene Problem zu diskutieren als auch weitere fachlich versierte Experten hinzu zu holen. Mit den Veranstaltungen, die sehr gut besucht sind, entsteht im

Dorf auch eine Öffentlichkeit zur Präsentation der guten Projekte, die Vorbildcharakter haben und die Motivation insgesamt steigern können. Bislang fanden vier Haferkistengespräche statt, und dieses *Beratungsformat* scheint sehr gut geeignet zu sein, um konkrete Hilfestellungen zu geben. Durch den Denk-Raum wurden hier organisatorische und fachliche Hilfen, z. B. bei der Ansprache von Referentinnen und Referenten, gegeben.

## Ebene Vernetzung

Das wichtige Vernetzungsprojekt »Zukunft der Dörfer in Südwestfalen« setzt sich zum Ziel, die vorhandenen Chancen in den Dörfern aufzuspüren und die örtlichen Möglichkeiten und Talente durch eine beispielhafte und langfristige Zusammenarbeit und Vernetzung der Gemeinden und ihrer Dörfer neu bzw. wieder zu entdecken und miteinander zu verbinden. In einem ersten Schritt wurden etwa 100 Dörfer entlang des Rothaarsteigs als verbindender Linie angesprochen und die Idee einer Plattform für gemeinsame Zukunftsfragen mit den Dörfern erarbeitet. Der hier entstandene Prozess und seine Dynamik und die sich daraus entwickelnden weiteren Projektideen sind sehr vielfältig und haben zum Beispiel zu den Haferkistengesprächen geführt oder auch zur Initiierung eines jährlichen »Tages der Dörfer in Südwestfalen« (Abb. 5), der jeweils in unterschiedlicher Form von einigen Dörfern ausgerichtet wird und bei dem die Dörfer sich präsentieren und die anderen Ortschaften einladen.
Auch der »Dörferrundbrief« als Informationsplattform hat sich mittlerweile etabliert. Speziell an Jugendliche gerichtete Themen wie der Schülerwettbewerb Südwestfalen oder das Jugendfilmprojekt entstanden ebenfalls aus dem Vernetzungsgedanken (siehe www.suedwestfalen.com/die-regionale).

Als ein weiteres Beispiel für den Vernetzungsgedanken kann ein Leitprojekt im Rahmen des Regionale-Projektes der Stadt Bad Berleburg »Meine Heimat 2020« genannt werden und zwar die Initiative Eder-Elsofftal. Die abseits vom Zentrum der Stadt gelegenen sechs Dörfer im östlichen Teil von Bad Berleburg wollen die Probleme durch die zunehmende Zahl der Senioren, abnehmende Infrastruktur oder Abwanderungstendenzen der Jugend nicht hinnehmen, sondern sich gemeinsam unter Bündelung der Kräfte dieser Entwicklung entgegenstellen und ein Gemeinschaftsnetz zur Erhaltung des Lebens- und Wohnqualität bilden. Die Evangelische Lukas-Kirchengemeinde, die bereits breit aufgestellte Gemeinwesensarbeit praktiziert, hat mit der Bewohnerschaft die Angebote erweitert, z. B. um eine ambulante Tagesbetreuung, Entlastung pflegender Angehöriger bei Demenzkranken, eine intensive Jugendfreizeit- und Bildungsarbeit, Schulung ehrenamtlicher Helfer etc. Durch eine Erweiterung des Gemeindezentrums mit einem angeschlossenen Dorfcafé soll die Gestaltung des

Abb. 5: Tag der Dörfer in Südwestfalen 2012. Quelle: Südwestfalen Agentur GmbH 2012

sozialen Lebens im Rahmen eines weit über die Kirchengemeinde hinausgehenden, integrativen Ansatzes erweitert werden. Auf der Basis einer Einwerbung von Sponsorenmitteln wurde zum Beispiel bereits ein Generationenbus als Bus für alle angeschafft: Ehrenamtliche Helfer holen die Menschen in den Dörfern ab und fahren sie zu den Angeboten ins Gemeindezentrum. Die Einsatzbereiche des Busses sollen künftig noch erweitert werden, um die Mobilitätschancen im Dorf zu erhöhen.

## Ebene integrierte Planungsansätze

In Bad Berleburg werden in einem integrierten Planungsprozess auf der Grundlage einer Leitbildentwicklung ein Haushaltskonsolidierungskonzept, eine Dorfentwicklungsplanung für alle Ortsteile und ein Infrastrukturkonzept unter Berücksichtigung der demografischen Entwicklung erstellt und damit eine umfassende Planungsstrategie verfolgt. Im Rahmen der REGIONALE Südwestfalen 2013 wird dieser Prozess als Modellprojekt »Bad Berleburg – Meine Heimat 2020« gefördert.

In Bad Berleburg mit seinen 23 Ortsteilen stellt die nachhaltige Sicherung der Versorgungsinfrastruktur die Stadt vor besondere Herausforderungen. Bei einem Bevölkerungsrückgang von 6,5 % zwischen 2000 und 2010 wird bis 2030 ein weiterer Rückgang von 16 % erwartet. Eine Konsequenz aus den verschiedenen oben genannten Planungen ist z. B. die Festlegung von Versorgungsknotenpunkten. Neben der Kernstadt als zentralem Versorgungsbereich werden Dörfer im Stadtgebiet mit Funktionen als *Versorgungsanker* für umliegende Dörfer im Zuge der generellen Reduktion der Grund- und Nahversorgung ausgewiesen (integrierte gesamtstädtische Dorfentwicklungsplanung 2012 siehe www.bad-berleburg.de). Für verschiedene infrastrukturelle Einrichtungen werden Konzepte erstellt. So wurde bereits ein Beschluss zum Rückbau von Spielplätzen gefasst; im kommenden Jahr folgt der Sportstättenentwicklungsplan, und ein Konzept zum Brandschutzbedarfsplan mit der Frage der Zukunft der Feuerwehrgerätehäuser ist ebenfalls geplant. Als weiteres Beispiel für die Problematik der Infrastruktursicherung können auch die Friedhofskapellen genannt werden. In nahezu jedem der 23 Ortsteile mit Einwohnerzahlen von 61 bis 6.617 (2010) gibt es einen Friedhof und eine Friedhofskapelle. Die Untersuchungen im Rahmen des laufendes Forschungsprojektes »Öffentliche Infrastruktur und kommunale Finanzen« der Universität Siegen (Beginn 2011), in dessen Rahmen für jeden Ortsteil von Bad Berleburg ein Infrastrukturatlas inkl. der Auslastung von Einrichtungen, Trägerschaften oder Investitionsbedarf erstellt wurde, ergaben, dass in vielen Fällen nur zwei bis drei Beerdigungen im Jahr erfolgten. Bezüglich der Aufrechterhaltung der Friedhofskapellen bei gleichzeitig hohem Instandsetzungsbedarf wird über Erhalt, Abriss oder neue Trägerschaften diskutiert werden müssen.

Mit der Konzentration von Infrastruktur oder dem Rückbau erfolgt derzeit auch eine Diskussion über andere Trägerschaften und Formen der Bewirtschaftung. Diese Fragen werden insbesondere hinsichtlich der Zukunft der Vielzahl der Dorfgemeinschaftshäuser und der Sportstätten erörtert. Neben der Frage des Rückbaus geht es also darum, auch die Bevölkerung hinsichtlich neuer und anderer Betreiber- und Unterhaltungsmodelle der öffentlichen Infrastruktur *mitzunehmen* (Dorfvereine, Verträge zwischen Stadt und Dorfgemeinschaft über Grünpflegemaßnahmen etc.). Ein erster Pflegevertrag wurde zwischen der Stadt Bad Berleburg und dem Ortsteil Au-Wingeshausen abgeschlossen.

Als zusammenfassende Folgerung aus allen Fallbeispielen kann festgehalten werden, dass Dorferneuerungskonzepte noch stärker in gesamtstädtische Entwicklungskonzeptionen eingebettet werden müssen, in denen die demografische Entwicklung, die Flächenbedarfe und die Infrastrukturausstattung eine zentrale Rolle spielen. Dorferneuerungsmaßnahmen können so nicht mehr als Einzelplanungen für die Dörfer betrachtet werden, sondern müssen mehr denn je in den Gesamtkontext der kommunalen Entwicklung eingebunden werden. Die Beschäftigung mit dem Thema ›Konzentration statt Ausweitung der Infrastruktur‹ muss in engem Austausch mit der Bevölkerung erfolgen. In der Zusammenarbeit der einzelnen Ressorts in der Verwaltung und in der Politik müssen – angesichts vielfältiger politischer Interessen *in* den Dörfern und der vorherrschenden Sichtweise *auf* Dörfer – viele Ressentiments abgebaut werden. Es geht darum, *Erkenntnisprozesse* anzustoßen, die deutlich den Zusammenhang zwischen der Entwicklung der Gesamtstadt und den einzelnen Ortsteilen herausarbeiten und die die Entwicklungslinien für das Ganze bei einer Orientierung auf wichtige Leitziele durch umfangreiche Beteiligung der Bevölkerung aushandeln und konkretisieren.

## Ausblick

Hintergrund und Zielsetzung der Projekte ist die Einleitung von strukturverändernden Maßnahmen; auch über den Zeitraum der REGIONALE Südwestfalen 2013 hinaus. Es stellt sich nun die Frage, wie nach deren Abschluss 2013 die dauerhafte Implementierung der südwestfälischen Vernetzung und die Verstetigung des Regionsgedankens und ihres Modellcharakters unterstützt werden kann bzw. welchen Beitrag die Universität Siegen in dieser Hinsicht auch künftig leisten kann.

## Literatur

Bertelsmann Stiftung (Hg.): Wegweiser demographischer Wandel 2020. Analysen und Handlungskonzepte für Städte und Gemeinden. Gütersloh 2006.

Bertelsmann Stiftung (Hg.): Demographie konkret – Soziale Segregation in deutschen Großstädten. Daten und Handlungskonzepte für eine integrative Stadtpolitik. Gütersloh 2008.

Bundesamt für Bauwesen, Städtebau und Raumordnung (Hg.): Raumordnungsprognose 2020–2050. Bonn 2005.

Dettbarn-Reggentin, Jürgen / Reggentin, Heike (Hg.): Praktische Konzepte zur demographischen Stadtentwicklung. Grundlagen. Planungshilfen und konkrete Praxislösungen. Merching 2007.

DESTATIS Statistisches Bundesamt (Hg.): Bevölkerung Deutschland bis 2060. 12. Koordinierte Bevölkerungsvorausberechnung. Berlin 2009.

Just, Tobias: Demografie und Immobilien. München 2009.

Kreuzer, Volker: Altengerechte Wohnquartiere. Stadtplanerische Empfehlungen für den Umgang mit der demografischen Alterung auf kommunaler Ebene. hrsg. vom Institut für Raumplanung der Universität Dortmund IRPUD. Dortmund 2006.

Naumann, Matthias: Neue Disparitäten durch Infrastruktur? Der Wandel der Wasserwirtschaft in ländlich-peripheren Räumen. München 2009.

Schröteler-von Brandt, Hildegard: Entwicklungsstrategien im ländlichen Raum vor dem Hintergrund des demographischen Wandels, in: Reicher, Christa / Kreuzer, Volker u. a.

(Hg.): Zukunft Alter – Stadtplanerische Handlungsansätze zur altersgerechten Quartiersentwicklung. Dortmund 2008.
Schröteler-von Brandt, Hildegard: Ortsverbundenheit durch Partizipation. DenkRaum »Zukunft Dorf« innerhalb der REGIONALE 2013 Südwestfalen, in: Landeszentrale für politische Bildung Baden-Württemberg (Hg.): Der Bürger im Staat – Raumbilder. Stuttgart 2011.
Schröteler-von Brandt, Hildegard / Loth, Christine: Dorfentwicklungsplan für das »Kirchspiel« Helden in Attendorn unter besonderer Berücksichtigung der demografischen Entwicklung. Kooperationsprojekt zwischen der Stadt Attendorn und der Universität Siegen. Siegen 2010.
Schröteler-von Brandt, Hildegard / Loth, Christine: Dörfer im Aufwind: Dorfwerkstätten zu sechs Modelldörfer. Kooperationsprojekt zwischen der Universität Siegen und dem LEADER Regionalverein Hochsauerland e.V. Siegen 2011.
Schröteler-von Brandt, Hildegard / Sonneborn, Volker: Dorfentwicklung 2020 – Öffentliche Infrastruktur und kommunale Finanzen der Stadt Bad Berleburg. Kooperationsprojekt zwischen der Universität Siegen und der Stadt Bad Berleburg. Siegen Beginn 2011.
Schröteler-von Brandt, Hildegard / Schwalbach, Gerrit: Demografiekonzept für die Stadt Kirchen. Stadt Kirchen – den Auswirkungen des demografischen Wandels begegnen. Kooperationsprojekt zwischen der Stadt Kirchen und der Universität Siegen. Siegen 2009.
Schwalbach, Gerrit: Untersuchung zu den Auswirkungen des demografischen Wandels auf die Stadtentwicklung von Biedenkopf. Kooperationsprojekt zwischen der Stadt Biedenkopf und der Universität Siegen. Siegen 2010.
Schwalbach, Gerrit / Schröteler-von Brandt, Hildegard: Untersuchung zu den Auswirkungen des demografischen Wandels auf die Entwicklung von Drolshagen und seiner Dörfer. Kooperationsprojekt zwischen der Stadt Drolshagen und der Universität Siegen. Siegen 2009.
Südwestfalen Agentur GmbH: Südwestfalen Kompass 2.0. Dortmund / Olpe 2010.
Südwestfalen Agentur GmbH: Südwestfalen Kompass 3.0 Seitenblicke. Dortmund / Olpe 2011.
www.bbsr.bund.de/Raumabgrenzungen/Raumtypen2010
www.it.nrw.de
www.suedwestfalen.com/die-regionale
www.bad-berleburg.de

Cornelia Fraune, Carsten Hefeker & Simon Hegelich

# Regionale Auswirkungen des Netzausbaus

## Aktuelle Ausgangslage

Am 26. 11. 2012 hat die Bundesnetzagentur dem Bundeswirtschaftsminister den Netzentwicklungsplan (NEP 2012) vorgelegt. Dieser Plan legt fest, wie das deutsche Stromnetz für die Energiewende umgebaut werden soll. Im Mittelpunkt der öffentlichen Diskussion stand dabei bislang das Problem, die Windkraft aus dem Norden in die Verbrauchszentren in den Süden zu bringen. Hierfür sollen neue »Stromautobahnen« gebaut werden, die quer durch die Republik führen. Von den Übertragungsnetzbetreibern (ÜNB), die für die überregionalen Stromnetze zuständig sind, waren eigentlich vier solcher Leitungssysteme beantragt worden. Der »Korridor B« wäre dabei durch die Region Südwestfalen verlaufen. Dieser Korridor wurde allerdings vorerst nicht genehmigt. Weder die ursprüngliche Planung noch der jetzige (vorläufige) Verzicht auf diese Leitungen hat allerdings bislang in der Region zu größeren Diskussionen geführt. Auch wenn es dafür verschiedene Gründe gibt, die u. a. mit der Informationspolitik der Bundesnetzagentur und auch mit der technischen Komplexität dieser Materie zusammenhängen, ist es überraschend, dass sich Politik, Wirtschaft und Gesellschaft in dieser Region bislang so wenig mit dem Thema Netzausbau beschäftigt haben. Denn die Auswirkungen dieser Politik werden die Energielandschaft vor Ort massiv verändern.

Auch wenn die Ablehnung des Korridors B (von Wehrendorf bis Urberach) offenbar vom Land Niedersachsen ausging (vgl. Landesregierung Niedersachsen 2012), könnte man meinen, dass sich die regionale Betroffenheit nach dieser Entscheidung stark relativiert hat. Der Ausbau des Netzes wird häufig als ein klassisches »not-in-my-backyard«-Problem gesehen: Es entsteht bundesweit ein kollektiver Nutzen (Umstellung der Energieversorgung auf erneuerbare und damit nachhaltige Energieträger und die bundesweite Bereitstellung Off-Shore-Stroms), während die Kosten (landschaftsverändernde Großbauprojekte und Leitungstrassen) lokal entstehen. Insofern würde die Region Südwestfalen also nun – da der Korridor B gestrichen wurde – zu den Profiteuren zählen. Diese

Sichtweise vergisst aber, dass durch die Umgestaltung des Stromnetzes Weichen für die zukünftige Nutzung erneuerbarer Energien gestellt werden, die den bislang formulierten regionalen Interessen deutlich widersprechen.

Die Region Südwestfalen partizipiert nicht unerheblich an der deutschen Energiewirtschaft. In 2009 waren 614 Betriebe aus der Region in der Energieversorgung tätig (www.regionalstatistik.de). Das sind 73 % der Energieversorgungsbetriebe im Regierungsbezirk Arnsberg und 15 % der Betriebe in NRW. 2006 lag die Zahl der Betriebe in Südwestfalen noch bei 321, was auf eine sehr dynamische Entwicklung schließen lässt. Hinzu kommen knapp 7.000 Betriebe im verarbeitenden Gewerbe (13 % der Betriebe in NRW), das sich einerseits durch einen hohen Energiebedarf auszeichnet, andererseits aber auch an der Produktion der Energietechnik von morgen beteiligt ist. Erste vorläufige Untersuchungen im Forschungskolleg Siegen (FoKoS) zeigen, dass die Region über große Potentiale im Bereich der On-Shore-Windkraft, der Verstromung von Biomasse und der Nutzung von Wasserkraft – auch als Energiespeicher – verfügt. Zusätzlich werden vor Ort innovative Verfahren zur industriellen Nutzung von Erdwärme und Wasserstoff entwickelt. Die Zukunft der deutschen Energieversorgung ist für die Region also sehr entscheidend. Zudem wurde auf politischer Ebene über die Möglichkeiten der Energieautarkie und die Kommunalisierung des Stromnetzes diskutiert (vgl. Landkreistag 2012, S. 47).

## Technische Grundlage des Netzausbaus

Um zu verstehen, welche Veränderungen mit dem geplanten Netzausbau einhergehen, müssen zunächst einige Details der Pläne erläutert werden.

Geplant ist die Errichtung von zunächst drei Hochspannungsgleichstromübertragungsstrecken (HGÜ), die die Windkrafterzeuger im Norden (und Energiepotentiale aus dem Ausland, insbesondere aus Norwegen) mit den Verbrauchszentren im Süden verbinden. Das deutsche Stromnetz ist bislang ein Wechselstromnetz. Je länger aber die Leitungen werden, umso schwieriger wird die Verwendung von Wechselstrom, denn bei Wechselstrom ändert der Strom in den Leitungen beständig die Richtung (in Deutschland 50 Mal pro Sekunde). Dadurch verhält sich die Leitung wie ein Kondensator, der beständig ge- und entladen wird, was einen kapazitiven Widerstand bedeutet. Hinzu kommt, dass durch den Strom Magnetfelder entstehen, die bei Wechselstrom beständig auf- und abgebaut werden (induktiver Widerstand). Mit zunehmender Leitungslänge werden Wechselstromnetze daher immer ineffizienter. Gleichstromnetze weisen diese Verluste nicht auf und eignen sich daher im Prinzip besser, um große Mengen Strom über weite Strecken zu transportieren. Allerdings muss der Strom dann wieder in Wechselstrom umgewandelt werden, um zu den Endverbrauchern zu gelangen. (Einen guten Überblick über die technischen Aspekte von Wechselstrom und Gleichstrom im Leitungsnetz liefert Wagner 2010). Die notwendigen Konverterstationen sind technisch sehr aufwendig und daher teuer.

Besondere Probleme bereitet die technische Integration von Gleichstromleitungen in das bestehende Wechselstromnetz. Ein wichtiger Punkt dabei ist, dass das Wechselstromnetz nicht nur die Leistung transportieren muss, die auch verbraucht wird (Wirkleistung), sondern wegen den oben beschriebenen Effekten und wegen auftretenden Phasenverschiebungen auch eine so genannte »Blindleistung«, die zwar nicht vom Verbraucher energetisch umgesetzt wird, aber trotzdem im Netz bereitgestellt werden muss. Anders als in Wechselstromnetzen lässt sich diese Blindleistung in herkömmlichen Gleichstromnetzen nicht steuern. Abhilfe sollen hier »selbstgeführte HGÜ« (VSC-HGÜ) bieten (zur technischen Erläuterung siehe NEP 2012, S. 92.) Anders als bei anderen Gleichstromverfahren lässt sich hier die Blindleistung und Wirkleistung getrennt regeln. Man verspricht sich von dieser Technik daher eine effizientere Energienutzung und für den Netzentwicklungsplan hat man sich vorab auf diese Technik festgelegt, ohne weitere Ansätze zu überprüfen. Allerdings sind VSC-HGÜ derzeit noch im Entwicklungsstadium. Für den Umbau des deutschen Stromnetzes heißt dies, dass die geplanten Stromautobahnen »Punkt-zu-Punkt-Verbindungen« sein werden. Das bedeutet, der Strom kann zwar von Norden nach Süden transportiert werden (oder auch von Süden zurück nach Norden, aber das ist angesichts der Verbrauchsmuster eher unwahrscheinlich), es ist aber nicht möglich, auf der Strecke dazwischen Strom abzuzweigen oder Strom einzuspeisen.

Die Region profitiert also unmittelbar überhaupt nicht von den neuen Stromautobahnen. Weder wird in Südwestfalen Strom aus Off-Shore-Windparks verbraucht werden können noch führt der Netzausbau dazu, dass der Strom, der regional erzeugt wird, besser in das Stromnetz eingespeist werden kann. Dieser Punkt ist besonders für den regionalen Ausbau der erneuerbaren Energiequellen relevant: Derzeit gibt es bereits Probleme, an Tagen mit viel Wind und Sonne erneuerbare Energie in das Stromnetz einzuspeisen. Im Zuge des »Einspeisemanagements« erhalten Anlagebetreiber dann Geld von den Netzbetreibern dafür, dass sie ihre Anlagen zeitweise vom Netz nehmen. »Durch Einspeisemanagement wurden 2010 bereits etwa 127 GWh Windstrom abgeregelt, wofür die Netzbetreiber Entschädigungen in Höhe von 10 Mio. € an die Anlagenbetreiber zahlten« (IWES 2012, S. 7). Da die Region Südwestfalen nicht in das neu aufzubauende Gleichstromnetz integriert wird, wird sich diese Situation in Zukunft vor Ort noch verschärfen, wenn zusätzliche Kapazitäten aufgebaut werden.

Erstaunlich ist auch, dass in den Szenarien, die im Netzentwicklungsplan behandelt werden, der Anteil der Windenergie pauschal um 10 % gesenkt wurde im Vergleich zu den Werten, die die Bundesländer erreichen wollen. Im Netzentwicklungsplan heißt es dazu:

»Die Annahmen für die installierten Leistungen der regenerativen Energiequellen in den Szenariovorschlägen der ÜNB basieren teilweise [sic!] auf den Zielen der Bundesländer. Im Rahmen der Konsultation wurden einzelne Werte durch die Bundesländer angepasst. Insbesondere bei der Erzeugung durch Onshore-Windparks hat sich eine starke Steigerung ergeben. Die BNetzA [...] teilt jedoch die Einschätzung der Konsultationsteilnehmer, dass hinsichtlich der Realisierbarkeit der angegebenen Kapazitätsziele teilweise erhebliche Zweifel bestehen. [...] Sicherheitshalber werden die sich über alle Bundesländer ergebenden Ausbauziele für onshore- und offshore-Windkraftanlagen jeweils um 10 % pauschal reduziert‹« (NEP 2012, S. 37).

Im Klartext heißt das, dass der Netzentwicklungsplan auf Simulationen beruht, die die Kapazitäten der Windkraft bereits 10 % unter den aktuellen Zielen der Bundesländer ansetzen. Es ist daher sehr fraglich, ob das Stromnetz – trotz Netzausbau – überhaupt in der Lage sein wird, große Mengen an zusätzlicher erneuerbarer Energie aus den Regionen aufzunehmen.

Im Gegensatz dazu steht das Ziel der nordrhein-westfälischen Landesregierung, die regionale Stromproduktion aus Windkraft zu vervierfachen:

»Ziel der rot-grünen Landesregierung ist es, 15 Prozent des Stroms in NRW bis 2020 mit Windenergie zu erzeugen. Das wäre etwa viermal mehr als heute. Laut der Machbarkeitsstudie des Landesumweltamts reicht das Windpotenzial aus, um mehr als doppelt so viel Strom zu liefern, wie die privaten Haushalte aktuell verbrauchen.« (Siegener Zeitung, 2.11.2012, 2)

Dementsprechend liegen auch dem Kreis Siegen-Wittgenstein zwei Genehmigungsanträge für die Errichtung von Windkraftanlagen im Bereich Bad Laasphe-Hesselbach vor (vgl. Kreis Siegen-Wittgenstein 2012). Weitere Anlagen in der Region sind in Planung. Es ist allerdings fraglich und wäre zu überprüfen, ob das Stromnetz diese Energie überhaupt aufnehmen können wird.

## Regionale Preisentwicklung durch den Netzausbau

Mit dem Netzausbau stellt sich natürlich auch die Frage, wie er sich auf die regionalen Strompreise auswirken wird. Bereits jetzt sind die regionalen Differenzen der Strompreise erheblich. Dabei muss man sich allerdings vor Augen führen, dass es »den« Strompreis nicht gibt. Private Kunden zahlen mehr als Geschäftskunden. Bei Unternehmen kommt es unter anderem darauf an, an welches Netz (Hochspannung, Mittelspannung, Niederspannung) sie angeschlossen sind. Zudem unterscheiden sich die tatsächlichen Preise je nach Tarif und Anbieter. Regionale Differenzen verstärken diese Heterogenität.

In Deutschland ist das Übertragungsnetz in vier Regelzonen aufgeteilt, die von den ÜNB Amprion, Transnet BW, 50Hertz und TenneT TSO betrieben werden (siehe Abbildung 1). In Südwestfalen ist der ÜNB Amprion zuständig, wobei aber die TenneT TSO-Regelzone unmittelbar an die Region grenzt.

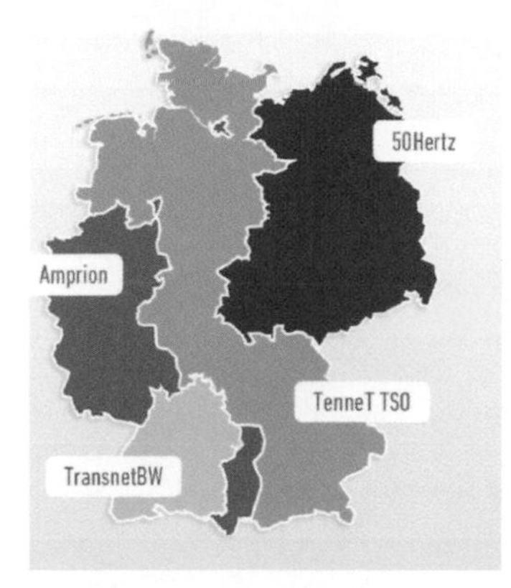


Abb. 1: Aufteilung der Regelzonen. Quelle: NEP 2012, S. 13

In Ostdeutschland sind z. B. die Strompreise für die Industrie höher als in Westdeutschland. Als Grund hierfür wird u. a. der überproportionale Ausbau von erneuerbaren Energien in Ostdeutschland genannt (DIHK 2012, S. 11). Denn viele Kosten legen die Netzbetreiber auf ihre jeweiligen Kunden um, während nur bestimmte Kosten – z. B. für die Entwicklung von Off-Shore-Windparks oder die zusätzliche Vergütung für erneuerbare Energien – bundesweit umgelegt werden. Dies gilt insbesondere für die Kosten des Einspeisemanagements: Laut dem Erneuerbare-Energien-Gesetz (EEG) ist der Netzbetreiber verpflichtet, die Anlagebetreiber zu entschädigen, wenn die Anlage keinen Strom liefern darf, um eine Überlast im Netz zu verhindern (EEG §12, 1).

Die Kosten, die so entstehen, können aber auf den Endverbraucher umgelegt werden: »Der Netzbetreiber kann die Kosten nach Absatz 1 bei der Ermittlung der Netzentgelte in Ansatz bringen, soweit die Maßnahme erforderlich war und er sie nicht zu vertreten hat« (EEG §12, 2). Das Gleiche gilt für so genannte Redispatch-Kosten, die entstehen, wenn ein Kraftwerk in einer Region Strom liefern muss, um Engpässe zu vermeiden. Wie sich dieser Effekt in den Regelzonen geltend machen wird, lässt sich auf Basis der vorhanden Daten nicht genau prognostizieren. Entscheidend wird sein, wie viel Energie durch Wind und Sonne regional erzeugt wird und welche Kapazitäten das regionale Netz verträgt. Da die Region Südwestfalen wie beschrieben vom Netzausbau wenig profitiert und zudem neue Windparks entstehen, ist davon auszugehen, dass die Strompreise eher überdurchschnittlich steigen werden.

Dabei sind die Preise in der Region schon extrem hoch im bundesdeutschen Vergleich, zumindest, wenn man den Preis als Maßstab nimmt, den normale Verbraucher beim lokalen Anbieter RWE zahlen. Laut dem Vergleichsportal stromauskunft.de belegt der Kreis Siegen-Wittgenstein derzeit Platz 345 (von 372 Kreisen), wenn es um den günstigsten Strompreis der lokalen Versorger geht (siehe Abbildung 2).

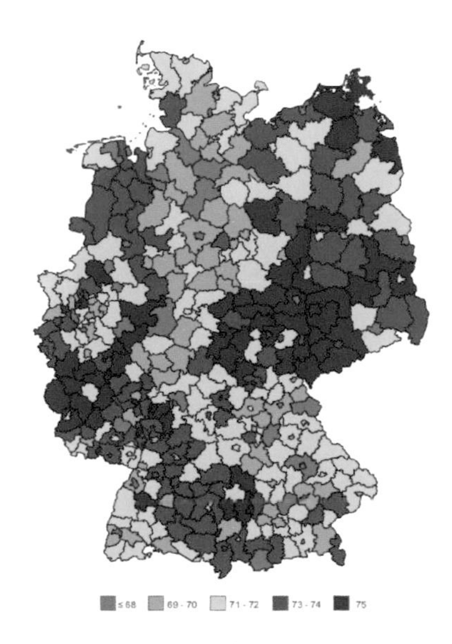


Abb. 2: Regionale Differenzen des Strompreises. Quelle: Heidjann 2012, o.S. (Angaben in €/Monat für 2800 kWh)

Diese Differenzen in Deutschland werden nach den Regeln von Angebot und Nachfrage ganz offenbar weiter zunehmen, wenn Teile der Republik im großen Stil mit Strom aus den Off-Shore-Windanlagen über das neue Gleichspannungsnetz versorgt werden.

Der zweite Preiseffekt, von dem mit Sicherheit ausgegangen werden kann, ist eine allgemeine Erhöhung der Strompreise.

> »Die Bundesnetzagentur rechnet mit einem anhaltenden Anstieg der Netzentgelte für den Zeitraum bis 2020. Er ist im Wesentlichen auf den mit der Energiewende notwendigen Netzausbau für Übertragungs- und Verteilnetze sowie den Anschluss der Offshore-Windparks zurückzuführen. Für den Übertragungsnetzausbau nach dem Netzentwicklungsplan Strom 2012 werden in den kommenden Jahren Kosten von mindestens 20 Mrd. Euro entstehen.« (DIHK 2012, S. 12)

Ein Grund dafür ist, dass sich die Regionen, durch die die neuen »Stromautobahnen« gehen sollen, vermutlich für eine Erdverkabelung einsetzen werden. Die bisherigen Kalkulationen gehen aber von Überlandleitungen aus, da gerade bei der noch unerprobten HGÜ-Technik mit exorbitanten Kosten für unterirdische Leitungen gerechnet wird. Wie teuer der Netzausbau also wirklich wird, ist noch längst nicht ausgemacht.

Ein nicht unerheblicher Teil des Preisanstiegs kommt zudem durch die EEG-Umlage zustande. Diese Umlage ist eine Subvention, die die Erzeuger von erneuerbarer Energie erhalten, finanziert aus einer allgemeinen Umlage auf den Strompreis. Paradoxerweise steigt diese Umlage, je günstiger die Produktion von erneuerbaren Energien wird.

> »Denn in dem Moment, in dem die Erneuerbaren an der Börse die Preise senken, erhöht sich die Differenz zwischen gezahlter Vergütung für erneuerbaren Strom auf der einen und mit diesem Strom an der Börse erzielten Einnahmen auf der anderen Seite. Damit steigt automatisch die Umlage, die die Lücke zwischen den Ausgaben für die gezahlten Einspeisevergütungen und den beim Verkauf des EEG-Stroms erzielten Einnahmen schließen muss. Daraus folgt ein Paradoxon: Je niedriger die Börsenstrompreise aufgrund des Angebotes von regenerativem Strom sind, desto höher steigt die EEG-Umlage.« (BEE 2012, S. 7)

Dazu kommt, dass energieintensive Unternehmen von dieser Umlage befreit sind. Sofern die gesetzlichen Regelungen nicht geändert werden, könnte die Wirtschaft in der Region relativ von der EEG-Umlage profitieren, da hier überdurchschnittlich viele Unternehmen im fertigenden Gewerbe engagiert sind. Je mehr Unternehmen aber von der EEG-Umlage befreit sind, umso höher fällt die Umlage für die sonstigen Kunden aus.

Es erscheint aber sehr unwahrscheinlich, dass die bestehenden gesetzlichen Regelungen Bestand haben werden. Derzeit wird diskutiert, die Befreiung von der EEG-Umlage wieder einzuschränken (vgl. Diekmann 2012). Auch bei der Förderung der erneuerbaren Energien sind Veränderungen wahrscheinlich. Nachdem die Förderung für Solarenergie bereits gesenkt wurde, wird nun im Bundesumweltministerium überlegt, auch bei anderen Energieträgern die Förderung zu deckeln. Dies könnte darauf hinauslaufen, dass nicht die Netze an die Energieproduktion und -konsumption angepasst werden, sondern umgekehrt sich die Produktion nach den vorhandenen Netzen richten muss.

> »Altmaier strebt feste Quoten an – etwa, wo wie viele Windparks gebaut werden sollen. Die Planungen der Länder liegen hier teilweise 60 Prozent über dem Bedarf. Zudem soll sich der Ausbau danach richten, wo es Netze gibt, die den Strom aufnehmen können. Ähnlich wie bei der Solarenergie, wo die Förderung bei einer installierten Leistung von 52000 Megawatt auslaufen soll, sei eine Begrenzung auch für Wind und Biogasanlagen sinnvoll, betonte der Minister« (Siegener Zeitung, 12.10.2012, 1).

Sollte dieser Plan verwirklicht werden, wäre ein Ausbau der Windenergienutzung in der Region Südwestfalen vermutlich langfristig blockiert.

## Einflussnahme auf den Entscheidungsprozess

Die Region wäre also sehr gut beraten, sich aktiv in die politischen Entscheidungsprozesse einzubringen, um negative Auswirkungen des Netzausbaus für Wirtschaft und Verbraucher vor Ort zu verhindern oder abzumildern. Die Möglichkeiten dafür sind aber extrem limitiert. Denn auch wenn oft kritisiert wird, die Energiewende ginge nicht schnell genug vonstatten, sind die entscheidenden Weichen längst gestellt und Korrekturen im laufenden Prozess eigentlich nur noch in Detailfragen möglich. Zwar legt die Bundesnetzagentur – zumindest in ihrer Rhetorik – großen Wert auf Bürgerbeteiligung. Durch die Untergliederung des Netzausbaus in fünf chronologische Schritte der Entscheidungsfindung verengt sich der Korridor für Alternativen jedoch drastisch mit jedem neuen Schritt (siehe Abbildung 3).

Abb. 3: Ablauf des Netzausbaus. Quelle: Bundesnetzagentur 2012, o.S.

Die wirklich grundlegenden Fragen sind bereits im ersten Schritt der Szenarien behandelt. Die Bundesnetzagentur hat drei Szenarien überprüft, die sich durch den Anteil der erneuerbaren Energien am nationalen Strommix unterscheiden. Alle drei untersuchten Szenarien enthalten jedoch eine deutliche Vorfestlegung auf Off-Shore-Windkraft, die VSC-HGÜ-Technik und eine nationale Ausrichtung des Stromnetzes. Alternativen, wie z. B. eine dezentral angelegte Energieproduktion, die Nutzung von bestehenden Netzen wie dem Stromnetz der Deutschen Bahn und eine stärkere Integration in den europäischen Strommarkt wurden nicht überprüft. Kritische Untersuchungen des Netzentwicklungsplans (siehe z. B. Agora 2012) bescheinigen dem Plan, dass die getroffenen Annahmen in Bezug auf Energieverbrauch und Produktion realistisch sind und auch die verwendeten Modelle dem Stand der aktuellen Forschung entsprechen bzw. andere Modelle auch zu vergleichbaren Ergebnissen kommen. Ungeachtet dessen muss festgehalten werden, dass zu den grundlegenden Entscheidungen keine Alternativen überprüft wurden.

Die Bürgerbeteiligung konnte aber erst beginnen, als mit dem Entwurf für den Netzentwicklungsplan ein konkretes Dokument vorlag. Im anschließenden Konsultationsverfahren wurden die getroffenen Annahmen dann von einigen Kritikern in Frage gestellt, aber ohne Erfolg:

> »Einige Konsultationsteilnehmer hinterfragen die gemachten Annahmen. Der Szenariorahmen war jedoch nicht Bestandteil der Konsultation des Netzentwicklungsplans. Er wurde als Grundlage des NEP bereits von der Bundesnetzagentur konsultiert und anschließend genehmigt« (NEP 2012, S. 27).

Dieses Muster wird sich nun vermutlich bei den konkreten Trassen wiederholen. Der Bundesbedarfsplan hat drei der vier im Netzentwicklungsplan vorgesehenen Korridore übernommen. Bund und Länder haben sich gerade darauf verständigt, die Umsetzung dieser Pläne auf Bundesebene zu koordinieren. Welche Bürger aber wie vom Netzausbau tangiert sind, lässt sich noch überhaupt nicht sagen, solange nicht die konkreten Trassenpläne vorliegen. Auffällig ist, dass der Netzentwicklungsplan einerseits sehr detailliert ist, wenn es darum geht die Trassenlänge der einzelnen Maßnahmen abzuschätzen oder Auskunft über die Kapazität der Stromautobahnen zu geben, andererseits aber völlig unspezifisch bleibt, wenn es um die Verortung der HGÜ-Korridore geht.

Dies fängt bereits bei den Begriffen an: Ein Korridor kann aus mehreren Trassen bestehen, die eine unterschiedliche Führung aufweisen. Eine Trasse wiederum kann unterschiedlich viele Leitungen haben und überirdisch oder als Erdverkabelung realisiert werden. Die Korridore sind im NEP 2012 als direkte Verbindungslinien vom Startpunkt zum Zielpunkt auf einer (etwas unübersichtlichen) Karte dargestellt (NEP 2012, S. 129). Hier entsteht der Eindruck, der Bau dieser Stromautobahnen würde nur eine begrenzte Anzahl von Anrainern betreffen. Umgekehrt im Anhang zum Netzentwicklungsplan. Hier werden die vier Korridore einzeln auf eine Karte aufgetragen aber als Ellipsen mit einer Breite von ca. 100 km (siehe Abbildung 4).

Würde man diese Darstellung aller vier Korridore auf einer einzigen Karte abbilden, so wäre plötzlich beinah die gesamte Republik als mögliches Baugebiet für die Korridore ausgewiesen. Ob eine Gemeinde tatsächlich direkt von der Trassenplanung betroffen ist, lässt sich also dem Netzentwicklungsplan nicht entnehmen. In dem Moment aber, in dem die konkreten Trassenverläufe zur Diskussion stehen, ist eine Diskussion über die Notwendigkeit der einzelnen Korridore nicht mehr vorgesehen.

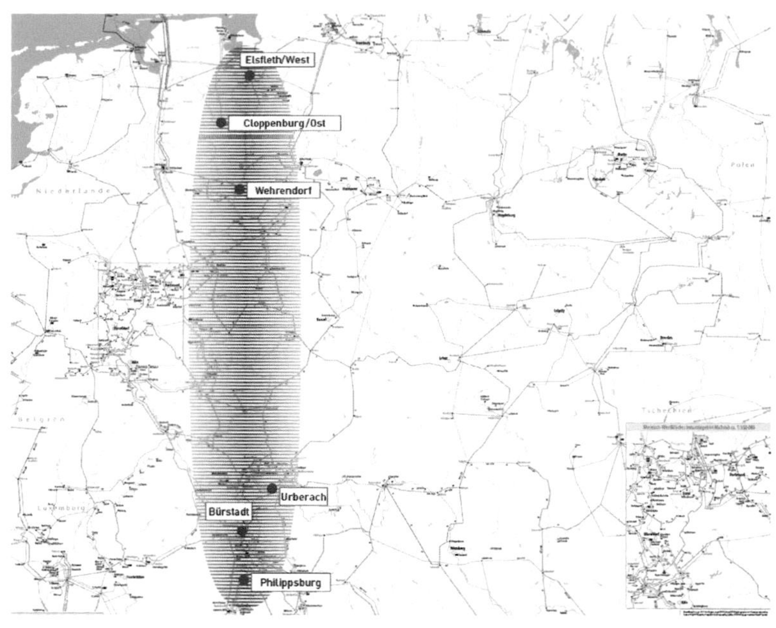


Abb. 4: Darstellung des Korridor B. Quelle: NEP 2012, S. 288

## Fazit

Es lässt sich derzeit nicht verlässlich sagen, welche Auswirkungen der Netzausbau auf die Region haben wird. Hierfür wäre es notwendig, die Forschung in diesem Gebiet deutlich zu intensivieren. In allen bestehenden Modellen werden derzeit nationale Daten »regionalisiert«, d.h. es werden mehr oder weniger genaue Modelle benutzt, um aus nationalen Kennzahlen auf eine vermutete Verteilung vor Ort zurückzuschließen. Viele wichtige Faktoren sind daher derzeit gar nicht lokalisierbar. Ein Beispiel sind die Gaskraftwerke, die künftig die Schwankungen bei den erneuerbaren Energien auffangen sollen (auch hier wurden übrigens keine Alternativtechniken überprüft):

> »Die räumliche Zuordnung der Bestandskraftwerke ist unproblematisch, da durch Fakten belegt. Hingegen sind die Annahmen bezüglich der Zubauten, die bereits nach ihrer Höhe problematisiert wurden, auch bezüglich ihrer Allokation kritisch zu hinterfragen. In Ermangelung von Netzanschlussbegehren wurden z.B. in Szenario B die Erdgaskraftwerke am heutigen Standort fiktiv ersetzt [...]. In der Realität ist höchst fraglich, ob dies so stattfinden wird« (Agora 2012, S. 10).

Ähnliches gilt für die Lokalisierung von neuen Anlagen bei den erneuerbaren Energien.

Diese Schwachstelle ist allerdings nicht den Verfassern des Netzentwicklungsplans vorzuhalten. »Vorab sei bemerkt, dass bezüglich regionaler Daten in verstärktem Maße gilt, was bereits für die deutschlandweiten Daten erläutert wurde: Die Datenlage ist lückenhaft und inkonsistent.« (Agora 2012, S. 10) Die entsprechenden Daten stehen bislang einfach nicht zur Verfügung oder es gibt keine übergeordneten Modelle, die Energieproduktion, -distribution und -konsumption von der regionalen Ebene her abbilden können und entsprechend ausgereift sind. Hier ist also in erster Linie die Wissenschaft gefordert. Inwieweit eine solche Forschung allerdings mit politischem Rückhalt rechnen kann, bleibt abzuwarten, da die Ergebnisse eventuell die Annahmen in Frage stellen, auf die man sich bereits festgelegt hat. Insofern besteht immer die Befürchtung, dass auch berechtigte Kritik die Umsetzung der Energiewende zu sehr behindern könnte.

Für die Region lassen sich aus dieser Analyse mindestens zwei konkrete Konsequenzen ableiten: Erstens sollten alle Akteure im Interesse der Region die laufenden Entscheidungsprozesse kritisch begleiten. Derzeit läuft beispielsweise die Trassierung einer neuen Hochspannungsleitung von Attendorn nach Dauersberg bei der Bezirksregierung Arnsberg. Zudem wird die Bundesnetzagentur auch 2013 einen Netzentwicklungsplan verabschieden. Zweitens wäre zu prüfen, welchen Beitrag die Region selbst leisten kann, um die regionalen Auswirkungen der Energiewende zu beeinflussen. Hier wäre ein Ausbau der Kooperationen zwischen Politik, Wirtschaft, Zivilgesellschaft und Wissenschaft wünschenswert. Denn bei aller Ungewissheit: Dass die Energiewende und der Netzausbau massive Auswirkungen auf regionaler Ebene haben, scheint völlig unstrittig. Das Forschungskolleg FoKoS der Universität Siegen wird sich weiter mit diesem Thema beschäftigen.

## Literatur

50Hertz Transmission GmbH / Amprion GmbH / TenneT TSO GmbH / TransnetBW GmbH (NEP): Netzentwicklungsplan Strom 2012. 2. überarbeiteter Entwurf der Übertragungsnetzbetreiber. Berlin / Dortmund / Bayreuth / Stuttgart 2012.

Agora Energiewende (Agora): Kritische Würdigung des Netzentwicklungsplanes 2012. Studie. Berlin 2012.

Bundesnetzagentur: Der Ablauf. Netzausbau in fünf großen Schritten. 2012, verfügbar unter: http://www.netzausbau.de/cln_1911/DE/Netzausbau/Ablauf/ablauf_node.html [08.01.2013].

Bundesverband Erneuerbare Energie e.V. (BEE): BEE-Hintergrund zur EEG-Umlage 2013. Bestandteile, Entwicklung und Höhe. Aktualisierte Fassung nach Veröffentlichung der ÜNB-Prognose vom 15.10.2012. Stand: 26. Oktober 2012. Berlin 2012.

Deutscher Industrie- und Handelskammertag (DIHK): Faktenpapier Strompreise in Deutschland. Bestandteile – Entwicklungen – Strategien. Berlin 2012.

Diekmann, Florian: Öko-Abgabe auf Rekordniveau. Drei Wege; den Strompreis zu drücken. 2012, verfügbar unter: http://www.spiegel.de/wirtschaft/soziales/eeg-umlage-strompreis-steigt-politiker-planen-entlastung-a-861402.html [08.01.2013].

Fraunhofer-Institut für Windenergie und Energiesystemtechnik (IWES): Windenergie Report Deutschland 2011. Kassel 2012.

Heidjann GmbH & Co. KG (Heidjann): Strompreise in Deutschland. 2012, verfügbar unter: http://www.stromauskunft.de/strompreise/ [05.01.2013].

Kreis Siegen-Wittgenstein: Windkraftanlagen auf dem Spreizkopf. Landrat Paul Breuer lädt Hesselbacher Bürger zu Einwohnerversammlung ein. Medieninformation. 2012, verfügbar unter: http://www.siegen-wittgenstein.de/standard/page.sys/details/eintrag_id=8050/content_id=4447/1032.htm [08.01.2013].

Landesregierung Niedersachsen: Stellungnahme der Niedersächsischen Landesregierung zum Entwurf des NEP 2012, 2012, verfügbar unter: http://www.netzausbau-niedersachsen.de/downloads/20120711-stellungnahme-niedersachsens-zum-nep-.pdf [08.01.2013].

Landkreistag Nordrhein-Westfalen (Landkreistag): Regionale Energiepotenziale in den nordrheinwestfälischen Kreisen. Auswertung der Fragebogenerhebung. Düsseldorf 2012.

Wagner, Hermann-Friedrich: Warum erfolgt Stromübertragung bei hohen Spannungen? 2010, verfügbar unter: http://www.weltderphysik.de/gebiete/technik/energie/speichern-und-transportieren/strom/hochspannung/ [08.01.2013].

Siegener Zeitung: Großes Windkraft-Potential, in *Siegener Zeitung*, 2.11.2012, S. 2.

Siegener Zeitung: Strom soll bezahlbar bleiben, in *Siegener Zeitung*, 12.10.2012, S. 1.

Angela Schwarz

# »Urlaub machen, wo andere arbeiten«?[1] Die Anfänge von Fremdenverkehrswerbung und Regionalmarketing im Siegerland (1950–1975)

»Die Stille verträumter Waldtäler mit ihren munteren Bächen hier, die altehrwürdige Metropole Siegen da, die Kohlenmeiler bei Walpersdorf, die Werkstatt des Kuhglockenschmieds im stillen Grund – und das Schlagen der Hämmer, das Klingen der Fahrtglocken auf der Neuen Haardt und dem Pfannenberg, das pulsierende Leben im Hüttental.«[2]

»Man darf sich keinen Illusionen hingeben: Ein Industriegebiet dem Fremdenverkehr zugänglich zu machen, ist ein schwieriges, ja wenn nicht sogar aussichtsloses Unterfangen.«[3]

## 1. Siegerland – Industriegebiet! Siegerland – Fremdenverkehrsregion?

Wer aktuell die Strukturen und Perspektiven lokaler oder regionaler Wirtschaft analysiert, schaut längst nicht mehr nur auf klassische Faktoren wie Rohstoffvorkommen, Infrastruktur, Arbeitskräfte- und Flächenangebot oder Wettbewerbsfähigkeit. Sogenannte ›weiche‹ Standortfaktoren wie ein innovatives Milieu, Bildungs- und Forschungseinrichtungen, das generelle Wirtschaftsklima und das Image von Stadt und Region spielen eine mindestens gleichwertige Rolle. Kommunalpolitiker in den Industriestaaten der westlichen Welt legen im Zeichen von wirtschaftlichem Strukturwandel und demografischer Veränderungen, die inmitten des weltweiten Trends ungebremsten urbanen Wachstums den gegenläufigen der stetig schrumpfenden Städte hervorgebracht haben, auf diese sogenannten weichen Faktoren ein besonderes Augenmerk. Sie gelten

1 Der inzwischen recht gebräuchliche Werbeslogan – vgl. etwa die Bewerbung von Ostwestfalen-Lippe 2013 unter der URL: http://www.haus-garten-touristik.de/touristik/ (Stand: 1.2. 2013) – wurde 2005/2006 auch im Siegerland eingesetzt.

2 Ein Jahresbericht mit Schlaumeier (1960), S. 6, Stadtarchiv Siegen E 453/54.

3 Es dreht sich um Betten, in: Siegener Zeitung vom 26.4.1969.

heute als wichtige Steuerungsinstrumente, um auf den Fortbestand einer städtischen Kommune hinzuwirken.

Das Image einer Stadt oder Region, zentrales Element dieser Faktoren, entfaltet auf zwei Ebenen seine Wirkungen: im Hinblick auf die Identitätsbildung der Einwohnerschaft ebenso wie auf das Ansehen außerhalb der Stadt oder Region. In Deutschland fanden Fragen nach dem Charakter und der Attraktivität einer Stadt schon in den zwanziger Jahren des 20. Jahrhunderts verstärkt das Interesse von Politik und Wirtschaft. In den Blick rückten etwa Strategien zur Verstetigung der Attraktivität etablierter Reiseziele, aber auch die Frage nach den Qualitäten einer Industrieregion wie dem Ruhrgebiet, Heimat für eine von ihrer Herkunft her sehr heterogene Bevölkerung sein zu können. Die Diskussionen um Image und Identität von Städten verdichteten sich nach dem Zweiten Weltkrieg, als noch weit größere Herausforderungen im wirtschaftlichen, infrastrukturellen und bevölkerungspolitischen Bereich bewältigt werden mussten als zuvor in den zwanziger Jahren. Kriegszerstörungen und Bevölkerungsverlust, dem eine massenhafte Zuwanderung von Flüchtlingen in kurzer Zeit folgte, hatten das Gesicht vieler deutscher Städte verändert, von nicht wenigen tiefgreifend, als in den fünfziger Jahren Experten und Kommunen (wieder) damit begannen, über Einflussnahme auf das Image und die Präsentation der Stadt als touristischen Anziehungspunkt für auswärtige Gäste als Steuerungsinstrument nachzudenken.

Zu den Pionieren der Stadtwerbung nach 1945 gehörte in Westdeutschland der Presse- und Werbefachmann und zeitweilige Direktor des Verkehrsamtes Köln, Dr. Hans Ludwig Zankl. In einer Reihe von Schriften setzte er sich schon frühzeitig dafür ein, das Image einer Stadt als wichtigen Faktor zu erkennen und folglich professionelle Stadtwerbung zu betreiben, um ein positives Image aufzubauen und zu pflegen. In einem Artikel Anfang der sechziger Jahre betonte er, eine Stadt sei wie ein Individuum, sie besitze »Persönlichkeit«, Eigenständigkeit, die es zu entdecken und zu pflegen gelte. Jede kommunale Fremdenverkehrswerbung müsse »vom besonderen Charakter des Ortes ausgehen«, müsse informieren, ohne das zu wiederholen, was alle anderen Gemeinden machten, eben »den Interessenten mit den Eigentümlichkeiten des einzelnen Ortes vertraut … machen«. Mit Blick auf unterschiedliche Initiativen, die verschiedene Stellen in Städten und Gemeinden seit Kriegsende bereits unternommen hatten, warnte Zankl vor Dilettantismus und unnötiger Konkurrenz zwischen den Städten sowie innerhalb einer Stadt. So stärkte er vor allem jenen Institutionen den Rücken, die er als »Auswärtiges Amt« der Gemeinde sah: dem Fremdenverkehrsamt oder dem Verkehrsverein. Sie sollten dem Ort außerhalb seiner Grenzen Sympathien verschaffen.[4]

4 Vgl. Die »Persönlichkeit« der Gemeinde, in: Das Mäckes'che. Geschäftsberichte 1960/62.

Für Gemeinden, die nicht auf eine lange Tradition des Tourismus zurückblicken konnten, stellte sich die Frage in Zeiten des ökonomischen Umbruchs umso nachdrücklicher. Der Wunsch vieler schwerindustriell geprägter Kommunen, oftmals bestärkt durch die Veränderungen des Strukturwandels der sechziger und siebziger Jahre,[5] nach vermehrter und vor allem professionalisierter Stadtwerbung ließ den Marketingexperten Roman Antonoff 1971 einmal mehr bekräftigen, wie wichtig das Image einer Stadt sei. Es sei »genauso lebensbestimmend wie etwa die Wasserversorgung, die Steuereinnahmen oder die Infrastruktur«.[6] Folglich müssten Bürgerinnen und Bürger innerhalb und außerhalb der Stadt oder Region mit entsprechenden Informationen versorgt werden.

Wie ließ sich ein solches Konzept in einer Region wie dem Siegerland, einer Stadt wie Siegen umsetzen? Weite Teile Siegens waren während des Zweiten Weltkrieges zerstört worden, die Einwohnerzahl hatte sich von rund 40.000 unmittelbar vor dem Krieg auf rund 28.000 bei seinem Ende vermindert. Wiederaufbau, Konsolidierung des zuvor wichtigsten Wirtschaftsstandbeins der Schwerindustrie, Integration der neuen Bürgerinnen und Bürger in Stadt und Region mussten unmittelbar nach 1945 Vorrang vor möglichen touristischen Ambitionen haben. Trotz Vorläuferinstitutionen der Fremdenverkehrswerbung und des Versuchs, an frühere Entwicklungen wieder anzuknüpfen, etwa in Hilchenbach mit seinem Kneippverein oder in den Luftkurorten Bad Laasphe und Bad Berleburg, stand zu Beginn der fünfziger Jahre keineswegs fest, in welche Richtung sich die Werbung für Stadt und Region entwickeln würde. Welches Image sollte das Stadt- und Regionalmarketing in den Mittelpunkt rücken? In der Selbst- und Fremdwahrnehmung spielte die Industrie eine bedeutende Rolle. Wie würde sie in Außendarstellungen in der Zeit des bundesrepublikanischen Wirtschaftswunders erscheinen? Anders gefragt: Sollten sich Siegen und das Siegerland in erster Linie als eine pulsierende Industrieregion oder doch, bereits den Strukturwandel zu Lasten der klassischen Industrien Bergbau sowie Eisen- und Stahlerzeugung und -verarbeitung vorwegnehmend, als eine idyllische Fremdenverkehrsregion mit Naturschönheiten präsentieren? Welche weiteren Elemente gewann das Image von Stadt und Region in der Folgezeit hinzu, als sich die wirtschaftliche und demografische Lage merklich veränderte? Wie entwickelte es sich also weiter?

5 Vgl. zu den Auswirkungen des Strukturwandels auf Identität und Image und die Bemühungen um eine Gegensteuerung, in der stillgelegte Industrieanlagen zu identitätsstiftenden Symbolen und touristischen Attraktionen verwandelt werden, Schwarz 2001 und dies. 2008. Vgl. auch Fleiß 2010.

6 Antonoff 1971, S. 34.

## 2. Fremdenverkehrswerbung: »Eine Sache für alle!«[7]

### 2.1. Verkehrsverein, Fremdenverkehr und das Siegerland

Die wesentlichen Impulse für die kommunale Werbung kamen von den fünfziger Jahren bis in die siebziger Jahre aus neu geschaffenen Strukturen. Obwohl es Vorgängerinstitutionen in Kaiserreich und Weimarer Republik gegeben hatte, musste vieles in der Fremdenverkehrswerbung nach dem Zweiten Weltkrieg erst neu aufgebaut werden.

In der Stadt Siegen selbst nahm das Engagement bereits 1950 mit der Wieder- bzw. Neugründung des Verkehrsvereins Siegen e.V. seinen Anfang, die Institution auf regionaler Ebene, der Verkehrsverband Siegerland e.V., wurde 1952 ins Vereinsregister eingetragen.[8] Einer der maßgeblichen Akteure war der Verkehrsdirektor Siegens, Willy Schommer, langjähriger Geschäftsführer des Verkehrsvereins Siegen und zeitweilig ebenso des Verkehrsverbandes Siegerland. Bis Anfang der siebziger Jahre änderte sich an den Strukturen und der Leitung wenig, bis die Aufgabe nach dem Tod von Schommer 1970 zunächst an die Stadt, später an den Kreis überging. Die personellen und institutionellen Veränderungen und die kurz darauf folgende kommunale Neugliederung des Jahres 1975 können als Abschluss einer ersten Phase des Marketings von Stadt und Region gesehen werden, in der z. T. bis heute nachwirkende wichtige Weichenstellungen für die Außendarstellung vorgenommen und Bilder geprägt wurden.

Treibende Kraft bildete eben jener Verkehrsverein der Stadt, der seine Arbeit zu Beginn der fünfziger Jahre unter dem Vorsitz des damaligen Oberbürgermeisters Ernst Bach (CDU) aufnahm und sich sowohl einen institutionellen Rahmen wie ein Aufgabengebiet schuf bzw. suchte und stetig weiterentwickelte. Dem Vorstand gehörten Vertreter der Stadt, der Bürgerschaft, des Einzelhandels, der Industrie- und Handelskammer, des Deutschen Gaststättengewerbes, der Deutschen Bundesbahn, des Heimatvereins und der Geschäftsführer an. Die Jahreshauptversammlung am 17. Mai 1954, die erste Mitgliederversammlung des Vereins überhaupt, wies dreizehn Vorstandsmitglieder unter Einschluss des Geschäftsführers aus. Laut Satzung des Vereins aus dem Gründungsjahr wollte er als gemeinnützige Einrichtung beitragen

7 In Punkto Fremdenverkehr 1966–68.

8 Vgl. Der Verband (TVSW): Aufgaben, URL: http://www.siegerland-wittgenstein-tourismus.de/der-verband-tvsw/aufgaben-satzung.html (Stand: 1.2.2013). Der Bericht des Verkehrsverbandes aus dem Jahr 1966 verweist darauf, dass bereits im Dezember 1951 Verkehrsverein, Verkehrsverband und Deutsches Reisebüro (DER) in ein gemeinsames Büro gezogen seien. Vgl. Geschichten aus dem Siegerland 1966, o.P. (S. 11).

> »zur allgemeinen öffentlichen Gesundheitspflege, zur Erhaltung der Arbeitskraft, zur Jugendpflege, zur Pflege der Heimatliebe, Heimatkunde und Erschließung der heimatlichen Schönheiten, der Bauten und Kulturstätten, zur Pflege des Geisteslebens und des gegenseitigen Verständnisses der Völker, ihrer Sitten und Gebräuche und [wolle] dadurch den Fremdenverkehr fördern.«[9]

Damit stand ein Programm, das deutlich über die reine Fremdenverkehrsförderung hinausgehen sollte, war doch etwa mit Pflege der Heimatliebe nicht nur die Außendarstellung, sondern zudem eine klare Stoßrichtung nach innen benannt. Diese Ausrichtung beruhte auf der Einsicht, wer seine Heimat liebe, sei der beste Werbeträger überhaupt, der wiederum die Einschätzung zugrundelag, dass eben diese in der einheimischen Bevölkerung noch nicht angemessen ausgeprägt sei. Hier tätig zu werden, entwickelte sich für den Verein zu einer kontinuierlich verfolgten Aufgabe. Die Vermittlung von Heimatliebe erweiterte sich im Aufgabenkatalog des Vereins um die Sensibilisierung der Menschen für die Region als Tourismusregion, die mindestens so sehr nach innen zu wirken hatte wie nach außen. Zum einen gehörte nach eigener Einschätzung des Verkehrsvereins »innere Stärke, Aufgeschlossenheit und unerschütterlicher Mut dazu, im Wettstreit der Großen für das Siegerland einen Platz im deutschen Fremdenverkehr zu erkämpfen.«[10] Zum anderen mussten selbst die Menschen vor Ort erst ihre Region als potentielles Ziel für Urlauber wahrnehmen lernen. Anfang der fünfziger Jahre, so der Rückblick des Jahresberichts aus dem Jahr 1966, »galt der Gedanke, Fremde organisiert ins Siegerland zu holen, als revolutionär.«[11] Selbst Ende der sechziger Jahre erschien trotz erkannter Strukturschwäche im industriellen Bereich und der daraus resultierenden Notwendigkeit, eine wirtschaftliche Alternative zu suchen, das Siegerland der einheimischen Bevölkerung nach wie vor überwiegend als klassische Industrieregion, die Öffnung für den Ferienverkehr als »ein schwieriges, ja wenn nicht sogar aussichtsloses Unterfangen.«[12]

Neben dem Informationsangebot für die potentiellen Gäste in Form von gesprochenem Wort, Schrift und Bild[13] machten die Verantwortlichen das, was unter dem zeitgenössischen Begriff der »inneren Werbung« in Verkehrsvereinen überall in der Bundesrepublik diskutiert wurde, als ein weiteres entscheidendes Instrument aus. Wie der stellvertretende Geschäftsführer des Landesverkehrsverbandes Rheinland 1960 zitiert wurde, trage vor allem das Hotel- und Gaststättengewerbe eine solche Marketingstrategie. Es werde darin von den örtlichen

9 Satzung des Verkehrsvereins Siegen e.V., Siegen, § 2: Aufgaben.
10 Jahreshauptversammlung am 17.5.1954, Stadtarchiv Siegen E 451/11.
11 Geschichten aus dem Siegerland 1966, o.P. (S. 11).
12 Es dreht sich um Betten, in: Siegener Zeitung vom 26.4.1969.
13 Vgl. unten Abschnitt 2.3.

Fremdenverkehrsverbänden unterstützt.[14] Der Verkehrsverein Siegen wollte aber weit darüber hinausgehen. »Innere Werbung« galt ihm schon früh als »Werbung der einheimischen Bevölkerung für den Fremdenverkehr.«[15] Die Siegerländer sollten sich betont gastlich geben, das Stadtbild verschönern – eine Reminiszenz an die Aufgaben des Vorgängervereins, des 1871 gegründeten Verschönerungsvereins Siegen –, Lärm und störende Reklame bekämpfen. Dass sich die Bemühungen aus den frühen fünfziger Jahren nach anderthalb Jahrzehnten noch lange nicht erübrigt hatten, lässt sich der Broschüre *In Punkto Fremdenverkehr* von 1968/69 entnehmen, in der die Werbung um den zahlenden Gast zu »eine[r] Sache für alle«, eben einem Anliegen »aller Bürger unserer Stadt«[16] avanciert war. Gekonnt umgesetzt, so die ermunternde Aufforderung an die Einwohnerschaft des Siegerlandes, könne richtig verstandene Fremdenverkehrsarbeit sogar zu einem Hobby werden. Konkret sollten Bürgerinnen und Bürger Siegens und des Siegerlandes Freunde und Bekannte in ihre Stadt einladen, »Fremden vor dem Unteren Schloß« bereitwillig »einige Erklärungen« der historischen Hintergründe geben, Glückwunschkarten mit Siegener Motiven verwenden, auswärtigen Freunden die Gastgeschenke der Stadt zukommen lassen, im eigenen Urlaub Prospekte der Stadt verteilen – »Ihre Ferienfreunde wird es sicher interessieren, wie schön auch Ihre Heimat ist« –, oder die Verlegung von Tagungen nach Siegen anregen.[17] Werbung erschien damit nicht nur als Aufgabe zur Verbesserung der Außenwahrnehmung, sondern zugleich als innere Bildungsmission, in deren Rahmen der Verkehrsverein meinte, wenn nicht gerade in einer Urlaubsregion wider Willen, so doch in einer wider Erwarten viel Überzeugungsarbeit auch vor Ort leisten zu müssen.

Grundlage all dieses Engagements des Verkehrsvereins bildete die Ökonomie, obschon die Verantwortlichen, und hier allen voran Geschäftsführer Willy Schommer, diese im Vorgriff auf heutige Vorstellungen von weichen Standortfaktoren von Anfang an viel weiter gefasst sehen wollten als nur auf eine Ziffer, die die Einnahmen durch die zahlenden Gäste erfasste. Dennoch galt Touristik an sich den Entscheidungsträgern bereits in der Mitte der fünfziger Jahre als lukrativ, wie sich durch die vermehrten Anfragen im eigenen Reisebüro und der Informationsstelle im selben Gebäude zeigte.[18] Zur selben Zeit verspürte auch

14 Vgl. Die »innere Werbung« bestimmt den Erfolg, in: Das Mäckes'che. Geschäftsberichte 1960/62.

15 Jahreshauptversammlung am 17.5.1954, Stadtarchiv Siegen E 451/9.

16 In Punkto Fremdenverkehr.

17 In Punkto Fremdenverkehr.

18 Über die Anfragen wurde akribisch Buch geführt, so dass die Berichte Angaben wie die folgenden machen konnten: Postausgang der Geschäftsstelle 1950 47.388, 1965 145.000, Fremdenmeldungen im Siegerland 1950 44.000, 1965 90.917, in: Geschichten aus dem Siegerland, o.P. (S. 14).

die Region Siegerland, dass die Menschen erstmals seit Ende des Krieges wieder Ferienreisen unternahmen. Mit einer gewissen Verwunderung, die die offensichtlichen Folgen von sechs Jahren Krieg und fortgesetzter Kriegsgefangenschaft für die Zusammensetzung der deutschen Gesellschaft völlig ausblendete, vermerkte der Bericht über die Jahreshauptversammlung des Verkehrsvereins vom 6. April 1956, »daß die Reiselust des weiblichen Geschlechts erheblich stärker ist als diejenige des männlichen, und daß insbesondere Witwen reiselustig sind und die Ferienzüge bevorzugen.«[19] Ohne in den Touristinnen eine besondere Adressatengruppe für Fremdenverkehrswerbung zu sehen, wollten Siegen und das Siegerland an der ersten Reisewelle der jungen bundesrepublikanischen Gesellschaft teilhaben. Das galt wenig später ebenso für die wachsende Zahl an Kuraufenthalten in Westdeutschland, von deren Einnahmen die Kommunen profitieren wollten.

Dass die Förderung des Reiseverkehrs ein sinnvolles Bestreben auch für die Region darstellte, fand in den Meldungen und Berichten immer wieder Ausdruck. So verwies etwa der Jahresbericht des Vereins von 1960 auf die Zunahme des Fremdenverkehrs in der Region, die 1958 und 1959 über dem Bundesdurchschnitt und sogar über den Zuwachsquoten im westfälischen Tourismus gelegen habe.[20] »Das Siegerland [sei] eine Ferienreise wert«,[21] hieß es stolz in einem Zeitungsartikel in den fünfziger Jahren. Bis weit in die achtziger und sogar neunziger Jahre hinein zogen sich die Bekräftigungen der Attraktivität der Region, immer von der mitschwingenden Sorge begleitet, der »Urlaubszug« könne an der Region »vorbeirollen«.[22] Dem sollte auf verschiedenen Ebenen und durch unterschiedliche Anstrengungen entgegengewirkt werden, unter anderem durch Anpassung an veränderte Ansprüche der Feriengäste, die beispielsweise, wie es 1986 hieß, als urlaubergerechte Quartiere nur solche mit »Naßzelle« ansehen würden.[23]

19 Jahreshauptversammlung am 6.4.1956, Stadtarchiv Siegen E 452/20.

20 Vgl. Ein Jahresbericht mit Schlaumeier, S. 3, Stadtarchiv Siegen E 453/53.

21 Das Siegerland ist eine Ferienreise wert, in: Siegener Zeitung vom 8.8.1959.

22 Urlaubszug darf nicht am Siegerland vorbeirollen, in: Siegener Zeitung vom 21.3.1986. Vgl. auch Siegerland ist kein Stiefkind des Fremdenverkehrs, in: Siegener Zeitung vom 23.8.1969, und Fremdenverkehrsentwicklung bedarf großer Anstrengung, in: Siegener Zeitung vom 19.8.1978.

23 Urlaubszug darf nicht am Siegerland vorbeirollen, in: Siegener Zeitung vom 21.3.1986.

## 2.2. »Hier kann man der Idylle noch guten Tag sagen«:[24] Vermutete und tatsächliche Erwartungen der Feriengäste

Ansprüche und Erwartungen bildeten einen wesentlichen Faktor, wollte sich die Region stärker als Ferienziel positionieren. Welche Erwartungen die potentiellen Gäste tatsächlich hegten und wie sich diese bis hin zur Forderung nach einer »Naßzelle« als Minimalausstattung und zur Ausdifferenzierung des Freizeitangebots am Ende des Jahrhunderts entwickelten, beschäftigte den Verkehrsverein wie die gesamte Branche naturgemäß intensiv. Die Antwort auf die Frage hing eng damit zusammen, welche Reisenden kamen und woher sie stammten, was also das Haupteinzugsgebiet der Region darstellte.

Die Region sah sich nach Bekundungen des Verkehrsvereins zwischen den Ballungsräumen Ruhrgebiet und Rhein-Main-Gebiet gelegen – der ebenfalls nahegelegene Kölner Raum wurde nicht eigens genannt – und leitete daraus in der ersten Phase ihr Selbstverständnis als Urlaubsziel für Städter und Arbeiter vor allem der montanindustriellen Großregion an Rhein und Ruhr ab. Enge Verbindungen bestanden überdies aufgrund der naussauischen Vergangenheit in die Niederlande und nach Belgien. Die Vorstellungen zur Ausweitung des Einzugsgebiets reichten aber noch weiter, wie die Werbebemühungen im Ausland zeigen. So wurde das Farbfoto-Plakat vom Siegerland 1959 in »Tausenden von Exemplaren« in die Welt gesandt, ins europäische Ausland ebenso wie nach Nord- und Südamerika, darunter die Vereinigten Staaten, Kanada, Kuba und Brasilien, die letzten beiden jeweils mit 50 Plakaten bedacht.[25] Am ehesten rekrutierten sich die Gäste in der frühen Zeit jedoch aus der näheren Umgebung, also aus dem Ruhrgebiet und in deutlich geringerer Zahl aus den Niederlanden und Belgien. Die Menschen suchten dabei »wahrhaft Erholung und Entspannung abseits des lauten Verkehrs«, wie es beim Verkehrsverein 1954 hieß.[26] Nach eigener Wahrnehmung war es für das Siegener Land in der frühen Bundesrepublik von Vorteil, dass der Fremdenverkehr so lange an ihm vorbeigerollt sei, denn dadurch sah sich die Gegend in der glücklichen Lage, »nicht als Modegebiet oder Fremdenverkehrsindustrie«[27] gesehen zu werden. Das kam den bei den potentiellen Gästen angenommenen Erwartungen entgegen und erlaubte wiederum die Vermarktung der Region als naturnah und ruhig. Und tatsächlich lobten Gäste etwa Ende der fünfziger Jahre das Siegerland, gerade weil es noch nicht touristisch erschlossen sei, wie es ein Ingenieur aus dem niederrheinischen Wesel formulierte, der das Siegerland genau aus diesem Grund als ideal für

24 Das Siegerland ist eine Ferienreise wert, in: Siegener Zeitung vom 8.8.1959.
25 Vgl. Ein Jahresbericht mit Schlaumeier, S. 4, Stadtarchiv Siegen E 453/53.
26 Jahreshauptversammlung am 17.5.1954, Stadtarchiv Siegen E 451/16.
27 Ebd.

Ruhesuchende empfand. Die Natur, die zum Wandern einlade, sei die größte Attraktion der Region. Speziell für Ruhrgebietsreisende sei die frische Luft ein wirklicher Magnet. In diesem Sinne äußerten sich Gäste wiederholt bei Befragungen durch die Presse oder den Verkehrsverein. Arbeiter des Steinkohlenbergwerks der Stadt Walsum – heute der nördlichste Stadtteil Duisburgs – etwa wurden gleich in Gruppen zur Erholung ins Siegerland geschickt. Allerdings verlangte es vor allem die Jüngeren unter ihnen nach einem ruhigen Tag in der Natur abends nach etwas mehr Abwechslung: »Man ist diese Ruhe hier vom Ruhrgebiet aus nicht gewohnt«,[28] meinte ein zwanzigjähriger Lehrhauer aus Walsum, der zu Gast in Struthütten war. Dennoch kamen offensichtlich die treuesten Feriengäste aus der Montanregion an Rhein und Ruhr, wie eine Mitteilung in der Rubrik Kurzmeldungen verlauten ließ: In einer Mischung aus Bewunderung und leisem Zweifel am Sachverstand der Betroffenen stellte die Siegener Zeitung 1959 fest, dass die meisten Siegerland-Besuche auf das Konto einer Familie aus dem Ruhrgebiet gingen, die »seit 25 Jahren mit unverwüstlicher Hartnäckigkeit ihre Ferien in Helberhausen«[29] verbringe.

Bemerkenswert an dieser Erwartung von Ruhe und Natur war die Tatsache, dass sie an eine Region geknüpft wurde, die sich mindestens gleichermaßen, wenn nicht gar immer noch stärker als »industrielles Ballungszentrum«[30] oder »hochindustrialisierte[] Region«[31] sah. Einige Gäste empfanden die Nähe der Industrie mitunter durchaus als störend, so beispielsweise ein Kölner Politikstudent, der während seines Aufenthaltes im Kreis Siegen befand, »[d]ie benachbarte Industrie (Herdorf) tut dem Fremdenverkehr hier einigen Abbruch«.[32] Wenn beides miteinander vereinbart und nicht deutlicher voneinander getrennt werden sollte, verfielen die Verantwortlichen auf die Idee, die industrielle Leistungsfähigkeit zur Schau stellen und sozusagen aus der Not eine Tugend machen zu wollen, indem den Gästen Führungen durch die Betriebe als Urlaubsvergnügen und Bildungschance gleichermaßen geboten werden sollten. Der Fabrikbesuch als touristisches Event sei genau das, was der moderne Bürger suche.[33] Der Vorschlag aus den späten sechziger Jahren fand im Übergang in die in wirtschaftlicher Hinsicht krisengeschüttelten siebziger Jahre allerdings wenig Anklang.

Um die Erwartungen der Gäste wie generell die Grundlagen des Fremdenverkehrs besser bewerten zu können, gab der Oberkreisdirektor eine umfassende statistische Erhebung aller relevanten Daten in Auftrag, die 1977 unter

28 Das Siegerland ist eine Ferienreise wert, in: Siegener Zeitung vom 8.8.1959.
29 Ebd.
30 Siegerland ist kein Stiefkind des Fremdenverkehrs, in: Siegener Zeitung vom 23.8.1969.
31 Originelle Werbemittel, in: Das Mäckes'che. Geschäftsberichte 1960/62.
32 Das Siegerland ist eine Ferienreise wert, in: Siegener Zeitung vom 8.8.1959.
33 Vgl. Es dreht sich um Betten, in: Siegener Zeitung vom 26.4.1969.

dem Titel *Der Fremdenverkehr im Kreis Siegen. Grundlagen der Entwicklungsplanung* erschien. Neben Daten der lokalen Gastronomie und Fremdenverkehrswirtschaft wurde nach einer Befragung per Fragebogen unter Feriengästen unter anderem ermittelt, was sie von ihrem Urlaub im Siegerland erwarteten – abschalten, Sport treiben, Tapetenwechsel, Unterhaltung, in der frischen Luft sein, sich verwöhnen und pflegen lassen und andere Optionen ließen sich wählen.[34] Außerdem wurde abgefragt, was die Gäste denn angesichts der Tatsache, dass der »Todfeind der Erfolgsstatistik im Siegerländer Fremdenverkehr« das »Siegerländer Wetter« sei,[35] bei Regenwetter unternähmen. Neben der offenbar bevorzugten Option »Trotzdem wandern oder spazierengehen« (43,9 %) ließen sich noch »Schwimmen oder baden gehen« (38,4) oder »Fernsehen« (37,2 %), »Nachtleben genießen« (20,5 %) und »Abreisen« (20,3 %) ankreuzen.[36] Mit der grundlegenden Erhebung aller relevanten Daten erreichten die bisherigen Bemühungen um den Fremdenverkehr in der Region seit den frühen fünfziger Jahren einen Höhepunkt, war doch eine derart systematische Erfassung der Bedingungen bislang nicht erfolgt. Dennoch hatte sich damit keineswegs für die Beteiligten die Fortführung des Städte- und Regionalmarketings, nicht einmal die Einwirkung auf die Selbstwahrnehmung im Siegerland erledigt. Nach rund zwei Jahrzehnten der Arbeit des Verkehrsvereins, in denen Stadt und Kreis wie die westdeutsche Gesellschaft insgesamt tiefgreifende ökonomische, gesellschaftliche und mediale Veränderungen durchlaufen hatten, schien es aber sinnvoll, die bisher entwickelten Bilder und Konzepte zu überdenken und unter Umständen einen Wechsel in der Tourismuswerbung zu initiieren.

## 2.3. Wie bewirbt man ein »Land des Eisens, Land der Wälder«?[37] Strategien und Images

Um seinen Aufgaben der Außendarstellung gerecht zu werden, entfaltete der Verkehrsverein Siegen von Beginn an eine Reihe von Aktivitäten, die im Laufe der Jahre angesichts der steigenden Ansprüche der Gäste weiter aufgefächert wurden. Über das erstellte Werbematerial bestimmte der Verein maßgeblich die Inhalte mit, mit denen ein Bild des Siegerlandes entworfen wurde.

34 Vgl. Der Fremdenverkehr im Kreis Siegen, 1977, Tabelle 15 (S. 65): Erwartungshaltung der Fremdengäste bezüglich ihrer Urlaubsaktivitäten.

35 Ein Jahresbericht mit Schlaumeier, S. 6, Stadtarchiv Siegen E 453/54.

36 Vgl. Der Fremdenverkehr im Kreis Siegen 1977, Tabelle 27 A (Anhang, o.P.): Aktivitäten der Urlaubsgäste nach Altersgruppen bei Regenwetter.

37 So lautete der Titel des neuen Prospekts. Ein Jahresbericht mit Schlaumeier, S. 8, Stadtarchiv Siegen E 453/55.

Im Reisebüro (DER) und der Anlaufstelle des Vereins stand Personal für telefonische, persönliche oder postalische Anfragen zur Verfügung, wenngleich die Touristeninformation selbst nach Verlagerung in ansprechendere Räumlichkeiten mit nur zwei Angestellten nicht unbedingt großzügig ausgestattet war. Neben der Beratung auswärtiger Gäste kümmerte sich der Verein um die konzeptionelle und inhaltliche Arbeit an Informationsmaterialien und Werbeaktionen, ein Tätigkeitsfeld, über das regelmäßig auf den Jahreshauptversammlungen Rechenschaft abgelegt wurde. So wurden etwa in den Berichten über die Versammlungen vom Mai 1954 und vom April 1956 die verschiedenen Werbeformen aufgelistet, deren Gestaltung und Verbreitung sich die damals noch junge Einrichtung zur Aufgabe gemacht hatte: Plakate wie das erwähnte Siegerland-Plakat, die Herausgabe von Postkarten und Postkartenserien, Stadtplänen, Stadtprospekten, einer Broschüre über die Fürstengruft, Dia-Positiven mit Stadt- und Landschaftsbildern aus der Region sowie die Schaffung des Siegerländer Monatsspiegels als Organ des Verkehrsvereins und die Erstellung eines Siegerland-Films.[38] Außerdem bot der Verein einen Presse- und Bilddienst für ausländische Presseerzeugnisse an, gab einen Siegerland-Prospekt heraus, überdies das ›Siegerland-Buch‹, einen Bildband mit dem Titel *Das Siegerland in schönen Bildern* und eine Neubearbeitung der *Wissenswerten Notizen für Besucher der Stadt Siegen*,[39] verfasste Werbekarten, Werbebriefe und Anzeigen für die Stadtwerbung.[40] Mit der Zeit kamen ergänzend Gastgeschenke mit mehr oder minder ausgeprägtem lokalen Flair hinzu, anfangs waren das neben dem Siegerland-Bildband ein Piccolo Sekt, Sektgläser mit dem Krönchen und das eigens als lokale Besonderheit entworfene Mäckeskesselchen, ein aus Ton gebrannter Kessel als Reminiszenz an jene Gefäße, in denen früher in der Region Kaffee gekocht wurde. Zur Verstärkung der Werbung wurden zudem in den Folgejahren Journalisten und Reisekaufleute aus dem In- und Ausland, vor allem aus den Niederlanden, Belgien und Dänemark eingeladen, Siegen und das Siegerland auf Tourismusmessen auf Landesebene, Bundesebene und auch international als Reiseziel vorgestellt.

Wo lagen denn nun die inhaltlichen Schwerpunkte der kommunalen Selbstdarstellung? Wenn es darum ging, ein Bild von Siegen und dem Siegerland zu

38 Vgl. Jahreshauptversammlung am 17.5.1954, Stadtarchiv Siegen E 451/12 und 451/13.

39 Vgl. Wissenswerte Notizen für Besucher der Stadt Siegen, Stadtarchiv Siegen E 451/63–451/69. Der 1955 bereits in fünfter Auflage vorliegende Band Das Siegerland in schönen Bildern, hrsg. v. Paul Fickeler, enthielt 31 Fotografien mit meist idyllischen Panoramen der Landschaft, Fachwerkhäusern, Landarbeitern oder Stadtansichten z.T. noch vor 1945 aufgenommen. Nur zwei der Fotos setzten die industrielle Produktion ins Bild, die Grube Pfannenberg (S. 18) und die Charlottenhütte in Niederschelden (S. 19), beide in weiträumigen Panoramaansichten.

40 Vgl. Jahreshauptversammlung am 6.4.1956, Stadtarchiv Siegen E 452/22.

entwerfen, schien anfangs Altbewährtes als jenes Pfund, mit dem gewuchert werden sollte. Folglich wurde es gerne gesehen, wenn die Gemeinden im Kreis ihre bereits bestehenden Initiativen fortsetzten oder intensivierten, sich mit ihren Naturschönheiten als Wanderparadiese oder mit ihren Kureinrichtungen als Gesundbrunnen darzustellen. Als »anmutige Erholungslandschaft« »[k]aum berührt von der Industrie«, mit »überraschenden Fernsichten, frischen Wiesengründen und idyllischen Badeweihern« sollte sich dieses »Neuland für den Fremdenverkehr« anempfehlen.[41] Bad Berleburg und Bad Laasphe waren bereits recht bekannt, andere gesellten sich hinzu, wie etwa Burbach, das sich mit der folgenden »hübsche[n] Visitenkarte« anpries:

Abb. 1: Werbung für den »Luftkurort Burbach« auf einem Ortseingangsschild.
Quelle: Siegener Zeitung vom 8.8.1959

Die Holzfiguren, die an ähnliche Figuren aus dem Schwarzwald oder aus Bayern erinnern, zeigten Männer und Frauen verschiedener Berufsstände, die allesamt eher in ein geruhsam wirkendes 19. Jahrhundert denn in die Hektik des späteren 20. Jahrhunderts zu gehören schienen und damit eben jenen Kontrast boten, den erholungsbedürftige Urlauberinnen und Urlauber suchen konnten. Den Anspruch, Erholung inmitten der Natur zu bieten, begleitete auf diese Weise

41 Vgl. Wissenswerte Notizen für Besucher der Stadt Siegen, Stadtarchiv Siegen E 451/68.

der nostalgische Blick auf eine vermeintliche Idylle des alten Handwerks, in dem noch Qualitätsarbeit, Zeit für die Herstellung hochwertiger Produkte, Muße und Identifikation mit dem eigenen Produkt oder der eigenen Dienstleistung die Arbeit und damit das Leben bestimmt hätten. Beschaulichkeit statt Hektik signalisierte das Schild auf diese Weise.

Neben das Altbewährte traten bald aber neue Aspekte. Bereits zu Beginn der fünfziger Jahre bestand der Plan, die Facetten des Bildes der Stadt zu erweitern und Siegen zur »Tagungsstadt im südlichen Westfalen«[42] zu machen. Obschon auch in Siegen über die Frage diskutiert wurde, inwieweit Tagungsbetrieb als Fremdenverkehr anzusehen sei, entschieden sich die Verantwortlichen in Verkehrsverein und Stadtverwaltung eindeutig dafür, Kongresse zu einem Faktor im Leben der Stadt und damit zu ihrem Image zu machen (Abb. 2).

Abb. 2: Präsentation Siegens als moderne Tagungsstadt. Quelle: Stadtarchiv Siegen

42 Jahreshauptversammlung am 17.5.1954, Stadtarchiv Siegen E 451/16.

Die Broschüre *Siegen. Tagungsstadt im Grünen* sollte dieses neue Image bekräftigen und vermitteln. Ihr Titelblatt vereinte die Modernität des Tagungsbetriebs, symbolisiert durch die im Bild zentral platzierten Stühle im aktuellen Design ebenso wie in der modernen Architektur der Zeit rechts oben (Bürogebäude) und unten (Siegerlandhalle), und die Tradition, die ebenso als Merkmal der Stadt Siegen erscheinen sollte und über die beiden angedeuteten Bauwerke des ›alten Siegen‹, Nikolaikirche und Unteres Schloss mit dem Dicken Turm, ins Bild hineingelangte.[43] Das Grün der landschaftlichen Schönheiten der Umgebung deuteten stilisierte Blätter und der Farbton des Umschlags an. Neben dem Wirtschaftsfaktor verlieh das Tagungsgeschäft der Stadt einen zusätzlichen Pluspunkt, standen doch Kongresse für die in der Zeit des Wirtschaftswunders in besonderem Maße geschätzten Eigenschaften wie Vorwärtsstreben, Fortschrittlichkeit, zukunftsträchtiges Engagement, so dass Stadt und Region von diesem Reiz der Modernität profitieren konnten. Überdies erleichterte es die Ergänzung des Alten um das Neue, konnten zusätzliche Elemente, die Zeitgemäßes verkörperten, ohne größere Brüche in das Bild Siegens aufgenommen und das Image so behutsam transformiert werden.

Ein weiteres dieser zusätzlichen Elemente spiegelte sich in der Deutung der geografischen Lage der Region als besonders verkehrsgünstig. Die Ausgangslage für eine solche Deutung war jedoch keineswegs klar. Einerseits trugen Elektrifizierung der Eisenbahnstrecken nach Siegen ebenso wie der Bau einer Autobahn von Dortmund durch Sauerland und Siegerland nach Frankfurt (A45), die bereits 1957 in Planung war, dazu bei, die Verkehrsströme an Siegen vorbeizuleiten. Das barg die Chance, Siegen leichter erreichbar zu machen, mehr Menschen als Gäste in die Stadt zu holen, zugleich aber ebenso das Risiko, die Leute gar nicht mehr durch die Stadt, sondern gleich daran vorbei zu leiten, die Region eben zu einem Bild nur mehr im Rückspiegel des zunehmenden Autoverkehrs zu machen. Andererseits setzten die Verantwortlichen nicht ganz zu Unrecht große Hoffnungen darauf, dass gerade die verbesserte Verkehrsanbindung »vom Ruhrgebiet her eine Invasion von Urlaubern, auch von Wochenendurlaubern«[44] bringen werde. Dies führte in der Regionalwerbung dazu, umso häufiger von der ausnehmend günstigen Lage der Region zu sprechen und eine Kampagne zu entwerfen, mit der die Ströme von Reisenden nach Siegen umgeleitet werden sollten. Siegen, so hieß es Anfang der verkehrsplanerisch nicht gerade einfallsarmen sechziger Jahre selbstbewusst, sei die am besten zu erreichende

43 In späteren Broschüren durfte zu dieser Seite der modernen Stadt Siegen ein Foto der 1961 erbauten Siegerlandhalle nicht fehlen. Vgl. etwa Siegerland interessant 1977. Auf der sechsten Doppelseite findet sich eine über die gesamte Breite der beiden Seiten reichende Fotografie der Halle.

44 Nutzt das Siegerland seine Chance?, in: Das Mäckes'che. Geschäftsberichte 1960/62.

Stadt in der Bundesrepublik. Geradezu herausragend sei seine »Mittelpunktlage«.[45] Wovon es dabei den Mittelpunkt bildete, ließ sich je nach Bedarf von den Verantwortlichen unterschiedlich auslegen. Einmal war die Lage in Südwestfalen, dann jene zwischen Ruhrrevier und Rhein-Main-Gebiet, dann wieder die zentrale Position in Deutschland oder die Nähe zu den Benelux-Staaten das bedeutsamste Merkmal: Irgendwie, so suggerierten die verschiedenen Werbemaßnahmen, schienen sich die verschiedenen Verkehrsströme der Republik stets im Siegerland zu treffen, was wiederum als ein Zeichen dafür vorgestellt wurde, wie sehr Stadt und Region mit der Zeit gingen – zumindest sollte es so anmuten – und auf die sich verändernde Verkehrssituation im Stadtmarketing reagierten. Dass viel Wunschdenken dahinterstand bzw. die Sorge ausgeprägt war, die Verkehrsströme könnten eben doch vorbeirauschen, belegen die wiederholten Kampagnen, darunter jene mit dem Slogan »Mach Rast in Siegen« (Abb. 3).

Abb. 3: Verkehrsverein wirbt mit der Einladung zur Rast in Siegen.
Quelle: Stadtarchiv Siegen E 454/19

45 Verkehrsverein zieht Bilanz, in: Das Mäckes'che. Geschäftsberichte 1960/62.

Das Werbebild des Verkehrsvereins vom Anfang der sechziger Jahre trägt einen von drei Versen, mit denen die Einladung zur Rast propagiert werden sollte. Sowohl Text als auch Bild gaben sich eher traditionell bzw. zeittypisch idealisiert, wobei das Gefährt des ›klugen‹ Reisenden nostalgisch verklärt eher wie ein Ford T-Modell der zwanziger denn wie ein modernes Auto der fünfziger Jahre daherkam. Nicht die effiziente Transport- oder Reisemöglichkeit, sondern vielmehr der Wert des Entspannens durch eine Rast in Siegen wurden damit inszeniert. Im Verlauf des Jahrzehnts kam noch eine Broschüre eigens unter dem Motto *Raste und schau Dich um in Siegen* hinzu, mit der sich die Stadt sozusagen als Insel der Entschleunigung inmitten einer immer rasanter lebenden Welt endgültig zu etablieren trachtete. An diesem Bild musste offenbar selbst dann nicht gerüttelt werden, als 1969 die Bundesautobahn durch das Siegerland weitgehend fertiggestellt war (Abschnitt zwischen Hagen und dem Westhofener Kreuz November 1967, Abschnitte Hagen-Lüdenscheid und Siegen-Eisern ab Oktober 1968) und die 1.050 Meter lange Brücke über das Siegtal weithin sichtbar massiv in die Landschaft und deren bislang ungetrübte ›Naturschönheit‹ eingriff (Abb. 4).

Sie wurde nicht einmal aus den Außendarstellungen getilgt, sondern firmierte stattdessen stolz als weiterer Beweis für »Siegens Ideallage im Fernstraßennetz«, zugleich als herausragendes Monument der Moderne und damit eine weitere ›Sehenswürdigkeit‹ der Region. Nicht nur die Broschüre über Siegens Wirtschaftskraft visualisierte sie als ästhetisches Erlebnis, als Bereicherung und Krönung der Szenerie.[46]

46 Damit wurde eine Tradition der Ästhetisierung von Autobahnen als Straßen neuen Typs fortgesetzt, die in die dreißiger Jahre zurückreicht. Vgl. etwa Schütz / Gruber 2000.

Abb. 4: Natur und Architektur: Siegtalbrücke. Quelle: Siegen der Wirtschaftsfaktor Südwestfalens, 1976, o.P.

Viele Facetten gingen in ein Gesamtbild ein, das über verschiedene Werbemittel transportiert wurde. Die unterschiedlichen Elemente der ersten Phase vereinte Ende der fünfziger Jahre eine Abbildung, die einmal mehr von der Dichotomie zeugte, die Siegens Eigenständigkeit oder Persönlichkeit versinnbildlichen sollte: Tradition und Moderne, pulsierendes Leben und Ruhe, Verkehr und Entschleunigung, Natur und Industrie. Im Bild, das eigentlich für eine Tagungsmappe entstanden war, stand die Natur eindeutig im Vordergrund. Stilisiertes Wild vor hügeliger Waldlandschaft dominierte das Bild, am linken mittleren Bildrand wurde Landwirtschaft angedeutet. An den oberen Bildrand geschoben oder rechts fast schon aus dem Bild heraus gedrängt erschienen die Fördertürme und Schlote der Montanindustrie, weiterhin vorhanden, aber kaum noch wahrzunehmen, weil in naher Zukunft überwuchert von der Natur, wie es den Anschein hatte (Abb. 5).

Abb. 5: Siegerland – Ferienland – Industrie im Grünen. Quelle: Das Mäckes'che, Stadtarchiv E 454/19

Im dazugehörigen Text wurden alle möglichen Slogans und Elemente vereint, die bis zu dem Zeitpunkt in der Bewerbung der Stadt Verwendung gefunden hatten, darunter Siegen als »Alte Stadt auf sieben Hügeln«, »Gekrönter Mittelpunkt des Siegerlandes«, »Ferienland«, »Land der Berg- und Hüttenleute«, »Industrie im Grünen«. Trotz der Vielfalt der Slogans stach letztlich doch die Dichotomie hervor. Bemerkenswert ist der Stellenwert, den der wichtigste Wirtschaftsfaktor Industrie (und Gewerbe) im Bild erhielt: Selbst Tagungsgästen, die berufsbedingt potentiell eher an ökonomischer Leistungsfähigkeit denn an Naturschönheiten interessiert sein mussten, wurde eben nicht primär oder wenigstens gleichrangig moderne Technik oder Wirtschaftlichkeit der gewerblichen Produktion vor Augen geführt, sondern das Siegerland eher als naturnahes Idyll dargestellt.

Die in den fünfziger Jahren entstandene Strategie von Gegensätzlichkeit war damit zu einem charakteristischen Element der Bilder und Kampagnen aufgestiegen, das sich nachfolgend in Variationen immer wieder verwenden ließ. Mit neuem ebenso wie mit altem Bildmaterial setzten die Kampagnen und Broschüren entsprechende Unterschiede in Szene, stets als zwei Seiten einer Medaille und als eigentlichen Markenkern von Stadt und Region gedeutet. Wenn sich Siegen als Einkaufsstadt der Region positionieren wollte, dann weniger als hektische Metropole denn als überschaubare Großstadt mit vielfältigem Angebot und gleich mehreren Fußgängerzonen, die zum Bummeln einluden. Wenn Moderne über Architektur oder Verkehr – nie über hochentwickelte Industrieanlagen – ins Blickfeld rückte, dann sollte das Traditionelle nicht vergessen werden.

Abb. 6: Bundesstraße in Weidenau. Quelle: Siegerland interessant, o.P.

Abb. 7: Fachwerkidylle in Eisern. Quelle: Siegerland interessant, o.P.

Die beiden Schwarzweiß-Fotos aus der Broschüre *Siegerland interessant. Siegen – Handels- und Kongreß-Stadt im Mittelpunkt der Bundesrepublik* von 1977, die darüber hinaus bereits den Wahrnehmungsgewohnheiten der Zeit entsprechend zahlreiche Farbabbildungen enthielt, spiegelten diese Vereinigung von Gegensätzen exemplarisch wider. Das Bild aus dem Abschnitt »Großstadt Siegen« (Abb. 6) zeigte laut Bildunterzeile »pulsierendes Leben am Kreuzungspunkt zweier Bundesstraßen« in Weidenau. Die einige Jahre vor 1977 entstandene Aufnahme gab eine für die Zeit typische Art der Präsentation städtischen Verkehrs wieder, der in einer Mischung aus – nach den Kriegszerstörungen wiederhergestellter – Ordnung und – im fließenden Verkehr versinnbildlichten – Effizienz stolz Aufbauleistung und Fortschrittlichkeit zum Ausdruck brachte. Das Motiv in Abb. 7, auf einer anderen Seite der Broschüre im Abschnitt über die »Alte Stadt Siegen« abgedruckt, setzte Fachwerkhäuser im Stadtteil Eisern in Szene. Nicht zufällig geschah das in einer Weise, die im auffälligen Unterschied zur Verkehrsabbildung zeitlos in dem Sinne wirkte, dass sie ebenso gut in den Anfängen der Bundesrepublik oder selbst in den dreißiger Jahren oder früher hätte fotografiert werden können.[47] Mit der Mischung an Motiven in der Broschüre und speziell durch die wiederkehrende Gegenüberstellung dieser beiden Bildinhalte und -aussagen ließ sich die Botschaft vermitteln, dass in Siegen Bewährtes bewährt und bewahrt blieb und bleiben würde, ohne dass der Zug der Zeit an Stadt und Region vorbeizog: »Tradition und Moderne«, wie es ein Slogan schon in den fünfziger Jahren auf den Punkt gebracht hatte, war auch in den späten siebziger Jahren und weit darüber hinaus das, was als ein Signum von Stadt und Region, als ihre »Persönlichkeit« nach außen vermittelt werden sollte.

## 3. Ein vorläufiges Ergebnis: Werbung tut not und Gegensätze ziehen an

Um den Wiederaufbau von Stadt und Kreis Siegen voranzutreiben, hatte Anfang der fünfziger Jahre und damit wenige Jahre nach Kriegsende das Bemühen um die Ankurbelung des Fremdenverkehrs in der Region eingesetzt. Bemerkenswerterweise hatte jegliches Bestreben auf diesem Gebiet von Anfang an eine doppelte Stoßrichtung, sollten doch nicht nur potentielle Gäste geworben, sondern auch die Bewohnerinnen und Bewohner für die Sache eingenommen werden, einmal als heimatliebende Bürgerinnen und Bürger, die das touristische

47 Klare Hinweise auf eine Datierung, die in die bundesrepublikanische Zeit fällt, geben eigentlich nur die Hochspannungsleitungen und das Verkehrsschild vor dem Haus links im Vordergrund.

Potential ihrer Region vollständig verinnerlicht hatten, dann als Träger aller erdenklichen Maßnahmen einer ›inneren Werbung‹ gegenüber auswärtigen Interessierten. Werbung tat demnach aus Sicht der Akteure in Stadt und Kreis aus doppelter Hinsicht not, musste die Region doch vor Ort und außerhalb als Urlaubsziel inszeniert und vermarktet werden.

Die Aufgabe gerade der Überzeugungsarbeit vor Ort ließ sich weder durch kurzfristige Maßnahmen noch in kurzen Zeiträumen erfüllen. Selbst als die Fremdenverkehrswerbung in der Stadt Mitte der siebziger Jahre eine neue organisatorische und personelle Struktur erhielt, konnte sie noch lange nicht als gelöst betrachtet werden. In dem Konzept, mit dem die FDP-Kreistagsfraktion 1978 vorschlug, aufgrund der wirtschaftlichen Vorteile das Bemühen um die Vermarktung des ›Urlaubslandes Siegerland‹ zu intensivieren, lautete die Ausgangsüberlegung nach wie vor: »Die Schwierigkeit ist [...], wie man den Menschen [...] plausibel machen soll, wie schön der Kreis Siegen ist und wie sehr es sich lohnt, hier einmal Urlaub zu machen.«[48] Die FDP-Abgeordneten sahen die Region ganz im Sinne des bislang präsentierten Bildes von der verkehrsgünstigen Lage »in der Mitte von Europa / Deutschland« liegen, was Menschen ins Siegerland führen und die Region potentiell auch von den Urlauberströmen Richtung Süden profitieren lassen würde. Als originelle Bewerbung der Region schlug die Fraktion den erstaunlich informationsarmen Slogan »Siegen-Wittgenstein in Süd-Westfalen« vor. Um die Attraktivität des Ziels Siegerland zu erhöhen, sollten unter anderem Kreisbedienstete als Hostessen eingesetzt werden, damit in die Fremdenverkehrswerbung, wie die Siegener Zeitung die Anliegen kommentierte, mehr »weibliche[r] Charme[]« hineinkäme. Vermieter von Ferienzimmern sollten in Kursen an der Volkshochschule darin geschult werden, »dem Feriengast angenehme Stunden zu bereiten«. Außerdem enthielt der 29 Punkte umfassende Maßnahmenkatalog die Absicht, Volksfeste und Folklore zu fördern, um Gäste anzulocken, denn, so wiederum die Siegener Zeitung: »das Siegerland ist ja für seine Fröhlichkeit, seinen Humor und seine Feierfreude landauf, landab bekannt.«[49]

Die Vorschläge trafen, wie der Unterton in der Berichterstattung der Siegener Zeitung bereits erkennen lässt, nicht überall auf wohlwollende oder gar begeisterte Reaktionen. Es gab nach wie vor anderslautende Einschätzungen und Wahrnehmungen, sogar Zweifel an der Sinnhaftigkeit einer Bewerbung der Region als »Urlaubsland« und Uneinigkeit in der Frage der angemessenen Darstellung von Stadt und Region nach außen. Selbst die grundsätzlichen Bedenken der Einwohnerschaft, ob das Bild von der »anmutigen Erholungsland-

48 Siegerland – Urlaubsland, in: Siegener Zeitung vom 24.5.1978.
49 Alle Zitate aus ebd.

schaft«[50] denn die Realität widerspiegele, bestanden fort. Sie sind auch heute noch nicht verschwunden. Denn der Tourismusverband Siegen-Wittgenstein, dem inzwischen die Fremdenverkehrswerbung obliegt, weist – ganz in der Tradition seiner Vorgängerinstitutionen – nach wie vor in seiner Satzung, dies gleich an zweiter Stelle, als eine seiner zentralen Aufgaben aus, »das Fremdenverkehrsbewusstsein in der Region zu stärken und der heimischen Bevölkerung das Bewusstsein zu vermitteln, in einer Tourismusregion zu leben.«[51]

Wie aber sollte das Bild ausgestaltet sein, mit dem die Region als attraktiv ausgewiesen werden konnte? Inwieweit sollte jene Industrie eine Rolle spielen, auf die sich die Wirtschaftskraft der Region in der Zeit von Wiederaufbau und bundesrepublikanischem Wirtschaftswunder wesentlich stützte? Die Antwort, die der Verkehrsverein in seinen Broschüren und Werbemitteln gab, lief auf eine Marginalisierung der Industrie und Betonung von anderen modernen Bereichen wie Kongressbetrieb, Verkehr, Einkaufs- und Dienstleistungszentrum neben dem stark präsenten Aspekt der Natur hinaus. Im Vordergrund stand jedoch die Hervorhebung der Gegensätzlichkeit als Markenkern von Stadt und Region, wie es nach heutigen Begriffen des Marketings heißen würde, als »Persönlichkeit«, wie es Hans Ludwig Zankl zu Beginn der sechziger Jahre genannt hatte. »Alte Stadt auf sieben Hügeln« und »moderne Stadt«, »Dreiklang ungestörter Natur« und »eiserner Grund«, Fürstenresidenz und Berg- und Hüttenwesen: Das Siegerland, so signalisierte es die regionale Werbung, zeichnete sich durch Gegensätze aus. Diese allerdings, so die betonte Besonderheit, versprachen durch die Reduzierung auf eine Dichotomie, einen Zweiklang von Tradition und Moderne, eben nicht unübersichtliche Pluralität und Desorientierung, sondern Harmonie und Gleichklang, »die Einheit des Siegerlandes, dieser aus Waldwirtschaft, Erzbergbau und Eisenindustrie erwachsenen Lebensgemeinschaft«.[52] In dem Sinne kann die viele Jahre später formulierte Einladung, »Urlaub [zu] machen, wo andere arbeiten«, nicht als zynische Bemerkung, sondern als Anknüpfung an dieses frühzeitig entwickelte Bild von einer Region verstanden werden, die Industrieregion und Tourismusziel in einem sein konnte und kann und die tatsächlich das bot und bietet, was nach den zahlreichen und wiederholten Gästebefragungen ohnehin immer die größte Erwartung an den Aufenthalt im Siegerland gewesen sei: der Hektik des Alltags wenigstens vorübergehend zu entgehen, wieder Fühlung mit der Natur aufzunehmen, zur Ruhe zu kommen.

50 Vgl. Wissenswerte Notizen für Besucher der Stadt Siegen, Stadtarchiv Siegen E 451/68.

51 Vgl. Der Verband (TVSW): Aufgaben, URL: http://www.siegerland-wittgenstein-tourismus.de/der-verband-tvsw/aufgaben-satzung.html (Stand: 1.2.2013).

52 Ein Jahresbericht mit Schlaumeier, S. 5, Stadtarchiv Siegen E 453/54.

## Literatur

### Darstellungen

Antonoff, Roman: Wie man seine Stadt verkauft. Kommunale Werbung und Öffentlichkeitsarbeit. Düsseldorf 1971, S. 34.
Der Verband (TVSW): Aufgaben, verfügbar unter: http://www.siegerland-wittgenstein-tourismus.de/der-verband-tvsw/aufgaben-satzung.html [1.2.2013].
Fickeler, Paul (Hg.): Das Siegerland in schönen Bildern. Siegen 1955 [ERSTAUSGABE].
Fleiß, Daniela: Auf dem Weg zum »starken Stück Deutschland«. Image- und Identitätsbildung im Ruhrgebiet in Zeiten von Kohle- und Stahlkrise. Duisburg 2010.
Schütz, Erhard / Gruber, Eckhard: Mythos Reichsautobahn. Bau und Inszenierung der »Straßen des Führers« 1933–1941. Berlin 2000 [ERSTAUSGABE].
Schwarz, Angela: ›Von der Altlast zum Monument der Industriekultur: Stillgelegte Industrieanlagen im Ruhrgebiet zwischen Imagewerbung und Identitätsstiftung‹, in: *Geschichte im Westen 16. Jg.*, 2001/2, S. 242–249.
Dies.: ›Industriekultur, Image und Identität im Ruhrgebiet oder: Die umstrittene Frage nach dem Strukturwandel in den Köpfen‹, in: Dies. (Hg.): *Industriekultur, Image, Identität: Die Zeche Zollverein und der Wandel in den Köpfen.* Essen 2008, S. 17–67.

### Quellen

Das Siegerland ist eine Ferienreise wert, in: Siegener Zeitung vom 8.8.1959.
Der Fremdenverkehr im Kreis Siegen. Grundlagen der Entwicklungsplanung. Siegen 1977, Tabelle 15 (S. 65): Erwartungshaltung der Fremdengäste bezüglich ihrer Urlaubsaktivitäten, Stadtarchiv Siegen, Dce Lübk ARCHIV.
»Die »innere Werbung« bestimmt den Erfolg, in: *Das Mäckes'che. Geschäftsberichte 1960/62.* Für unsere Mitglieder und Freunde, Vertreter in Kreis, Stadt, Amt und Gemeinde, Stadtarchiv Siegen E 454/19.
Die »Persönlichkeit« der Gemeinde, in: *Das Mäckes'che. Geschäftsberichte 1960/62.* Für unsere Mitglieder und Freunde, Vertreter in Kreis, Stadt, Amt und Gemeinde, Stadtarchiv Siegen E 454/21 und 454/22.
Ein Jahresbericht mit Schlaumeier. Geschäftsberichte – Verkehrsverband Siegerland e.V., Verkehrsverein Siegen e.V. (1960), Stadtarchiv Siegen E 453/54.
Ein Jahresbericht mit Schlaumeier, S. 8, Stadtarchiv Siegen E 453/55.
Es dreht sich um Betten – In Siegener Hotels bleiben viele Schlafstätten leer, in: *Siegener Zeitung* vom 26.4.1969.
Fremdenverkehrsentwicklung bedarf großer Anstrengung, in: Siegener Zeitung vom 19.8.1978.
Geschichten aus dem Siegerland. 1871 95 Jahre Verkehrsverein Siegen e.V. – 1921 45 Jahre Verkehrsverband Siegerland e.V., o.J. (1966), o.P., Stadtarchiv Siegen.
Jahreshauptversammlung am 6.4.1956, Stadtarchiv Siegen E 452/20.
Jahreshauptversammlung am 6.4.1956, Stadtarchiv Siegen E 452/22.
Jahreshauptversammlung am 17.5.1954, Stadtarchiv Siegen E 451/11.

Jahreshauptversammlung am 17.5.1954, Stadtarchiv Siegen E 451/9.
Jahreshauptversammlung am 17.5.1954, Stadtarchiv Siegen E 451/16.
Jahreshauptversammlung am 17.5.1954, Stadtarchiv Siegen E 451/12 und 451/13.
Jahreshauptversammlung am 17.5.1954, Stadtarchiv Siegen E 451/16.
In Punkto Fremdenverkehr 1966–68, Stadtarchiv Siegen E 454/107.
Nutzt das Siegerland seine Chance? Ein kritischer Geschäftsbericht 1960–62 des Verkehrsverbandes Siegerland E.V., in: *Das Mäckes'che. Geschäftsberichte 1960/62*, Stadtarchiv Siegen E 454/21.
Originelle Werbemittel, in: *Das Mäckes'che. Geschäftsberichte 1960/62*, Stadtarchiv Siegen E 454/19.
Satzung des Verkehrsvereins Siegen e.V., Siegen, § 2: Aufgaben, Stadtarchiv Siegen E 454/46.
Siegerland interessant. Siegen – Handels- und Kongreß-Stadt im Mittelpunkt der Bundesrepublik, 1977, Stadtarchiv Siegen.
Siegerland ist kein Stiefkind des Fremdenverkehrs, in: Siegener Zeitung vom 23.8.1969,
Urlaubszug darf nicht am Siegerland vorbeirollen, in: Siegener Zeitung vom 21.3.1986.
Verkehrsverein zieht Bilanz, in: *Das Mäckes'che. Geschäftsberichte 1960/62*, Stadtarchiv Siegen E 454/18.
Wissenswerte Notizen für Besucher der Stadt Siegen, Stadtarchiv Siegen E 451/63–451/69.
Wissenswerte Notizen für Besucher der Stadt Siegen, Stadtarchiv Siegen E 451/68.

Hanna Schramm-Klein & Kim-Kathrin Kunze

# Wisente am Rothaarsteig

*Im verschärften Wettbewerb der Regionen und Städte um attraktive Zielgruppen gewinnt das Regional- und Standortmarketing zunehmend an Bedeutung. Viele Regionen bilden daher Marken, um ihre Potenziale in den Bereichen Wohn- und Lebensraum, Freizeitangebot, Tourismus oder regionale Produkte zu positionieren. Durch diese aktiv gesteuerten Maßnahmen sollen die Attraktivität einer Region erhöht und potenzielle Stakeholder angelockt und anschließend gebunden werden.*

## Regionalmarketingprojekte und Image von Regionen

In einem immer stärker werdenden Wettbewerb um wirtschaftlich attraktive Zielgruppen sind Regionen und Städte einem ausgeprägten Standortwettbewerb ausgesetzt (Kotler / Haider / Rein 1994, S. 24; Kavaratzis 2005, S. 329; Kirchgeorg 2005, S. 590; Florida 2007, S. 164). Aufgrund der veränderten, nun globaler geprägten Herausforderungen haben sich die Prioritäten des Regionalmarketings gewandelt. Trends wie der demografische Wandel und Wanderungsverluste insbesondere junger Menschen, die gerade in ländlich geprägten Gebieten auftreten, sind mit Überalterungserscheinungen in der Bevölkerung, sinkenden Bevölkerungszahlen und dem viel thematisierten steigenden Fachkräftemangel auf regionaler Ebene verbunden (Meyer 1999 S. 41 ff.; Ebert 2004, S. 5; Kirchgeorg 2005, S. 590 f.). Für Regionen stellt sich deshalb die Frage, wie Einwohner gewonnen und gebunden werden können. Erste Ansätze lassen sich aus der bisherigen Forschung ableiten. So hat beispielsweise eine empirische Untersuchung zu den Motiven der Migration innerhalb Deutschlands ergeben, dass neben dem Arbeitsmarkt vor allem weiche Standortfaktoren des sozialen Umfelds, der Natur und Landschaft eine große Bedeutung haben, wenn Entscheidungen getroffen werden, umzuziehen bzw. an einem Standort zu verbleiben. Der Bedeutungszuwachs weicher Standortfaktoren liefert damit auch eine konkrete Aufgabenstellung an das Regionalmarketing (Florida 2000, S. 42 ff.; Ebert 2004, S. 2; Fürst / Löb 2005, S. 56 f.).

Für Regionen ist es notwendig, sich durch eine gezielte Angebotsgestaltung, flankiert durch gezieltes Marketing, angebotsreich und spezifisch zu positionieren (Manschwetus 1995, S. 39). In diesem Kontext ist Regionalmarketing als ein langfristig angelegtes, marktorientiertes Steuerungskonzept zu verstehen, das mit dem Ziel eingesetzt wird, eine strategische Positionierung im Wettbewerb und der Entwicklung der Region zu realisieren (Manschwetus 1995, S. 39; Meyer 1999, S. 62). Meist steht dabei die Entwicklung einer Gesamtkonzeption für die Region als Ganzes als Wirtschafts- und Lebensstandort im Vordergrund. Auf der einen Seite hat eine Region ihre Angebotsseite zu gestalten, indem sie versucht, sich von anderen zu differenzieren. Hierfür stellt sie ihre eigenen Potenziale heraus und versucht auf diese Weise, das Produkt »Region« bestmöglich und nachhaltig zu gestalten, zu vermarkten und zu kommunizieren.

Auf der anderen, der Nachfrageseite sehen sich Regionen bestehenden und potenziellen Zielgruppen gegenüber: Auf der einen Seite müssen interne Anspruchsgruppen, wie beispielsweise die Bevölkerung oder intraregionale Leistungs- und Entscheidungsträger, von der Richtigkeit ihrer Entscheidung für eine Region überzeugt und langfristig gebunden werden (Manschwetus 1995, S. 39; Meyer 1999, S. 62). Mit Blick auf externe Zielgruppen, zum Beispiel potenzielle Einwohner, Investoren, Arbeitskräfte, Unternehmen und Touristen, steht es oft im Vordergrund, diese auf eine Region überhaupt aufmerksam zu machen und auf die Vorteile eines Standortwechsels hinzuweisen. Diese Überlegungen zeigen, dass Regionen eine Vielzahl von Stakeholdern und ihre heterogenen Interessen und Bedürfnisse befriedigen müssen.

Spezifische Regionalmarketingprojekte können wiederum als weiche Standortfaktoren zur Steigerung des Freizeit- und Naturwertes der Region verstanden werden (Meyer 1999, S. 123; Balderjahn 2004, S. 2365 f.; Ebert 2004, S. 98; Keller 2008, S. 19 ff.). Immer häufiger werden in diesem Kontext auch Artenschutzprojekte über ihre ökologische Bedeutung hinaus für das Regionalmarketing eingesetzt. Im Folgenden wird vorgestellt, ob und wie ein solches Artenschutzprojekt – als spezifisches Regionalmarketingprojekt – für die Imagesteigerung von Regionen eingesetzt werden kann.

Bei dem analysierten Projekt handelt es sich um die Wisent-Welt-Wittgenstein, ein Arten- und Naturschutzprojekt, bei dem eine in der freien Wildbahn nicht mehr vorkommende Tierart im Wittgensteiner Land ausgewildert wird. Siegen-Wittgenstein liegt im Süden Westfalens und ist durch das Rothaargebirge im Norden und den Westerwald im Süden gekennzeichnet. Die Naturnähe der Region stellt einen objektiv messbaren, endogenen Potenzialfaktor und eine Ressource der Region dar (Manschwetus 1995, S. 114 ff.). Beispielsweise ist der Kreis Siegen-Wittgenstein der waldreichste Kreis in Nordrhein-Westfalen, vor den Nachbarkreisen und Konkurrenzdestinationen Olpe und Hochsauerland (IT.NRW 2012a, S. 243 f.; IT.NRW 2012b, o.S.). Mit dem Erfolg des Premiumwanderwegs ›Rothaarsteig‹ läuft seit 2001 ein bis heute andauernder Prozess der Profilierung der Destination Siegerland-Wittgenstein im Wandertourismus (Lindner / Bunzel-Drüke / Reisinger 2006, S. 83; Dreyer / Menzel / Endreß 2010, S. 198 ff.; Rothaarsteigverein 2010, o. S.). Diese Naturnähe und Ursprünglichkeit der Region passt prinzipiell zu einer Wiederansiedlung der ehemals heimischen, wildlebenden Wisente und vice versa. Dieses Arten- und Naturschutzprojekt dient aus diesem Blickwinkel als Inwertsetzung der Kulturlandschaft Siegen Wittgensteins (Fürst / Löb 2005, S. 63 ff.). Das Artenschutzprojekt in Verbindung mit der im Winter 2012/2013 geplanten Auswilderung der Wisente in Siegen-Wittgenstein ist einzigartig in Deutschland und ganz Westeuropa (Nigge / Schulze-Hagen 2004, S. 145; Heup 2006, S. 65 f.; Lindner / Bunzel-Drüke / Reisinger 2006, S. 83).

Im Rahmen solcher Artenschutzprojekte ist die Stakeholder-Perspektive besonders relevant, da die Auswilderung von bedrohten Tierarten nicht nur die planenden Organisationen betrifft, sondern auch die Bevölkerung innerhalb der Region. Insbesondere ist es erforderlich, dass die Bewohner Akzeptanz zu dem Projekt aufbauen, da sie in unmittelbarer Nähe leben. Denkt man beispielsweise an Projekte der (Wieder-)Auswilderung gefährdeter, aber auch in gewissem Sinne gefährlicher Tierarten wie beispielsweise Luchse oder Wölfe, so wird unmittelbar deutlich, dass eine positive Einstellung der Bevölkerung gegenüber diesen Projekte unumgänglich ist. Weiterhin stellt sich die Frage, ob solche Projekte zu einer erhöhten Identifikation der Bevölkerung mit ihrer Region führen können und ob sie eine touristische Attraktionswirkung ausüben können.

## Untersuchungsschwerpunkte

Betrachtet man die alternativen Stakeholder im Kontext von Regionalmarketingprojekten, sind zum einen die Wirkung des Projektes nach innen und zum anderen die Wirkung nach außen von Interesse.

Zur Analyse der Bedeutung und Eignung des Artenschutzprojektes im Hinblick auf die regionale Positionierung wurde eine empirische Untersuchung sowohl innerhalb der Region als auch im Hinblick auf Externe durchgeführt. Um die Wirkung nach innen zu analysieren, wurden Befragungen von 3.854 Personen aus insgesamt 26 Gemeinden, die geografisch um das Artenschutzprojekt herum lokalisiert sind, vorgenommen. Im Vordergrund der Analyse stand dabei, wie sich die (eigene) Bevölkerung gegenüber Regionalmarketingprojekten verhält und ob dadurch die regionale Verbundenheit der Bevölkerung ge-

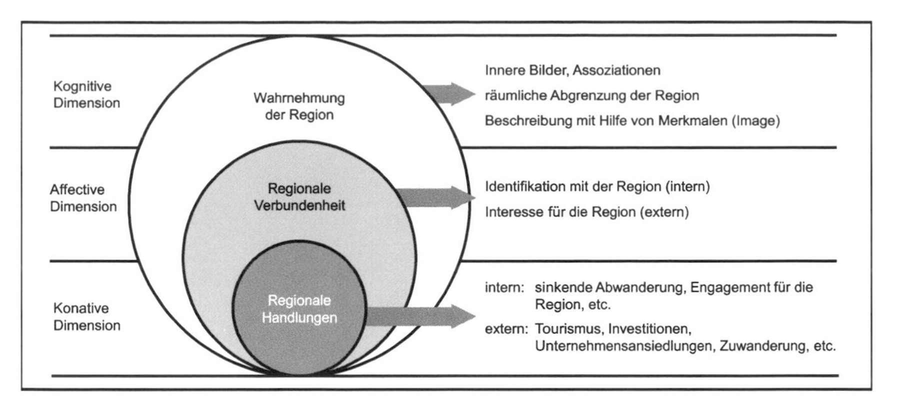


Abb. 1: Image von Regionen. Quelle: Kirchgeorg / Kreller 2000, S. 13

stärkt werden kann. Weiterhin wurde mit einer Befragung von 720 Personen untersucht, inwieweit eine Attraktionswirkung von dem Artenschutzprojekt nach außen ausgeht und Imagesteigerungseffekte der Region als Ergebnis des Artenschutzprojektes mit Blick auf Außenstehende, also Personen, die nicht in der Region leben, bestehen. Die Analyse richtete sich damit auf Aspekte der Wahrnehmung, der Positionierung und Profilierung des Projektes außerhalb der Region.

## Wirkung von Artenschutzprojekten im Regionalmarketing

Die Wahrnehmung des Artenschutzprojektes als Regionalmarketingmaßnahme stellt einen ersten Filter der Einstellungsbildung in der Bevölkerung beziehungsweise bei externen Stakeholdern dar. Erhoben wurden deshalb zunächst Assoziationen, welche die Befragten mit Blick auf die Region selbst bzw. auf das Artenschutzprojekt haben. Dadurch konnten Gemeinsamkeiten, aber auch Unterschiede zwischen Region und Projekt herausgestellt werden, vor allem aber auch Interdependenzen bei der Image-Bildung zwischen der Region und dem Projekt untersucht werden. Die Analyse der Assoziationen ergab, dass ein Großteil der Probanden beiden Beurteilungsobjekten nahezu dieselben Merkmale und Eigenschaften zuweisen. In den Top 3 beider Elemente tauchten vor allem natur- und landschaftsbeschreibende Faktoren auf. Hieran ist zu erkennen, dass das Projekt und die Region gut aufeinander abgestimmt zu sein scheinen.

Weiterhin wurde untersucht, welche Einstellung gegenüber dem Projekt auf der einen und der Region auf der anderen Seite bestehen. Betrachtet wurden vor allem die Sympathie und die Abwägung von positiven und negativen Eigenschaften. Innerhalb der Region wird diese etwas positiver wahrgenommen als von außenstehenden Personen. Die Einstellung gegenüber dem Artenschutzprojekt ist inner- und außerhalb der Region nahezu identisch. Allerdings ist festzustellen, dass interessanterweise gerade die externen Personengruppen eher dazu geneigt sind, das Projekt zu besuchen.

Will man wissen, ob sich Artenschutzprojekte für das Regionalmarketing eignen, so ist vor allem ihre Wirkung auf das konkrete Verhalten der Menschen gegenüber dem Regionalmarketingprojekt, aber auch gegenüber der Region von Bedeutung. Relevante Reaktionen gegenüber dem Projekt beziehungsweise der Region wären beispielsweise die Frequentierung und der Aufenthalt vor Ort oder die Weiterempfehlung innerhalb der Familie sowie des Freundes- und Bekanntenkreises.

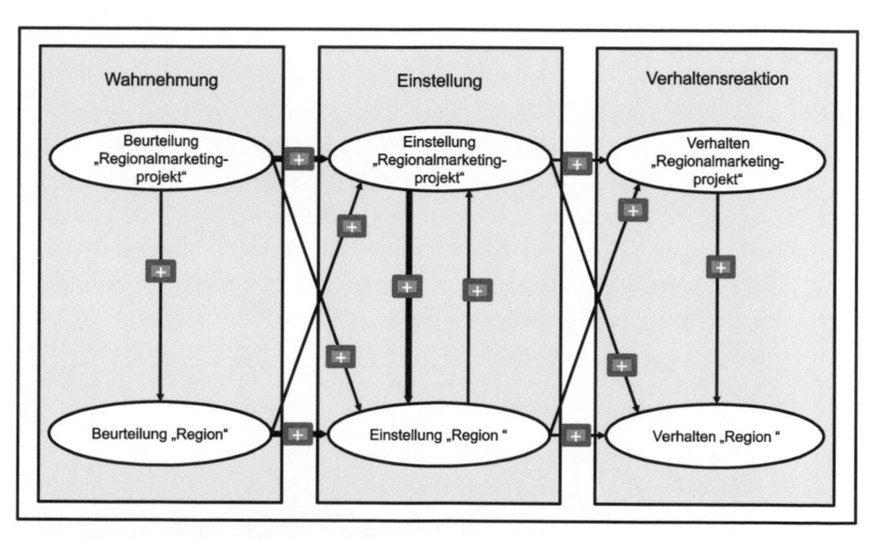


Abb. 2: Das Wirkungsmodell. Quelle: Eigene Darstellung

In Abbildung 2 ist dargestellt, welche Wirkung das betrachtete Artenschutzprojekt entfaltet. Zunächst lässt sich zeigen, dass die Bekanntheit des betrachteten Artenschutzprojektes in der Region selbst erwartungsgemäß höher ist als außerhalb. Dies ist vor allem relevant, weil das Image stark von der Bekanntheit des Projekts beeinflusst wird. Je positiver das Artenschutzprojekt und die Region beurteilt werden, umso positiver ist das Image von Projekt beziehungsweise Region. Interessanterweise wird die Einstellung gegenüber dem Artenschutzprojekt kaum von der Einstellung gegenüber der Region beeinflusst. Scheinbar bilden sich derartige Einstellungen schwerpunktmäßig basierend auf konkreten Beurteilungen des Projektes selbst. Dies bedeutet, dass der Erfolg eines Projektes ortsunabhängig zu sein scheint.

Die Einstellung gegenüber dem Artenschutzprojekt selbst hat wiederum einen substanziellen Einfluss auf die Verhaltensabsicht, also beispielsweise auf die Absicht, sich dieses Projekt selbst anzuschauen beziehungsweise es zu besuchen. Die Analyse zeigt weiterhin, dass ein signifikant positiver Einfluss von der Einstellung gegenüber dem Artenschutzprojekt auf die Einstellung gegenüber der Region ausgeht. Es kann ein positiver Effekt des hier betrachteten Arten- und Naturschutzprojekts auf das Image der Region empirisch nachgewiesen werden. Damit kann die Aussage getroffen werden, dass das Projekt nicht nur die bedrohte Tierart schützt, sondern zusätzlich positive Imageeffekte gegenüber der Region hat. Artenschutzprojekte eignen sich damit offensichtlich als weiche Standortfaktoren. Hingegen kann kein Einfluss der Einstellung gegenüber der Region auf die Einstellung gegenüber dem Artenschutzprojekt festgestellt werden. Wie Artenschutzprojekte beurteilt werden, scheint damit regionenunabhängig zu sein.

Die Region Siegen-Wittgenstein hat mit dem Wisent-Projekt ein bekanntheits- und imageförderndes Regionalmarketingprojekt etabliert, dessen Potenzial im Jahr 2012 auch von der Standortinitiative »Deutschland – Land der Ideen« erkannt wurde. Im Rahmen dieses Wettbewerbes in Kooperation mit der Deutschen Bank werden seit 2006 herausragende Projekte und Ideen, die einen nachhaltigen Beitrag zur Zukunftsfähigkeit Deutschlands leisten, ausgezeichnet. Das Artenschutzprojekt wurde hierbei als Preisträger im bundesweit ausgetragenen Wettbewerb »365 Orte im Land der Ideen« ausgezeichnet und konnte sich somit gegen mehr als 2.000 Mitbewerber durchsetzen. Insbesondere der touristische Zweig des Artenschutzprojektes – die Wisent-Wildnis am Rothaarsteig – hat sich seit ihrer Eröffnung am 20. September 2012 zu einem Besuchermagnet entwickelt: In den vergangenen Monaten besuchten ca. 13.500 Personen die Wisent-Wildnis. Hierbei ist von besonders großem Wert für das Regionalmarketing der Region Siegen-Wittgenstein, dass die Idee und die Umsetzung der Wisent-Welt-Wittgenstein durch Privatpersonen und die Bevölkerung zustande kamen. Hierdurch ist eine schnellere Akzeptanz und Implementierung eines solchen Projektes gewährleistet.

## Fazit

Die vorliegenden Untersuchungsergebnisse zeigen, dass Artenschutzprojekte sich als Regionalmarketingprojekte zur Steigerung des Images von Regionen eignen können. Für die Region und insbesondere für das Regionalmarketing ist der Einfluss der Einstellung gegenüber einem Projekt auf die Einstellung gegenüber der Region ein interessantes Ergebnis: Durch Regionalmarketingprojekte und deren Positionierung können Regionen profitieren und sich Alleinstellungsmerkmale aneignen. Durch gezielte Nutzung dieses Wissens kann eine zielgruppenspezifische Platzierung einer Region erfolgen.

Vor allem der Vergleich von Außenwahrnehmung und Außenwirkung zeigt, dass im Hinblick auf die Wirkung auf externe Zielgruppen der Einfluss des Artenschutzprojekts auf das Image der Region deutlich höher ist als bei der Bevölkerung innerhalb der Region. Scheinbar eignen sich solche Artenschutzprojekte damit weniger, um intern die Identifikation mit der eigenen Region zu erhöhen oder die regionale Verbundenheit zu steigern. Im Gegenteil scheint eher die Attraktionswirkung nach außen eine Rolle zu spielen, um mit derartigen Projekten als weichen Standortfaktoren im interregionalen Wettbewerb zu reüssieren.

Dies funktioniert jedoch nur, wenn die Projekte auch bekannt sind. Festzuhalten ist nämlich auch, dass gerade die Bekanntheit von Regionalmarketingprojekten ausschlaggebend für ihren Erfolg ist. Vor allem Maßnahmen der Bekanntheitssteigerung, zum Beispiel in Form allgemeiner Imagekampagnen, können damit positive Effekte auf die Einstellung und damit auf die Verhaltensabsicht, in die Region zu kommen und/oder das Artenschutzprojekt zu besuchen, bewirken. Gerade in den Anfangsphasen der Etablierung von Regionalmarketingprojekten oder bei geringer Bekanntheit, insbesondere bei den externen Stakeholdern, sollten also Maßnahmen zur Bekanntheitssteigerung nicht nur im Einzugsgebiet, sondern auch außerhalb der Region ergriffen werden.

## Literatur

Balderjahn, Ingo: ›Markenpolitik für Städte und Regionen‹, in: Bruhn, M. (Hg.): *Handbuch Markenartikel.* 2. Aufl., Bd. 3. Wiesbaden 2004, S. 2357–2374.

Dreyer, Axel / Menzel, Anne / Endreß, Martin: Wandertourismus: Kundengruppen, Destinationsmarketing, Gesundheitsaspekte. München 2010.

Ebert, Christian: ›Identitätsorientiertes Stadtmarketing: Ein Beitrag zur Koordination und Steuerung des Stadtmarketing‹, in: Meffert, Heribert (Hg.): *Schriften zu Marketing und Management.* Bd. 50, Diss. Frankfurt a. M. 2004.

Florida, Richard L.: Competing in the Age of Talent: Quality of Place and the New Economy, Report Prepared for the R. K. Mellon Foundation, Heinz Endowments, and Sustainable Pittsburgh. Pittsburgh 2000.

Florida, Richard L.: The Flight of the Creative Class: The New Global Competition for Talent. New York 2007.

Fürst, Dietrich / Löb, Stephan: ›Kulturlandschaften: wachsende Bedeutung für regionalpolitische Strategien‹, in: Thießen, Friedrich / Cernavin, Oleg / Führ, Martin / Kaltenbach, Martin (Hg.): *Weiche Standortfaktoren: Erfolgsfaktor regionaler Wirt-*

*schaftsentwicklung, Interdisziplinäre Beiträge zur regionalen Wirtschaftsforschung.* (Volkswirtschaftliche Schriften 541). Berlin 2005, S. 53–72.

Heup, Jürgen: Bär, Luchs und Wolf: Die stille Rückkehr der wilden Tiere. Stuttgart. 2007.

IT.NRW (Landesbetrieb Information und Technik Nordrhein-Westfalen): ›Die Gemeinden NordrheinWestfalens‹, Ausgabe 2011: *Informationen aus der amtlichen Statistik, Geschäftsbereich Statistik*, https://webshop.it.nrw.de/gratis/ Z049 %20201100.pdf, Stand: 23.03.2012a.

IT.NRW (Landesbetrieb Information und Technik Nordrhein-Westfalen): ›Ein Viertel Nordrhein-Westfalens ist bewaldet: Kirchhundem im Kreis Olpe ist die waldreichste Gemeinde des Landes‹, *Pressemitteilungen IT.NRW*, http://www.it.nrw.de/presse/pressemitteilungen/2012/pres_047_12.html, Stand 21.03.2012b.

Kavaratzis, Mihalis: ›Place Branding: A review of trends and conceptual models‹, in: *The Marketing Review* 2005/4, S. 329–342.

Keller, Kevin Lane: Strategic Brand Management: Building, Measuring, and Managing Brand Equity. 3. Aufl. Upper Saddle River u. a. 2008.

Kirchgeorg, Manfred: ›Identitätsorientierter Aufbau und Gestaltung von Regionenmarken‹, in: Meffert, Heribert / Burmann, Christoph / Koers, Martin (Hg.): *Markenmanagement: Identitätsorientierte Markenführung und praktische Umsetzung.* 2. Aufl. Wiesbaden 2005, S. 589–617.

Kirchgeorg, Manfred / Kreller, Peggy: Etablierung von Marken im Regionenmarketing – eine vergleichende Analyse der Regionennamen »Mitteldeutschland« und »Ruhrgebiet« auf der Grundlage einer repräsentativen Studie. Leipzig 2000.

Kotler, Philip / Haider, Donald / Rein, Irving: Standort-Marketing: Wie Städte, Regionen und Länder gezielt Investitionen, Industrien und Tourismus anziehen. Düsseldorf u. a. 1994.

Lindner, Uwe / Bunzel-Drüke, Margret / Reisinger, Edgar: Vorstudie zum E+E-Vorhaben »Wiederansiedlung von Wisenten im Rothaargebirge«, TAURUS Naturentwicklung e.V., Frankfurt am Main 2006, Z 1.3–892 11–4/05.

Manschwetus, Uwe: Regionalmarketing: Marketing als Instrument der Wirtschaftsentwicklung. Wiesbaden 1995.

Meyer, Jörn-Axel: Regionalmarketing: Grundlagen, Konzepte, Anwendung. München 1999.

Nigge, Klaus/Schulze-Hagen, Karl: Die Rückkehr des Königs: Wisente im polnischen Urwald. Steinfurt 2004.

Rothaarsteigverein e.V.: Der Rothaarsteig: Weg der Sinne, Zahlen & Daten im Überblick, Presseinformation, 08.06.2010, http://www.rothaarsteig.de/fileadmin/kundenbereich/Dokumente/Presseinfos/Basisinformationen/PI%20Rothaarsteig%20 Zahlen%20 %20 Daten%202010.pdf, Stand: 24.03.2012.

Projektleitung: *Uschi Huber*

## Fotografische Arbeiten von Studierenden des Departments Kunst / Fotografie der Universität Siegen *Nina Stein, Joanna Hinz, Lena Lumberg, Kai Gieseler, Maria Vetter, Natalie Varmeenen*

Nina Stein
ohne Titel, 2012

Joanna Hirsch
›Rosa‹, 2012

Lena Lumberg,
›Katrineholm, Halver‹, 2012

Kai Gieseler
Aus der Fotoserie ›Stillgestanden‹, 2012
Truppenübungsplatz, Siegen-Trupbach

Maria Vetter
›Heimat – fotografische Erinnerungsräume‹
fortlaufende Arbeit

Natalie Varmeenen
›Nebel über Eiserfeld‹, 2012
›Eiserfelder Brücke‹, 2012

KÜHL FRISCH
Die Servierplatte, die von innen mit 2 Kühlakkus
und bis zu 4 Stunden frisch hält
5-teilig
KÜHLPI
PHILIPS
ja!
DEKOR-WAFFELAUTOMAT

Thomas Heupel & Gero Hoch

# Auf leisen Sohlen an die Weltspitze – Zur Vorbildeignung der Erfolgsstrategien regionaler Weltmarktführer

## 1 Die Top-Unternehmen der Region als mögliche Vorbilder

Kleine und mittlere Unternehmen agieren heute anders als noch vor fünfzig Jahren. Lagen die Absatzmärkte vor einigen Jahrzehnten noch im Radius von wenigen hundert Kilometern Entfernung zur Kirchturmspitze, so sind heute auch Mittelständler längst über die Landesgrenze hinaus teilweise weltweit aktiv. Märkte wandeln sich dynamisch, Wertschöpfung wird heute global verteilt erzeugt und die Anpassungsfähigkeit sowie die Innovationsraten sind erfolgsentscheidend. Siegen-Wittgenstein als bedeutender Teil Südwestfalens ist, wie die Region insgesamt, gekennzeichnet durch eine deutschlandweit verglichen sehr niedrige Arbeitslosigkeit[1] und eine gesunde, von Familienunternehmen dominierte Wirtschaft mit leistungsstarken Firmen. Diese haben sich in den letzten Dekaden teilweise still und leise an die Weltspitze bewegt. Im Schatten der großen und allseits bekannten Official Equipment Manufacturer (OEM) haben sie sich zum Beispiel als Zulieferer in Deutschland profiliert – aber auch als Begleiter der Konzerne in Polen, Tschechien, Litauen und China erfolgreich als Wertschöpfungspartner angesiedelt. Es sind Unternehmen der Region, die Bauteile für die weltweite Automobilindustrie (zu-)liefern oder Spezialmaschinen in (fast) alle Länder der Welt versenden. Als in jüngster Zeit hervorgetretenes Beispiel lässt sich die Firma Mennekes Elektrotechnik aus Kirchhundem anführen, die mit ihrem Ladestecker für Elektrofahrzeuge seit Anfang 2013 die europäische Norm setzt.[2]

Hermann Simon hat viele dieser regional verankerten, aber weltweit agierenden Unternehmen als »Hidden Champions« gekennzeichnet, darunter auch Achenbach Buschhütten, die Invers GmbH und die Utsch AG.[3] 2012 wurden

1 Vgl. Die Arbeitslosenquote in der Region Siegen-Wittgenstein liegt bei 2,5 %. Vgl. Hoch / Heupel (2012), S.21.
2 Vgl. Giersberg (2012), S. 1 – 2.
3 Vgl. Simon (2012), S. 87 – 89 (Achenbach fertigt Aluminium Walzwerke, Invers Carsharing-

zuletzt von der Zeitschrift Südwestfalen Manager die 100 besten Unternehmer der Region gelistet, die zusammen einen Gesamtumsatz von rund 57 Milliarden Euro erzielen und 262.162 Mitarbeiter beschäftigen.[4] Diese beiden (Größen-) Kennziffern – in einer Gewichtung von 60 % nach Umsatz und 40 % nach Beschäftigtenzahl – sind Basis des Rankings der erfolgreichen Unternehmerpersönlichkeiten und ihrer Unternehmen.[5]

Was kennzeichnet diese Unternehmen? Mit welchen spezifischen Strategien hat ihr Management sie an die Weltspitze geführt? Der vorliegende Beitrag untersucht aus betriebswirtschaftlicher Perspektive, inwieweit die Ergebnisse der empirischen Arbeiten Simons über den Kreis der »Hidden Champions« hinaus typisch sind für die 100 südwestfälischen Spitzenunternehmen und sich als Vorbild eignen für die Entwicklungspfade anderer heimischer Unternehmen und solchen in ähnlich mittelständisch geprägten Regionen.

## 2 Von der strategischen Basisplanung zu Simons Supernische

Durch Henry Mintzberg ist bekannt, dass sich erfolgreiches Managen im Dreieck zwischen Kunst, Handwerk und angewandter Wissenschaft abspielt.[6] Dabei stehen die Kunst für Visionen, für kreative Ideen, das Handwerk für Erfahrung und Lernfähigkeit und die Wissenschaft für Analyse und systematisches Vorgehen.[7]

Aus wissenschaftlicher Sicht haben sich verschiedene Autoren, angefangen bei Igor Ansoff 1965[8], sehr umfassend der erfolgreichen Führung und Entwicklung von Unternehmen zugewandt und Erfolgsstrategien formuliert.[9] Die neuere Managementliteratur unterscheidet die generischen Strategiealternativen Porters, der den Erfolg von Unternehmen auf die Kostenführerschaft, die Differenzierung sowie die Nischenpolitik (Fokussierung) zurückführt.[10]

Mit Hilfe der Strategie der Kostenführerschaft versuchen Unternehmen, einen komparativen Kostenvorsprung vor der Konkurrenz zu erreichen, indem sie zu besonders günstigen Preisen ihre Produkte am Markt anbieten. Diese Unternehmen liefern Produkte mittlerer Art und Güte zu vergleichsweise

Systeme, Utsch Kfz-Schilder, alle drei sind in und um Siegen angesiedelt, Weltmarktführer und typische Hidden Champions in Simons Verständnis).

4 Vgl. Olschewski / Hähner / Strobles (2012), S. 22 – 58.

5 Vgl. Olschewski / Hähner / Strobles (2012), S. 24.

6 Vgl. Mintzberg (2010), S. 23.

7 Vgl. Mintzberg (2010), S. 24; bereits 2005 erstmals von Mintzberg so verwendet (vgl. ebd.).

8 Vgl. Müller-Stevens / Lechner (2005), S. 11 – 12

9 Vgl. Produkt-Markt-Strategie nach Ansoff in: Fischer / Möller / Schultze (2012), S. 169 – 171.

10 Vgl. Porter (1989), Porter (2004) sowie Hungenberg (2012), S. 199 – 201.

niedrigen Kosten und realisieren zum Beispiel über Größendegressionseffekte auskömmliche Gewinne. Der niedrige Preis stellt somit sowohl für den Konsumenten als auch für das produzierende Unternehmen einen Erfolgsfaktor im Wettbewerb dar. Dies erfordert aber den Einsatz effizienter Produktionsanlagen, eine strikte Kontrolle der direkten und indirekten Kosten sowie das Vermeiden von nicht wertschöpfenden Tätigkeiten. Das Unternehmen muss über strukturelle Kostenvorteile oder effizientere Entwicklungs-, Produktions- und Vermarktungsprozesse als die Wettbewerber verfügen.[11]

Die zweite Strategieoption Porters – die Differenzierung – zielt auf die Ausbildung von Alleinstellungsmerkmalen. Unternehmen grenzen dabei ihr Produkt oder ihre Dienstleistung von denen anderer Anbieter mit eigenständigen Leistungskriterien ab. Für diesen Mehrwert ist der Kunde dann auch bereit, einen deutlich höheren Preis zu zahlen. Es sind bestimmte, gegenüber den Kunden erfolgreich kommunizierte, in der Regel technisch messbare Produkt- oder Angebotseigenschaften, die beim Konsumenten den Ausschlag zur Kaufentscheidung geben. Diese Alleinstellung ist über eine besondere Qualität, einen besonders hohen Grad an Innovation oder eine besondere Produktausstattung zu erzielen. Auch ein umfassendes Händler- und Servicenetz zählt zu den objektiv wahrnehmbaren Mehrwerten der Leistung.[12]

Üblicherweise bedingt die Differenzierung aber erhebliche Investitionen in Forschung und Entwicklung, zur Verbesserung des Produktdesigns, zur Schaffung von Produkt- oder Prozessinnovationen, zum Testen neuer Materialien und zur Steigerung der Qualität.[13] Dies können sich gleichfalls nur die größeren, kapitalstarken Unternehmen leisten, so dass sich für den klassischen Mittelstand eine andere Strategie anbietet: Porters dritte Strategieofferte lautet »Fokussierung«. Die Konzentration auf Schwerpunkte oder Nischenpolitik eignet sich speziell für den Mittelstand und gibt ihm die Möglichkeit, im Schutz von Markteintrittsbarrieren zu wachsen.[14]

Diesen Weg haben viele Mittelständler in Südwestfalen gewählt. Viele der heute als Top-Unternehmen herausgestellten Firmen haben sich zur Bedienung von Nischenmärkten entschieden und haben hier »im Verborgenen« technische Spitzenleistungen generiert, die von großen Unternehmen gerne zugekauft werden. Vor diesem Hintergrund hat der Begriff »Hidden Champion« seine Berechtigung. Die Wiege und das Wachstum der Mittelständler liegt im Verborgenen und auch bei mehreren hundert Millionen Umsatz sind die Firmen-

---

11 Vgl. Porter (1989), S. 32, Porter (2004), S. 35.
12 Vgl. Porter (2004), S. 37 ff.
13 Vgl. Porter (2004), S. 41.
14 Vgl. Porter (2004), S. 38; Wallau (2006).

namen der Nischen-Weltmarktführer Südwestfalens einer breiten Öffentlichkeit kaum bekannt.

Viele der 100 südwestfälischen Spitzenunternehmen sind ihrer Zielgruppe »Business to Business« aber durchaus ein Begriff und das weit über Deutschland hinaus. Auch werden sie inzwischen von Arbeitnehmern außerhalb der Region durchaus als potenzielle Arbeitgeber wahrgenommen und sind Entwicklungspartner in weltweiten Supply Chains. Aus diesem Grunde erscheint der bekannte Begriff Hidden Champions nicht mehr voll zutreffend. Als eher treffend wird hier auch der Begriff »regionaler Weltmarktführer« verwendet, da die regionale Verankerung die Abgrenzung zu Großkonzernen verdeutlicht. Simons Thesen zur erfolgszentrierten Entwicklung eines Hidden Champion-Unternehmens sind gleichwohl zentral für die weitere Betrachtung und die von Porter identifizierte Nischenstrategie wird dort zur »Supernische« weiterentwickelt.

Sowohl die Ausgangs-Nischenstrategie Porters, als auch die Spezialisierung in der Nische zur Supernische beinhalten die Fokussierung von Marktnischen und fordern somit die Orientierung an einer bestimmten Personengruppe, einem sehr engen Absatzprogramm oder einem geographisch abgegrenzten Markt. Im Gegensatz zur Strategie der Kostenführerschaft und Differenzierung ist es hier das Ziel des Unternehmens, nur ein enges Segment zu bedienen, was kleine und mittlere Unternehmen mit ihrer reduzierten Kapitalausstattung deutlich besser leisten können.

Diese Konzentration auf ein spezielles Marktsegment mildert zumeist auch den ansonsten harten Wettbewerbsdruck. Mit ihrer Flexibilität und dem »Ohr am Kunden« können kleine und mittlere Unternehmen individuellere Lösungen auf nahezu perfekte Weise stiften. Gepaart mit einem hervorragenden Kundenservice, einer hohen Produktivität, Qualitätskontrollen für Produkte und Dienstleistungen sowie einer hohen Identifikation des Verkaufspersonals mit dem Unternehmen sind weitere Voraussetzungen gegeben, die hiesige Mittelständler mit überdurchschnittlichem Wachstum an die Weltspitze führen.

## 3 Simons Hidden Champions – Thesen aus südwestfälischer Perspektive

Was bei Porter als singuläre Strategieoption formuliert wird, fächert Hermann Simon auf. Er stellt in seinen Werken »Die heimlichen Gewinner«[15], »Die Hidden Champions des 21. Jahrhunderts«[16] und »Aufbruch nach Globalia«[17] im Kern die

15 Vgl. Simon (1996).
16 Vgl. Simon (2007).
17 Vgl. Simon (2012).

nachfolgend dargestellten und empirisch gestützten Handlungsmuster fest. Bei näherer Betrachtung ist festzustellen, dass für nahezu alle Thesen auch Unternehmen der Region Südwestfalen, wie die schon genannten Firmen Achenbach Buschhütten, Invers GmbH und Utsch AG, sowie zahlreiche weitere, wie SMS Siemag AG[18], als Beispiele angeführt sind. Darüber hinaus scheint von Interesse, inwieweit andere Mittelständler den festgestellten Erfolgsstrategien folgen. Viele der nachfolgend angeführten Unternehmen sind der engeren Definition von KMU entwachsen. Womöglich eignen sie sich als Beispiel für Unternehmen, die einen solchen Entwicklungsprozess noch vor sich haben. Simons bis zu 18 Einzelthesen[19] sollen bei der Untersuchung zu thematischen Gruppen zusammengefasst werden.

## 3.1 Themenkomplex »Supernische«

Als typisch für »Hidden Champions« gilt Marktführerschaft in engen Marktsegmenten. Sie konzentrieren sich in der – durch Markteintrittsbarrieren geschützten – »Supernische« auf ihre Kernkompetenzen und vermeiden Ablenkungen oder Verzettelungen. Beispielsweise fertigen sie ihre Maschinen selbst, um das Fertigungs-Know-how nicht an einen Maschinenbauer abzugeben, der in der Folgezeit die Konkurrenz mit Maschinen versorgen kann. Für solche Unternehmen lohnen sich hohe Anfangsinvestitionen, die aber bei einem Nischenmarkt auch für Mittelständler überschaubar bleiben. Somit werden die Fokussierung und die Differenzierung sinnvoll verbunden. Betrachtet man dazu nur die ersten zehn der Top-Unternehmen der Region (Abbildung 1), so finden sich hier mit den Firmen Hella KGaA Hueck & Co (Platz 1), Otto Fuchs KG (Platz 4), Leopold Kostal GmbH & Co. KG (Platz 5), Kirchhoff Automotive (Platz 6), Mubea – Muhr & Bender KG (Platz 8) gleich fünf Unternehmen unter den ersten zehn südwestfälischen Top-Unternehmen. Der Spitzenreiter Hella ist mit 4,8 Mrd. Euro Umsatz, 27.000 Mitarbeitern und mit 70 Standorten in mehr als 30 Ländern führend in den Bereichen »Licht«, »Elektronik« und »Aftermarket«. Als Entwicklungspartner und damit Tier-1 Unternehmen produziert das Unternehmen »auf Augenhöhe« zu allen Automobilherstellern weltweit. In jahrzehntelangen Kooperationen wurde ein Know-how aufgebaut, das von Mitwettbewerbern nicht in kurzer Zeit eingeholt werden kann. »Wir entwickeln und fertigen für die Automobilindustrie Lichttechnik und Elektronikprodukte und verfügen über eine der größten Handelsorganisationen für Kfz-Teile und

18 Vgl. Simon (2007), S. 340
19 Vgl. Simon (2012), S. 11–13 (18 wichtigste Lehren), Simon (2007), S. 401–407 (8 Lehren)

Zubehör in Europa.«[20] Aber auch die Produkte von Otto Fuchs sind Automobilisten seit Jahrzehnten bekannt. Von dort kamen die ersten Alufelgen, die bei Porsche und Mercedes auf sportliche Automobile geschraubt wurden: »Vor mehr als fünf Jahrzehnten war OTTO FUCHS eines der ersten Unternehmen, das für die Automobilindustrie geschmiedete Bauteile aus Aluminium- und Kupferlegierungen produziert hat. Dieser Vorsprung konnte bis heute nicht nur gehalten, er konnte sogar noch ausgebaut werden.«[21]

Beide Beispiele zeigen, dass es die nahezu symbiotische Partnerschaft zwischen OEM und Zulieferer ist, die hier den Erfolg generiert. Technologieführerschaft mit Entwicklungskompetenz führen dazu, dass der Preis nicht mehr das alleinige Verhandlungsmoment darstellt. In einer Automotivebranche, die noch mehr von der Wertschöpfung auf ihre Zulieferer verlagert, sind kompetente Nischenspezialisten zunächst geschützt. Die Wirtschaftskrise hat aber zugleich gezeigt, dass diese mit ihrer sehr engen Produktprogrammpolitik zyklischen Marktschwankungen ausgesetzt sind. Sinkt der Automobilabsatz so stark, wie derzeit in Europa, so geht auch das Absatzvolumen dieser Spezialisten zurück. Daher liegt nahe, konjunkturelle Schwankungen in einer Wirtschaftszone mit Umsätzen in anderen Kontinenten auszugleichen.

| **Rang 2012** | **Rang 2011** | **Unternehmen** | **Geschäftsführung / Vorstand** | **MA*** | **Umsatz**** |
|---|---|---|---|---|---|
| 1 | 1 | Hella KGaA Hueck & Co. | Dr. Jürgen Behrend, Dr. Rolf Breidenbach | 27.000 | 4.800,00 |
| 2 | 2 | Douglas Holding AG | Dr. Henning Kreke, Dr. B. Bamberger, A. Giesen | 24.323 | 3.378,80 |
| 3 | 4 | SMS Group | Dr. Heinrich Weiss | 10.477 | 3.070,00 |
| 4 | 3 | Otto Fuchs KG | Dr. Ing. Hinrich Mählmann | 9.020 | 3.032,00 |
| 5 | 5 | Leopold Kostal GmbH & Co. KG | Andreas Kostal, Helmut Kostal | 13.505 | 1.623,00 |
| 6 | 11 | Kirchhoff Automotive | A. G. Kirchhoff, Dr. J. W. Kirchhoff, R. Spindeldreher | 9.850 | 1.350,00 |
| 7 | 7 | Grohe AG | David J. Haines | 8.700 | 1.165,00 |
| 8 | 8 | Mubea-Muhr & Bender KG | Dr.-Ing. Thomas Muhr | 7.300 | 1.160,00 |
| 10 | 6 | Vossloh AG | Werner Andree, Dr.-Ing. Norbert Schiedeck | 5.000 | 1.200,00 |
| 11 | 10 | Demag Cranes & Components | Aloysius Rauen, Lawerence Kockwood | 6.115 | 1.062,30 |
| 13 | 39 | SSi Schäfer Holding[1] | Gerhard Schäfer, Klaus Tersteegen | 5.500 | 970,00 |

20 Vgl. http://www.hella.com
21 Vgl. http://www.otto-fuchs.com

*(Fortsetzung)*

| Rang 2012 | Rang 2011 | Unternehmen | Geschäftsführung / Vorstand | MA* | Umsatz** |
|---|---|---|---|---|---|
| 14 | 14 | Michael Brücken Kaufpark | Günter Zeitz, Christian Schneider | 5.693 | 867,06 |
| 19 | 18 | VIEGA GmbH & Co. KG[1] | Heinz-Bernd Viegener, Walter Viegener | 3.000 | 769,60 |
| 21 | 21 | C.D. Walzholz GmbH & Co. KG | Dr.-Ing. H.-T. Junius, Dr.-Ing. Buddenberg, Dr. M. Gierse | 1.900 | 800,00 |
| 25 | 26 | Warsteiner Brauerei | Albert Cramer †, Catharina Cramer | 2.400 | 522,00 |
| 26 | 29 | Turck Holding GmbH | Markus Turck, Christian Wolf, Ulrich Turck, W. Turck | 3.100 | 430,00 |
| 33 | 33 | Europart Holding AG | Horst Geiger, Andreas Rode | 1.600 | 420,00 |
| 35 | 35 | Ejot Holding GmbH & Co. KG | Christian F. Kocherscheidt, W. Bach, W. Schwarz | 2.260 | 331,00 |
| 41 | 36 | Krombacher Brauerei | Familie Schadeberg | 866 | 649,80 |
| 47 | 48 | Nordwest Handel AG | Jürgen Eversberg, Annegret Franzen, Peter Jüngst | 271 | 2.012,60 |
| 75 | 72 | Erich Utsch AG | H. Jungbluth, Dr. W. Bilger, M.-A. Utsch, S. Wüstefeld | 530 | 275,00 |
| 86 | 79 | Jürgens GmbH | Franco Berletta, Frank Döhning | 560 | 230,00 |
| 90 | NEU | Brülle & Schmeltzler[1] | Gerhard Brülle, Allan Brülle | 780 | 134,00 |
| 94 | NEU | BALD Automobilgesellschaft mbH | Harald Gayk, Hans-Hinrich Schultz | 450 | 200,00 |
| 95 | NEU | Friedhelm Dornseifer | Friedhelm Dornseifer, P. Dornseifer, J. Dornseifer | 1.000 | 97,60 |
| >100 | 92 | Mennekes Elektrotechnik[2] | Walter Mennekes, Christoph Mennekes | 800 | 100 |

* Anzahl der Mitarbeiter, ** Umsatz in Millionen, [1] Angaben von Creditreform (z. T. keine Auslandsumsätze berücksichtigt), [2] Angaben aus Rangliste 2011; Südwestfalen Manager Heft 9 (2011)

Abb. 1: Auszug Top-100 Unternehmer Südwestfalens[22]

22 Vgl. Olschewski / Hähner / Strobles (2012), S. 26 (Tabelle modifiziert und verkürzt auf hier beispielhaft verwendete Unternehmen).

### 3.2 Themenkomplex »Globalisierung«

Nach der zentralen These in Simons neuem Werk »Aufbruch nach Globalia« stehen wir erst am Anfang der Globalisierung und haben eine erhebliche Wegstrecke dieses als Megatrend beurteilten Phänomens noch vor uns.[23] Dabei werden die USA und Europa auch weiterhin eine bedeutsame Rolle spielen und 2025 immer noch die größten Wirtschaftsräume darstellen. China, das bereits die Aufmerksamkeit vieler Mittelständler erfahren hat, wird die drittgrößte Wirtschaftsregion bilden. Durch die Verdopplung der Bevölkerung Afrikas bis zum Jahr 2050 wird aber auch die Bedeutung dieses Kontinents langfristig zunehmen und Deutschland kann durch seine geostrategische Position hier eine bedeutsame Rolle spielen.[24] Vor dem Hintergrund seiner von Kleinstaaten geprägten Geschichte, nach der es die Deutschen als Vielvölkerstaat in Europa schon immer gewohnt waren, über Landes- und über Währungsgrenzen hinweg zu handeln, wird sich diese Eigenschaft weiterhin als Stärke erweisen.[25]

Die Top-Unternehmen Südwestfalens widmen sich dem Thema Globalisierung schon lange. Sie haben erkannt, dass Produkte, die in Deutschland in einem fortgeschrittenen Teil ihres Lebenszyklus stehen, in Schwellenländern noch einen »zweiten Frühling« erleben können. Erfolgreiche Unternehmen produzieren nicht nur und nicht hauptsächlich aus komparativen Lohnkostenvorteilen in diesen Ländern, sondern sehen in den erweiterten Regionen vor allem neue Absatzmärkte und sichern hier nachhaltig das Unternehmenswachstum. Diese Unternehmen haben mit der Osterweiterung Europas und den BRIC-Staaten neue Absatzmärkte erschlossen. Während andere Unternehmen in der Globalisierung ein Risiko sehen, haben es viele der Top-Unternehmen verstanden, eine echte Wachstumschance darin zu sehen, ihren guten Namen auf dem angestammten Markt auch weltweit zu verwerten. Spezialmaschinenhersteller, die OEM beim Serienanlauf mit Spezialmaschinen versorgen, oder auch Modullieferanten können hier eine Zweitverwertung zur Deckungsbeitragsoptimierung in den Emerging Markets proaktiv angehen. Anzuführen für diese These sind nahezu alle der 100 südwestfälischen Top-Unternehmen. Kaum einer fertigt nur in Deutschland. So verfügt Hella (Platz 1) über 70 Standorte in 30 Ländern , die SMS (Platz 2) ist mit 42 Firmen in 5 Kontinenten aktiv und Grohe (Platz 7) hat bei 130 Präsenzen 6 weltweite Fertigungsstätten – um nur drei ausgewählte der ersten 10 zu nennen. Die damit verbundene Schlagkraft beschreiben zwei Zitate:

23 Vgl. Simon, (2012), S. 14.
24 Vgl. Simon, (2012), S. 11.
25 Vgl. Simon, (2012), S. 57.

(1) »Die SMS Group [Platz 2] vereint die Flexibilität mittelständisch agierender Unternehmenseinheiten mit den Ressourcen eines internationalen Verbunds, der auf die kontinuierliche Aus- und Weitebildung und das Erfahrungswissen seiner Mitarbeiter, eine wegweisende Technische Entwicklung, eigene Fertigungseinrichtungen und das Know-how eines Systemanbieters einschließlich der Elektrik und Automation und dem Service setzt.«[26]
(2) »Die Vossloh-Gruppe [Platz 10] ist mit ihren Tochtergesellschaften weltweit vertreten. So sind wir immer nah bei unseren Kunden, um deren Bedürfnisse frühzeitig zu erkennen. Während wir auf den etablierten europäischen Bahnmärkten zu Hause sind, bauen wir verstärkt unsere Präsenz auch an den sich dynamisch entwickelnden Märkten in Asien, in den USA, in Südamerika, den MENA-Staaten und Russland aus. Durch die konsequente Internationalisierung wollen wir kontinuierliches und wertorientiertes Wachstum sichern und unsere marktführenden Positionen weiter stärken.«[27]

Die Spezialisierung in Produkt und Know-how wird demnach mit weltweiter Vermarktung kombiniert: Viele Unternehmen bauen ausgereifte Komponenten sowie auch Fertigungsmaschinen, die keine großen technologischen Fortschrittssprünge mehr realisieren können und die aufgrund ihrer guten Qualität auch nur höchst selten zu einer Ersatzbeschaffung beim Kunden führen.

### 3.3 Themenkomplex »Innovationskraft«

Die »Hidden Champions« sind hochinnovativ, sowohl im Produkt als auch im Prozess. Durch kontinuierliche Innovationen verteidigen sie ihre Position. Markt und Technik sind für sie gleichwertige Antriebskräfte. Schwer nachahmbare interne Kompetenzen profitieren von einer klaren Wettbewerbsorientierung, die mehr auf Differenzierung als auf Kostenvorteile zielt. Stetige Innovation ist die Triebfeder des Erfolges. So ermittelte die Wirtschaftsuniversität Wien, dass erfolgreiche deutsche Unternehmen mehr als 50 % ihres Umsatzes und knapp 60 % ihres Gewinns mit Produkten erzielen, die nicht älter sind als drei Jahre.[28] Zwar haben kleine und mittlere Unternehmen keine großen und eigenständigen Entwicklungsabteilungen, aber das »Ohr am Kundenwunsch« erzeugt hier die »Innovation zwischen den Werkbänken«. Ein Zitat von Arndt G. Kirchhoff (Platz 6) macht dies deutlich: »Wir bewegen Zukunft, seit vier Ge-

26 Vgl. http://www.sms-group.com
27 Vgl. http://www.vossloh.com/de/vossloh_group/profil/profil.html
28 Vgl. Frank (2004), S. 4

nerationen, seit 225 Jahren. Die KIRCHHOFF Gruppe hat es sich zum Ziel gesetzt, Mobilität für Menschen zu schaffen. Für Menschen weltweit. Sichere Mobilität für Hersteller und Nutzer von Automobilen. Individuelle Mobilität für alle Personen mit Mobilitätseinschränkungen. Innovative Mobilität für Betreiber, Fahrer und Lader von Abfallsammel-, Straßenreinigungs- und Kanalpflegefahrzeugen und damit Freiraum für Mobilität in einer sauberen Umwelt. Ergonomie für Menschen, die mit Handwerkzeugen die Perfektion im Griff haben. Mobilität und Zukunft für unsere Kunden, unsere Mitarbeiter und Auszubildenden weltweit, unsere Familien.«[29]

Auch die Turck Holding (Platz 26) bringt es auf den Punkt: »Die Kleinen jagen die Großen. Der Mittelstand treibt mit seinen Innovationen die Kapitalgesellschaften vor sich her. Aus dieser Überzeugung macht Werner Turck keinen Hehl. Mittelständische Unternehmen geben in der Automatisierung den Ton an, und die Großen rennen hinterher, findet der Seniorchef der Werner Turck GmbH aus Halver.«[30]

### 3.4 Themenkomplex »Kundenorientierung«

Erfolgreiche Unternehmen zeichnet große Kundennähe aus[31], insbesondere zu den Top-Kunden. Die Kundennähe ist nach Simons empirischen Erkenntnissen die größte Stärke der Hidden Champions noch vor der Technologie. Sie stehen in scharfer Konkurrenz zu ihren Mitbewerbern. Als besonders wichtige neue Wettbewerbsfaktoren werden Beratung und Systemintegration genannt. Erfolgreiche Mittelständler leben in geradezu »symbiotischer« Weise mit ihren Kunden zusammen. Sie erahnen oft schon heute, was die Abnehmer ihrer Produkte morgen von diesen verlangen. Auf diese Weise kann sehr zielgerichtet und mit einem überschaubaren Risiko in Forschung und Entwicklung investiert werden. Überdies ist man als Systemlieferant des Kunden nicht kurzfristig ersetzbar und kann sich voll und ganz auf die Innovations- und Leistungskomponente konzentrieren. Die Kundennähe ist insbesondere zentraler Erfolgstreiber bei den Handelsunternehmen. Auf Platz 2 liegt hier die Douglas Holding. Folgendes Zitat kennzeichnet ihre Konzentration auf den König Kunden: »Die Zufriedenheit unserer Kunden ist unser wichtigstes Unternehmensziel. Ob in unseren Fachgeschäften oder in unseren Online-Shops: Wir schaffen eine Einkaufsatmosphäre, die alle Sinne unserer Kunden anspricht. Wir beraten und

29 Vgl. http://www.kirchhoff-gruppe.de
30 Vgl. http://www.turck.de/de/articles pdf/KM 03 2004 Turck.pdf
31 Vgl. Ziegenbein (2012), S. 286 (»das einzig wahre Profit Center im Unternehmen ist der Kunde«).

bedienen leidenschaftlich gern, denn wir wollen die Wünsche unserer Kunden erfüllen, ihr Vertrauen gewinnen und ihnen das Leben etwas schöner machen: Tag für Tag, an jedem Standort, in jedem Land, mobil und im Internet. Herausragender Service, erstklassige Sortimente und ein erlebnisorientiertes Ambiente – daran arbeiten wir täglich in allen Bereichen unseres Unternehmens.«[32]

Weitere wichtige Handelsunternehmen in Südwestfalen sind Michael Brücken Kaufpark GmbH &Co. OHG (Platz 14), Europart Holding GmbH (Platz 33), Nordwest Handel AG (Platz 47), Rosier (Platz 56), Jürgens GmbH (Platz 86), Brülle & Schmeltzer GmbH & Co. KG (Platz 90), Bald AG (Platz 94), Friedhelm Dornseifer (Platz 95).

Eine partnerschaftliche Entwicklung, bei der der Kundenwunsch bereits in der Konstruktionsphase das spätere Produkt des Zulieferers determiniert, ist natürlich auch für die produzierende Wirtschaft wichtig. Beispielhaft können dies die Statements der Firmen EJOT (Platz 35) und Mubea (Platz 8) sowie Viega (Platz 19) verdeutlichen:

(1) EJOT: »Gemeinsam mit unseren Kunden analysieren wir die konkrete Anwendungssituation und leiten daraus qualitativ überzeugende und besonders wirtschaftliche Lösungen ab. Das beginnt mit der optimalen Konstruktion eines Befestigungspunktes oder -elementes bzw. der Bauteilgestaltung. Dabei wird bereits die spätere Montage ggf. Demontage berücksichtigt. Ständiger Datenaustausch und fortlaufende Kommunikation sind unabdingbare Voraussetzungen für schnelle Entwicklungsprozesse.«[33]

(2) Viega: »Innovativ sein bedeutet in Bewegung bleiben. Bei allem, was wir entwickeln, gilt: Nach der Idee ist vor der Idee. Und das aus Prinzip. Denn konstante Leistung und verlässliche Innovationskraft sind seit mehr als 100 Jahren das Geheimnis unseres Erfolges. Dreh- und Angelpunkt allen Engagements ist dabei immer die Zufriedenheit unserer Kunden. Sie ist Inspiration und Ansporn zugleich. Die Erfindung der Kupferpresstechnik als auch die Entwicklung der SC-Contur stellen dies überzeugend unter Beweis. Wir wollen es unseren Kunden leicht machen. Einen Anspruch stellen wir an jede Innovation: Sie muss unseren Kunden einen deutlichen Mehrwert bieten: eine schnellere Installation, eine höhere Kompatibilität, längere Wartungsintervalle – kurzum alles, was Viega als Partner attraktiv macht. Unsere Mitarbeiter haben diese Maxime verinnerlicht und bringen ihre ganze Kreativität ein, um genau das zu erreichen. Deshalb investieren wir auch konsequent in unsere Forschungs- und Entwicklungszentren, da hier

32 Vgl. http://www.douglas-holding.de/index.php?id=515
33 Vgl. http://www.ejot.de/ejot.de/Partnerschaftliche_Entwicklung_&_Service-5052.htm

genau das entsteht, was die Marke Viega einzigartig macht: Produkte, die Maßstäbe setzen.«[34]

(3) Mubea: »Ob Europa, Amerika oder Asien – Mubea beliefert alle weltweiten Automobilhersteller. Wir entwickeln unsere Produkte in enger Zusammenarbeit mit unseren Kunden, sowohl Automobilherstellern als auch Tier-1-Systemlieferanten. Dabei ist es unser oberstes Ziel, die Nähe und das Vertrauen unserer Kunden weltweit zu gewinnen.«[35]

### 3.5 Themenkomplex »Verlassen auf die eigenen Stärken«

Ausgeprägte Wettbewerbsvorteile bei Produktqualität und Service sind nach Simons Erkenntnissen typisch für »Hidden Champions«. Sie vertrauen dabei nur auf ihre eigenen Kräfte. Um ihr Know-how und ihre Kernkompetenzen zu schützen, misstrauen sie Kooperationen und strategischen Allianzen. Während die Großindustrie Partnerschaften pflegt und, wie zum Beispiel in der Automobilindustrie, auf gemeinsame Baugruppenkonzepte setzt, sehen Mittelständler in den Kooperationen eher Gefahren.[36] In der Tat werden die Volumenprodukte der Großindustrie durch Plattformkonzepte immer identischer und es muss viel dafür getan werden, dass sich der Kunde mit einem Markennamen identifizieren kann, wenn beispielsweise von Seat, VW und Ford ein nahezu identischer Van auf gleicher Plattform mit gleicher Technik zur Auswahl steht. Würden sich Mittelständler auf einen solchen Austausch von Innovationen einlassen, so würden sie (anders als die Großindustrie) schnell ersetzbar weil sich schützende Alleinstellungsmerkmale in uniforme Leistungskomponenten gleich mehrerer Partner verkehren. Im internationalen Umfeld der Zulieferangebote heißt dies, Eigenständigkeit zu wahren und Kernkompetenzen zu schützen. Mittelständler müssen zwar zwingend systematisch neue Märkte erschließen, dabei aber versuchen, den Marktzuwachs mit eigenen Innovationen und nicht mit Kostenvorteilen durch Kooperationen zu erreichen. Viel zu oft sind in anderen Industriezweigen im harten Verdrängungswettbewerb Marktanteile gekauft worden, bei denen keine Deckungsbeiträge mehr erzielt werden konnten.

Die nachstehende Grafik zeigt, wie erfolgreiche Top-Unternehmen hier agieren. Während die Großkonzerne durch Outsourcing die eigene Wertschöpfung auf wenige Wertschöpfungsstufen reduziert haben, sind die Leistungstiefe und das Verlassen auf die eigenen Stärken bei den regionalen Welt-

34 Vgl. http://www.viega.de/xchg/de-de/hs.xsl/philosophie_357.html
35 Vgl. http://www.mubea.com
36 Vgl. Simon (2007), S. 403

marktführern sehr ausgeprägt. Dies gilt insbesondere für die vielen Spezialmaschinenhersteller, wie sie mit der SMS (Platz 3), Demag Cranes & Components (Platz 11), C.D. Wälzholz (Platz 21), Erich Utsch AG (Platz 75) auch in diesem Ranking vielfach enthalten sind.

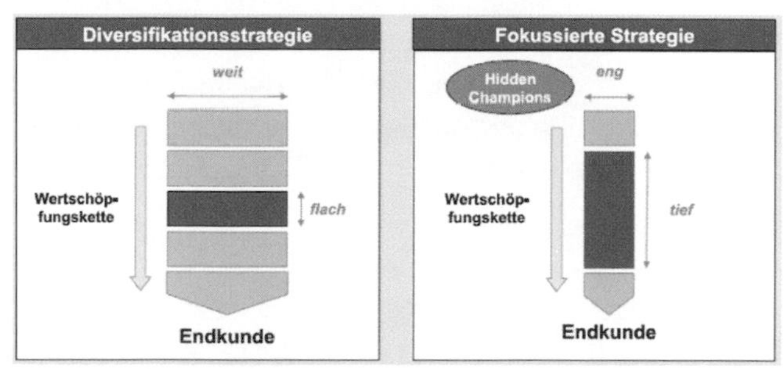


Abb. 2: Wertschöpfungstiefe statt Outsourcing[37]

Eine hohe Fertigungstiefe verpflichtet die Unternehmen aber auch zum schonenden Umgang mit Ressourcen sowie zur vertrauensvollen Einbindung der Lieferanten in die Wertschöpfungsstrukturen, um Know-how im eigenen Unternehmen zu sichern. Hiervon zeugen die nachfolgenden Statements:

(1) »Die Geschäftsführung der KOSTAL-Gruppe [Platz 5] ist sich bewusst, dass alle Aktivitäten, die mit Entwicklung, Herstellung und Vertrieb unserer Produkte verbunden sind, direkt oder indirekt einen Einfluss auf die Umwelt haben. Vermeidung von Umweltbelastungen. Wir verpflichten uns, mit den natürlichen Ressourcen schonend umzugehen, besonders beim Einsatz von Materialien und Energie. Dazu werden Prozesse bezüglich Umweltauswirkungen analysiert und verbessert. Abfallentstehung soll schrittweise mit Hilfe von geeigneten Entwicklungen und Technologien reduziert werden. Nicht recycelbare Abfälle sollen ökologisch schonend beseitigt werden.«[38]

(2) »Der HELLA Einkauf verantwortet ein jährliches Einkaufsvolumen im Wert von mehr als 2 Milliarden Euro für Produktionsmaterial, Investitionsgüter und Dienstleistungen. Tendenz steigend. Eine gute und partnerschaftliche Zusammenarbeit mit Lieferanten wird für unseren Unternehmenserfolg daher in Zukunft noch wichtiger.«[39]

37 Vgl. Simon (2012), S. 169 (Abb. nach Simon/Kucher und Partner, 2008, www.marketingmix.de)
38 Vgl. http://www.kostal.de
39 Vgl. http://www.hella.com

### 3.6 Themenkomplex »Starke Mannschaft« (Führung & Faktor Mensch)

Nicht erst durch die Hidden Champion-Forschung ist bekannt, dass es auf die Mannschaft ankommt.[40] Als typisch gelten hohe Identifikation und Motivation der Mitarbeiter. Fluktuation und Krankenstand sind niedrig, ihre universelle Einsetzbarkeit gegeben, Vorschlagsaktivitäten und Lernbereitschaft der Mitarbeiter sind vorbildlich. Die Leiter der »Hidden Champions« verstehen sich als Teil der Mannschaft und leben die Einheit von Person und Aufgabe. Sie führen autoritär in den Grundwerten und partizipativ im Detail. Die Kontinuität in der Führung ist ausgesprochen hoch.

Abb. 3: Ausgewählte Unternehmerpersönlichkeiten Südwestfalens (Ausschnitt einer Veröffentlichung der Zeitschrift Südwestfalen Manager)[41]

Insbesondere die bei Familienunternehmen gegebene Einheit von Führung und Kapital verbindet die Unternehmenseigner in besonders enger Weise mit dem Unternehmen. Viele von diesen Unternehmenseignern werden zu charismatischen Gallionsfiguren. Die Statements einiger Familienunternehmen machen diesen Anspruch deutlich:

(1) SSI Schäfer (Platz 13): »Die Stärken und die Zukunftsfähigkeit aller Unternehmen der Schäfer-Gruppe werden durch die aktive Einbindung der Inhaberfamilie sichergestellt. Die Werte und Ziele des Gründers bewahren,

40 Vgl. Simon (2007). S. 401 – 402 (ausführlich mit näheren Erläuterungen S. 301 ff.)

41 Vgl. http://www.suedwestfalen-manager.de/titelstory?issue=173

sein Streben nach unternehmerischer Eigenständigkeit fortführen, durch eigenes finanzielles Engagement unabhängig bleiben – auf diesen Grundlagen kann das Management eine vorausschauende und nachhaltige Unternehmensstrategie umsetzen: Als Inhaberfamilie sind wir stets der Rückhalt der gesamten Gruppe und ermöglichen durch unsere Bindung zuverlässige und zukunftsgerichtete Entwicklungsmöglichkeiten.«[42]

(2) »Die Warsteiner Brauerei [Platz 25] hat ihren Sitz im westfälischen Sauerland und befindet sich in Familienbesitz. Heute wird das Unternehmen in 9. Generation von Catharina Cramer geführt. Die Geschichte des beispiellosen Aufstiegs vom ehemaligen Regionalbier zur internationalen Premium-Marke vereint die Begriffe Tradition und Innovation, die bis heute sowohl für das Unternehmen als auch die Marke stehen.«[43]

(3) Krombacher (Platz 41): »Diese lange Tradition ist ein klares Bekenntnis zu den Menschen und der Region, aus der wir kommen. Wir sind stolz darauf, ein alt eingesessener Familienbetrieb in Krombach zu sein. Für uns ist dies Erbe und Auftrag für die Zukunft gleichermaßen. Ein Krombacher Bier wird immer aus Krombach kommen.«[44]

Ein weiterer wichtiger Punkt ist demnach die (im Vergleich) höhere Identifikation und Motivation der Mitarbeiter der untersuchten Vorzeige-Unternehmen. Viele unserer südwestfälischen Top-100 Unternehmer sind schon seit Jahrzehnten in der Geschäftsführung oder haben erfolgreich als familiengeführtes Unternehmen die Nachfolge geschafft, teilweise bis in die dritte und vierte Generation. Während in der Großindustrie sehr enge Arbeitsplatzbeschreibungen und Spezialistentum in engen Verantwortungsbereichen vorliegt, sind die Mitarbeiter dieser Mittelständler mit breiterer Verantwortung und wesentlich generalistischer in den Wertschöpfungsprozess eingebunden. Auch hat es gegenüber der Großindustrie beim Einkommen der Mitarbeiter Anpassungsprozesse gegeben. Viele der Unternehmen der Top-100 sind auch gewählte Top-Arbeitgeber und erhalten von ihren Arbeitnehmern auf sozialen Netzwerken Bestnoten. Beispielhaft hierfür kann Kirchhoff Automotive angeführt werden:

Dieses Unternehmen erhielt aktuell den Preis »TOP JOB«: »Zum einen ist der Preis eine tolle Bestätigung unserer Arbeit und ein großes Lob unserer Mitarbeiter. Zum anderen wird uns das Gütesiegel auch in Zukunft helfen, weiterhin gutes neues Personal zu finden«, freut sich Jürgen Dröge, Director Human Resources.[45]

42 Vgl. http://www.ssi-schaefer.de/ssi-schaefer/wir-ueber-uns/familienwerte.html
43 Vgl. http://warsteiner.de/brauerei
44 Vgl. https://www.krombacher.de/Braukunst/Menschen
45 Vgl. http://www.kirchhoff-gruppe.de

## 3.7 Ausgewogenheit von innerer Stärke und fokussierter Marktorientierung

Die vorstehenden Themenkomplexe Simons lassen sich komprimiert veranschaulichen mit einem Blick auf die beiden strategischen Grundhaltungen »resource based view« und »market based view«[46] die sich offensichtlich in einem ausgewogenen Verhältnis befinden müssen. Das Unternehmen versucht, unter Nutzung der Globalisierung und Fokussierung einer Supernische die Wünsche des Marktes bestmöglich zu bedienen, wobei die sehr enge Kundenbeziehung eine besondere Rolle spielt, sozusagen im Mittelpunkt steht. Das ganze basiert im resource based view auf eigener Stärke bei stetiger Innovation, wobei die starke Mannschaft, der Faktor Mensch mit starker Führung und einem ebenso starken Mitarbeiterstamm, die Basis bildet. Beide Strategiegrundhaltungen zusammen machen den Erfolg aus.[47]

Graphisch veranschaulicht (siehe Abbildung 4) sind besonders erfolgreiche Mittelständler in der Region typischerweise so zu kennzeichnen, dass diese einerseits die eigenen Stärken kennen und systematisch entwickeln und auf der anderen Seite auch über einen guten Marktzugang verfügen. Findet das ganze vor dem Hintergrund einer leistungsstarken Mannschaft unter einer ambitionierten Führungspersönlichkeit statt, die ebensolche kundenorientierten Ziele verfolgt, sind die Voraussetzungen für eine überdurchschnittliche Unternehmensentwicklung gegeben. Es kann wegen der nicht seltenen Entwicklung der heutigen TOP-Unternehmen aus kleineren KMU vermutet werden, dass sich dieser Ansatz gleichermaßen als Erfolgsrezept für die regionalen KMU eignet – allerdings auch hier nicht isoliert, sondern zusammen und in einem ausgewogenen Verhältnis.

Abb. 4: Erfolgsstrategien regionaler TOP-Unternehmen[48]

46 Vgl. Hungenberg (2012), S. 61–64
47 Vgl. Heupel / Hoch in Lingnau / Becker (2009), S. 95.
48 In Anlehnung an Simons drei Kreise: Vgl. Simon (2007), S. 407.

## 4. Fazit: Starke Region – heimliche Gewinner als Vorbild

Die Region Südwestfalen ist eine Mittelstandsregion und wird es voraussichtlich auch bleiben. Während andere Wirtschaftsregionen und -metropolen stark von Großkonzernen geprägt sind, ist das besondere Verantwortungsbewusstsein der meist familiengeführten Top-Unternehmen ein Garant einer regionalen wirtschaftlichen wie strukturellen Beständigkeit. Mit ihnen hat die Region den Strukturwandel aus den 1960er Jahren heraus geschafft. In der Regionale 2013 ist Südwestfalen zu Recht als Innovationsregion gekennzeichnet: »Südwestfalen verfügt über eine robuste Wirtschaftsstruktur, die über einen langen Zeitraum hinweg gewachsen ist und deren Schwerpunkt im Produzierenden Gewerbe liegt. Mit seinen vielfältigen, hoch spezialisierten mittelständischen Unternehmen ist Südwestfalen die stärkste Industrieregion in Nordrhein-Westfalen. Ein enormes Potenzial der Region liegt vor allem in den Bereichen Metallindustrie, Maschinenbau, Elektrotechnik und Kunststoffindustrie. Darunter haben die Zweige der Automotive-Industrie, Gebäudetechnik, Werkstofftechnologien, Holzwirtschaft sowie Gesundheitswirtschaft besonderes Gewicht.«[49]

Dieses heutige Gesicht der Unternehmen wird durch die dahinter stehenden – auch persönlich sehr stark in der Region engagierten – Unternehmerpersönlichkeiten geprägt. Viele der heimischen Top-Unternehmen erscheinen damit doppelt profiliert und haben sich nicht nur strategisch nachhaltig (im vollen Wortsinne) sondern auch durch eine öffentlich sichtbare Leitung positioniert. Durch beständige Leistungsfähigkeit haben sie sich an die Weltspitze gearbeitet oder sind auf dem Weg dorthin. Dass dazu im angesprochenen Management-Dreieck zwischen Kunst, Handwerk und Wissenschaft neben der Orientierung an der Hidden-Champion Forschung auch Verzichtshandlungen als zielorientiert kluge Schachzüge gehören können, zeigte jüngst die eingangs erwähnte Firma Mennekes, Kirchhundem: Sie verzichtete bewusst auf die Patentierung ihres Ladesteckers für Elektrofahrzeuge, weil eine Monopolisierung die internationale Verbreitung verhindert hätte.[50] Lieber einen großen, stark wachsenden Markt teilen, als auf dem technisch besten Produkt in einem kleinen Markt sitzen bleiben. So wohlüberlegt handeln regionale Top-Unternehmen und so fordernd sind die Wege zum Erfolg!

Abschließend ist festzuhalten, dass auch die vielen kleinen Unternehmen der Region von diesen Erfolgsgeschichten lernen können. Best Practice Beispiele für erfolgreiche Managementpraxis im Mintzbergschen Sinne liegen somit sachlich wie geographisch nahe: Lernen von den Top-Unternehmen Südwestfalens.[51]

49 Vgl. http://www.suedwestfalen.com/die-regionale/handlungsfelder/innovationsregion.html
50 Vgl. Giersberg (2013), S. 2.
51 Abschließender Hinweis: Alle Top-Unternehmen und viele darüber hinaus, darunter Hidden

## Literatur

Fischer, T. / Möller, K. / Schultze, W.: Controlling. Stuttgart 2012.

Frank, N.: ›Intrapreneurship-Konzept und historischer Bezug‹, in: Wirtschaftskammer Wien (Hg.), *Hernsteiner-Fachzeitschrift für Managemententwicklung*, Ausgabe 1/2004 zum Thema Intrapreneurship.

Giersberg, G.: ›Elektroautos – Der Mennekes-Stecker ist europäische Norm‹, in: *FAZ* v. 03.02.2013 (http://www.faz.net/aktuell/wirtschaft/elektroautos-der-mennekes-stecker-ist-europaeische-norm-12049549.html).

Heupel, T.: ›Erfolgsmuster für die Unternehmensentwicklung – Warum und wie die Basisstrategien Porters für den Einsatz in kleinen und mittleren Unternehmen modifiziert werden müssen‹, in: *Diagonal* (Heft 30 zum Thema Muster). Siegen 2008, S. 145–153.

Hoch, G. / Heupel, T.: Anmerkungen zum Stand und Entwicklung des Erfolgs- und Kostencontrolling in der mittelständischen Automobilzulieferindustrie. Betriebswirtschaftlicher Beitrag R&C, Nr. 48, Siegen 2008.

Hoch, G. / Heupel, T.: Demografiefestigkeit im Mittelstand – Ableitung eines SWOT-basierten Betroffenheits-Monitors für KMU der Automotive-Branche Südwestfalens. Betriebswirtschaftlicher Beitrag R&C, Nr. 52, Siegen 2012.

Hungenberg, H.: Strategisches Management in Unternehmen, Ziele-Prozesse-Verfahren. 7. Aufl. Wiesbaden 2012.

Lingnau, V. / Becker, A. (Hg.): Mittelstandscontrolling. Lohmar/Köln 2009.

Mintzberg, H.: Managen. 2. Aufl. Offenbach 2010.

Müller-Stevens, G. / Lechner, C.: Strategisches Management – Wie strategische Initiativen zum Wandel führen. 3. Aufl. Stuttgart 2005.

Olschewski, T. / Hähner, R. / Strobles, S.: ›Die 100 mächtigsten Manager in Südwestfalen – und ihre Unternehmen‹, in: *Südwestfalen Manager*, Ausgabe 9/2012, S. 22–58.

Pfau, W. / Jänsch, K. / Mangliers, S.: Mittelstandsstudie zur strategischen Kompetenz von Unternehmen – Eine Bestandsaufnahme zur Theorie und Praxis von Strategieentwicklung und Implementierung im deutschen Mittelstand, in: *Haufe-Akademie*. Freiburg 2007, S. 1–33.

Porter, M. E.: Wettbewerbsvorteile: Spitzenleistungen erreichen und behaupten. Frankfurt am Main 1989, S. 31–45.

Porter, M. E.: Competitive Strategy: Techniques for analyzing industries and competitors. 7. Aufl. New York 2004, S. 34–46.

Rautenstrauch, T.: Effektive Unterstützung von Führungsentscheidungen in mittelständischen Unternehmen – Ergebnisse einer empirischen Untersuchung in den Kammerbezirken Ostwestfalen und Lippe. Bielefeld 2003.

Simon, H.: Die heimlichen Gewinner – Erfolgsstrategien unbekannter Weltmarktführer. Frankfurt am Main 1996.

---

Champions, sind es zweifellos wert, sie näher zu betrachten. Aufgrund beschränkter Möglichkeiten wurden die Beispielunternehmen nach Analyse der Homepages und der verfügbaren Literatur ausgewählt. Mit Sicherheit hätten sich auch bei vielen anderen regionalen Unternehmen herausragende Erfolgsmuster finden lassen, wie bei Falke (Platz 43, Textilien, Schmallenberg) oder bei den Erndtebrücker Eisenwerken (Platz 29, Starkwandige Stahlrohre).

Simon, H.: Hidden Champions des 21. Jahrhunderts: Die Erfolgsstrategien unbekannter Weltmarktführer. Frankfurt am Main 2007.
Simon, H.: Hidden Champions Aufbruch nach Globalia – Die Erfolgsstrategien unbekannter Weltmarktführer. Frankfurt am Main 2012.
Wallau, F.: ›Der deutsche Mittelstand – Vielfalt als Erfolgsmodell‹, in: *Perspectives*, Ausgabe 3/2006, S. 6–10.
Ziegenbein, K.: Controlling. 10. Aufl. Herne 2012.

Frank Luschei & Christoph Strünck

# Fehlen nur die Fachkräfte? Was der demografische Wandel für die Region Südwestfalen bedeutet

## Wachsen und Schrumpfen: Was Wirtschaft und Demografie gemeinsam haben

Eine einflussreiche sozialwissenschaftliche Studie aus den 1980er Jahren verkündete im Titel: »*Der kurze Traum immerwährender Prosperität*«. In diesem Buch vertritt der Industriesoziologe Burkart Lutz (1984) die These, dass das westliche Wirtschaftsmodell auf einem Mythos aufgebaut sei, nämlich anhaltendem Wachstum. Doch nur die 1950er und 1960er Jahre seien ungebrochene Wachstumspfade gewesen. Spätestens seit der Ölkrise zu Beginn der 1970er Jahre könne man diese Grundannahme nicht mehr halten, und auch zuvor gab es keine Wachstums-Geschichte. Allerdings würde die Politik nach wie vor so tun, als werfe die Wirtschaft kontinuierlich mehr Arbeitsplätze, mehr Steuern und mehr Volkseinkommen ab.

Lutz lag weniger daran, die aufkommende Diskussion über die »Grenzen des Wachstums« anzufeuern, die der *Club of Rome* in Gang gebracht hatte. Er suggerierte nicht, dass Wachstum an sich schlecht sei. Er analysierte nur nüchtern die Konsequenzen für Wirtschaft und Politik, wenn sich alle an Wachstum ausrichten. Lutz wies darauf hin, dass die institutionelle Logik der westlichen Marktwirtschaft auf dem brüchigen Versprechen beruhe, immer genügend verteilen zu können, weil genügend produziert werde. Davon lebten alle gut: die Politik, der Wohlfahrtsstaat, Arbeitgeber und Gewerkschaften und letztlich die Bürgerinnen und Bürger. Es gebe aber kein Konzept, um mit Schrumpfungsprozessen umzugehen.

Ganz ähnlich verhält es sich mit der allseits geführten Debatte über den demografischen Wandel. Wachstum bedeutete gerade in Deutschland lange Zeit auch Bevölkerungswachstum. Die Wiedervereinigung hob die Zahl der in Deutschland lebenden Menschen auf über 80 Millionen an. Doch seither hat sich einiges verändert: Die Geburtenraten sinken, die Alterung der Gesellschaft ist ein Dauerthema.

Rhetorisch ist der demografische Wandel meist negativ besetzt, zumindest in Deutschland. Darauf hat vor allem Franz-Xaver Kaufmann (2005) aufmerksam gemacht. Die steigende Lebenserwartung, durchschnittlich bessere Gesundheit im Alter und eine längere aktive Phase nach der Erwerbsarbeit sind eigentlich großartige Chancen. Doch der demografische Wandel wird eher als Defizit unter dem Oberbegriff »Überalterung« diskutiert. Einige Wissenschaftler wie Meinhard Miegel (2002) sehen einen direkten Zusammenhang zwischen Alterung und abnehmender Wirtschaftskraft. Das heißt allerdings nicht, dass im Umkehrschluss jüngere Gesellschaften automatisch höhere Wachstumspotenziale hätten. Das zeigt bereits ein Blick auf die »jungen«, aber wirtschaftlich wenig produktiven arabischen Staaten.

Eine Herausforderung ist der demografische Wandel auf jeden Fall, vor allem für diejenigen Regionen und Kommunen, die besonders stark vom demografischen Wandel betroffen sind. Was Burkart Lutz für das westlich-kapitalistische Wohlstandsmodell skizziert hat, lässt sich auf die regionale und lokale Politik übertragen: Wachstum, insbesondere Bevölkerungswachstum, ist die Grundlage politischen Handelns. Keine Bürgermeisterin, kein Bürgermeister möchte von Schrumpfung reden, das wäre politisch riskant. Und es gibt ganz konkrete politische Anreize: Die Schlüsselzuweisungen des Landes Nordrhein-Westfalen an die Kommunen steigen, wenn auch die Bevölkerungszahl steigt. In Nordrhein-Westfalen – wie auch in anderen Bundesländern – gibt es sowohl schrumpfende als auch wachsende Regionen.

Zwar schrumpft die Bevölkerung in NRW, doch die Vergangenheit hat keinen eindeutigen Trend ergeben:[1] Die Analyse der Bevölkerungszahl in NRW seit den frühen 1960er Jahren (Abbildung 1) zeigt, dass der derzeitige Rückgang der Einwohnerzahlen nicht neu ist. Vielmehr gab es 1973 bereits einmal ein Bevölkerungsmaximum, in dessen Folge bis 1985 die Bevölkerungszahl zurückgegangen ist. Danach stieg die Bevölkerungszahl zum Teil sprunghaft bis zum nächsten Maximum im Jahr 2003 an. Seitdem sinkt die Zahl der Einwohner wieder.

1 Die folgenden Zahlen stammen aus Berechnungen der Forschungsgruppe Demografie c/o Frank Luschei, Universität Siegen.

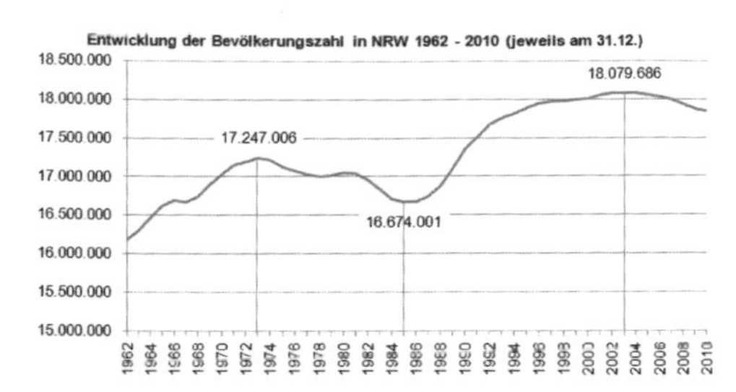


Abb. 1: Quelle: Forschungsgruppe Demografie c/o Frank Luschei, Universität Siegen 2011

Die fünf Kommunen, die im Vergleich zum gesamten Bundesland die ähnlichste Bevölkerungsentwicklung aufweisen, sind Bad Oeynhausen, Attendorn, Löhne, der Kreis Minden-Lübbecke und Halver. Hier wurden die Bevölkerungsmaxima ebenfalls um das Jahr 2003 erreicht, mit ähnlichen ansteigenden Kurven bis zu diesem Zeitpunkt. Allerdings gibt es auch eine Reihe von Kommunen, die eine vollkommen entgegengesetzte Entwicklung durchlaufen haben und von der Landesentwicklung abweichen. Dies sind Gelsenkirchen, Essen, Duisburg, Herne und Altena. Diese Kommunen schrumpfen deutlich seit 1962. Die Unterschiede sind teilweise beträchtlich: Während in der am stärksten wachsenden Gemeinde Saerbeck im Kreis Steinfurt die Bevölkerung um rund 14 Prozent zugenommen hat, ist in dem gleichen Zeitraum die Bevölkerungszahl in Altena um rund 18 Prozent gesunken. Zwischen diesen beiden Extremen liegen die anderen Kommunen in NRW.

Es sieht nicht danach aus, dass diese Unterschiede geringer werden. Prognosen für die nächsten zehn Jahre sehen auch bei kleineren Gemeinden teilweise gegensätzliche Entwicklungen voraus. Lügde, Herscheid und Wülfrath müssen mit einem Bevölkerungsrückgang um zehn Prozent rechnen, während für Kranenburg und Schöppingen ein außerordentlich hoher Zuwachs von zwanzig Prozent vorausgesagt wird. In kleineren Kommunen gibt es grundsätzlich mehr Veränderungen als in den Städten. Lokale Besonderheiten schlagen hier deutlich zu Buche.

Ein Blick auf die Geburtenzahlen zeigt noch dramatischere Unterschiede. Zwischen 2000 und 2010 sind die Geburtenzahlen in der kreisfreien Stadt Düsseldorf um 13 Prozent gestiegen und in Monschau um 58 Prozent zurückgegangen.

Aber auch zwischen den kleineren Gemeinden gibt es erhebliche Unterschiede. Die Gemeinde Laer im Kreis Steinfurt hat in diesem Zeitraum die höchste durchschnittliche Geburtenziffer. Selfkant im Kreis Heinsberg hingegen weist die niedrigste Geburtenziffer auf. Im Jahr 2010 hatte Laer mit 2,18 die höchste und Monschau mit 0,92 die niedrigste Geburtenziffer in NRW. Abbildung 2 veranschaulicht, wie unterschiedlich die demografischen Entwicklungen in NRW sind. Entsprechend unterschiedliche politische Strategien müsste es eigentlich in den Kommunen geben.

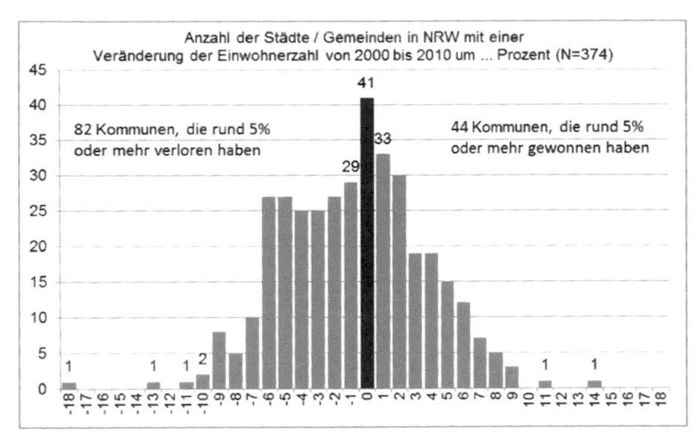


Abb. 2: Quelle: Forschungsgruppe Demografie c/o Frank Luschei, Universität Siegen 2011

Die beiden Extrempunkte dieser Entwicklung sind Altena, dessen Bevölkerung um 17,73 Prozent zurückgegangen ist, und Saerbeck mit einem Plus von 14,42 Prozent. Wie sieht die Situation in Südwestfalen aus? Das Beispiel des Kreises Siegen-Wittgenstein zeigt, dass die meisten Kommunen hier deutlich mehr Einwohner verlieren als im NRW-Durchschnitt; bei den Geburtenraten gibt es dramatische Unterschiede zwischen den einzelnen Kommunen, wie Abbildung 3 zeigt.

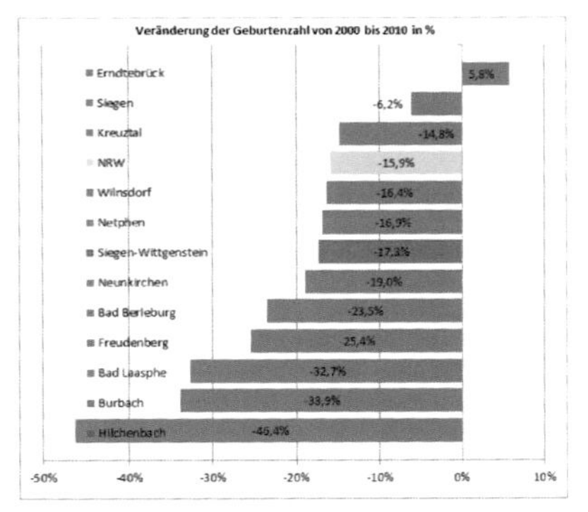


Abb. 3: Quelle: Forschungsgruppe Demografie c/o Frank Luschei, Universität Siegen 2011*[2]

Da die Sozialstruktur der einzelnen Kommunen nicht signifikant unterschiedlich ist, deutet vieles darauf hin, dass die lokale Politik durchaus einen

2 Die positive Veränderungszahl von Erndtebrück resultiert daraus, dass Erndtebrück im Jahr 2000 einen Einbruch der Geburtenzahl zu verzeichnen hatte und deshalb die Vergleichszahl im Jahr 2010 größer ist. Der in den anderen Kommunen beobachtbare Trend abnehmbarer Geburtenzahlen gilt grundsätzlich auch für Erndtebrück.

Unterschied macht. Ob politisch erwünscht oder nicht, die meisten Kommunalpolitikerinnen und -politiker würden es weit von sich weisen, die Geburtenrate mit politischen Entscheidungen beeinflussen zu wollen und zu können. Die Zahlen in der Tabelle lassen zumindest Zweifel daran aufkommen, ob das wirklich so ist.

Die Geburtenzahlen und die Bevölkerungsstruktur in einer Kommune können sich langfristig ganz unmittelbar auf die Erfüllung ihrer Aufgaben auswirken. Das zeigt das Beispiel der Feuerwehren. Brandschutz ist eine kommunale Pflichtaufgabe, wird aber in den meisten Kreisen und Kommunen in Deutschland von ehrenamtlichen, freiwilligen Feuerwehren übernommen. Nur die größeren Städte verfügen über eine eigene Berufsfeuerwehr. Ob die Kommunen diese Pflichtaufgabe in Zukunft erfüllen können, hängt auch vom potenziellen Nachwuchs ab. Doch hier sieht es rein statistisch sehr düster aus, wie Abbildung 4 zeigt.

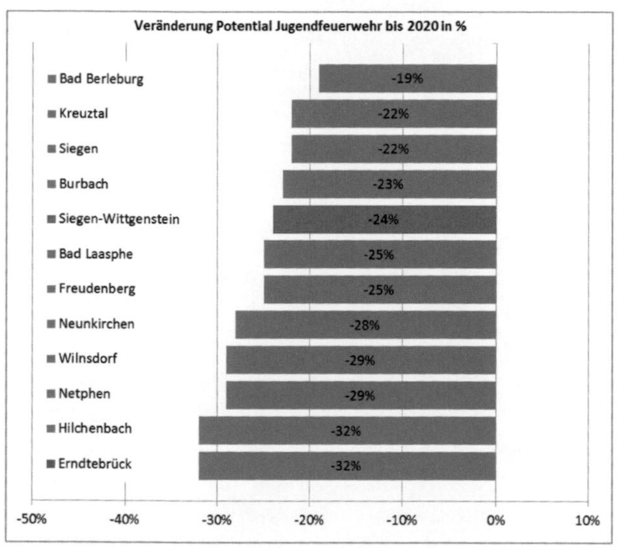


Abb. 4: Quelle: Forschungsgruppe Demografie c/o Frank Luschei, Universität Siegen 2011

Dies ist nur ein Beispiel, an dem sich illustrieren lässt, wie sozialer Wandel auch die politische Handlungsfähigkeit und kommunale Daseinsvorsorge beeinflusst. Was bedeuten die demografischen Entwicklungen insgesamt für die regionale Entwicklung? Welche Rahmenbedingungen bestimmen das politische Handeln? In der Region Südwestfalen wird der Fachkräftemangel als zentrale Herausforderung des demografischen Wandels diskutiert. Doch diese Sichtweise ist viel zu eng und teilweise auch irreführend, wie die folgenden Abschnitte zeigen sollen.

## Die Rahmenbedingungen in ländlichen Regionen

Südwestfalen ist eine im Ganzen eher ländlich strukturierte Region. In solchen Regionen sind die Rahmenbedingungen demografischer Entwicklung anders als in verdichteten, städtischen Regionen. Daher sind hier insbesondere die folgenden Phänomene zu beobachten:

- Berufspendeln: Menschen leben nicht unbedingt dort, wo sie arbeiten. Je höher qualifiziert, desto höher die Wahrscheinlichkeit, dass gerade in ländlichen Regionen die Menschen aus den Städten einpendeln. Umgekehrt pendeln Menschen aus wirtschaftsschwachen, peripheren Regionen zu Arbeitsplätzen in die Städte. Der Neubau von Verkehrskreuzen und Straßen führt im Übrigen nicht automatisch dazu, dass mehr Menschen in die Region ziehen. Genauso gut können mehr Menschen einpendeln, weil der Anreiz geringer ist, vor Ort zu wohnen.
- Distanzen: Gut erreichbare Infrastruktur (Gesundheit, Bildung, Verkehr) ist ein Standortvorteil. In ländlichen Regionen ist die Dichte jedoch deutlich geringer und der öffentliche Personennahverkehr problematischer.
- Fachkräfte: Angesichts des demografischen Wandels wächst die Konkurrenz um gut ausgebildete Fachkräfte. Vorausgesagt werden nicht nur Engpässe in bestimmten Branchen, sondern auch in bestimmten Regionen.
- Soziale Dienstleistungen: Größere Distanzen und gegebenenfalls die stärkere Alterung der Bevölkerung stellen besondere Anforderungen an die Infrastruktur sozialer Dienstleistungen. Erschwerend kommt hinzu, dass der größte Fachkräftemangel in diesem Segment auftreten wird, nicht etwa in der Industrie.
- Migration: Rein quantitativ konzentriert sich Migration meist auf die Städte. Doch auch in ländlichen Regionen gibt es Migrationsbewegungen, und die Voraussetzungen für Integration sind tendenziell besser als in Städten.
- Lebensstandard: Das infrastrukturelle Angebot mag in Städten tendenziell besser sein, doch die Lebenshaltungskosten sind höher. In ländlichen Regionen kann die Kaufkraft steigen.
- Natur: Die Natur als Freizeitwert hat in ländlichen Regionen eine höhere Bedeutung. In beschleunigten Wirtschaftsgesellschaften ist dies ein Pluspunkt.
- Internet: Unternehmen wie Privatpersonen betrachten schnelle Internet-Anschlüsse als Grundversorgung. Leitungsengpässe können zu einem massiven Standortnachteil werden.
- Dienstleistungsgesellschaft: Neben der Landwirtschaft prägen vor allem Industrie und Gewerbe die ländlichen Räume. Dienstleistungen sind unterentwickelt, abgesehen vom wichtigen Bereich sozialer Dienstleistungen.

- Energie: Ländliche Regionen können eher als Städte ihre eigene Energie erzeugen, wenn dezentrale Netze aufgespannt werden. Städte verbrauchen immer mehr Energie, als sie selbst erzeugen können.

Dies sind einige Rahmenbedingungen, die auch in der Region Südwestfalen zu beobachten sind. Wissenschaftler müssen jedoch aufpassen, dass sie nicht Klischees und Stereotypen bestätigen, die sie doch eher analysieren sollen. Beispielsweise gibt es nicht pauschal schrumpfende ländliche Räume und wachsende Städte, wie die oben erwähnten Zahlen zeigen.

Auch sind im Verhältnis zur Bevölkerung in den ländlichen Regionen häufig mehr globalisierte Unternehmen aktiv als in Städten, in denen viele Unternehmen für die Menschen vor Ort produzieren. Die Unternehmensstruktur ist im Übrigen nicht nur ökonomisch relevant: Oftmals wird Unternehmen in ländlichen Regionen eine stärkere Standorttreue nachgesagt. Das hat nicht nur Auswirkungen auf Wirtschaftskraft und Arbeitsmarkt. Es beeinflusst auch den Politikstil vor Ort, prägt das Sozialkapital in Vereinen, Verbänden und Netzwerken und trägt zur Identitätsbildung bei.

## Besonderheiten der Region Südwestfalen

Ökonomisch und politisch gibt es mehrere Besonderheiten in der Region Südwestfalen. Wie mit demografischen Entwicklungen umgegangen wird, hängt auch von ihnen ab. In der Region sind viele mittelständische Unternehmen beheimatet, die weltweit aktiv und teilweise Marktführer sind. Das Klima zwischen Gewerkschaften und Arbeitgebern ist konstruktiv und kooperativ; das hat zuletzt die Finanzkrise bestätigt, in der sich alle Seiten schnell auf Kurzarbeit einigen konnten. IG Metall und Arbeitgeber hatten sich sogar auf eine Art internes Verleihsystem von Facharbeitern verständigt.

Dieses vordergründig kooperative Klima ist keine schlechte Voraussetzung, um demografische Herausforderungen anzunehmen. Allerdings sind die wichtigsten Akteure in diesem Feld vor allem auf wirtschaftliche Aspekte wie die Alterung von Belegschaften oder den Fachkräftemangel konzentriert. Doch gerade in Südwestfalen liegt der Schlüssel zur Gestaltung des demografischen Wandels nicht in der Wirtschaft, wie weiter unten noch diskutiert werden soll.

Auffällig ist, dass die meisten Gemeinden zu einem Kreis gehören. Für kommunale und regionale Demografie-Arbeit macht die Kreisangehörigkeit einen Unterschied: Die Ressourcen der Gemeinden sind meistens zu gering, doch die Kreisverwaltung ist wiederum zu weit weg von den lokalen Besonderheiten.

In der öffentlichen Debatte in Südwestfalen gibt es ein demografisches

Thema, das die Region neben der Frage neuer Gewerbegebiete und Verkehrsknotenpunkte zu beherrschen scheint: der Fachkräftemangel. In dieser Diskussion werden mal explizit, mal implizit einige vermeintliche Nachteile der Region angesprochen:
- Die Hochschulen der Region bilden zu wenig (für die Region) aus;
- Qualifizierte wandern aus der Region in andere, attraktivere und städtische Regionen ab;
- Kinderbetreuungsangebote sind nicht ausreichend.

Hier ist nicht der Platz, um diese Diskussion ausführlich zu würdigen. Ohne jeden Zweifel sind qualifizierte Fachkräfte für die Region Südwestfalen ein enorm wichtiger Faktor. Allerdings hängen nicht alle Ursachen des prognostizierten Mangels unmittelbar mit demografischem Wandel zusammen. Vor allem aber stellen sich noch eine Reihe ganz anderer Herausforderungen, die in einer auf Fachkräfte verengten Diskussion unterbelichtet bleiben. Stellvertretend für andere Themen soll hier ein Bereich besonders hervorgehoben werden: das Angebot und die Infrastruktur an sozialen Dienstleistungen.

## Fachkräftemangel im Sozialsektor: die verdrängte Diskussion

Soziale Dienstleistungen sind eine wachsende und beschäftigungsintensive Branche. Die Lebensqualität in einer Region hängt auch stark von dieser Infrastruktur ab und damit auch die Attraktivität von Kommunen und Regionen. In der üblichen Standort-Diskussion wird dieser Aspekt häufig vernachlässigt.

Soziale Dienstleistungen prägen den Gesundheitssektor, die Altenhilfe, die Kinder- und Jugendhilfe und die Behindertenhilfe. Im Prinzip könnte man auch das Bildungssystem dazu zählen, doch wird es meist separat betrachtet.

Warum sind soziale Dienstleistungen für eine Region wie Südwestfalen wichtig? Wie auch in anderen vergleichbaren Regionen ist der Sozial- und Gesundheitssektor ein wichtiger Arbeitgeber. Nicht in der Industrie, sondern in diesem Segment existieren in der Regel die meisten Arbeitsplätze. Die Caritas ist nach dem Staat der größte Arbeitgeber in Deutschland.

Wissenschaftler des *Club of Rome* haben schon in den 1990er Jahren den Gesundheitssektor als die wichtigste Wachstumsbranche des 21. Jahrhunderts bezeichnet (vgl. Nefiodow 1996). Diese Dynamik hat auch etwas mit dem demografischen Wandel zu tun: Mehr ältere Menschen werden wahrscheinlich pflegebedürftig werden; zugleich bleiben mehr Menschen bis ins hohe Alter fit, wenn die gesundheitliche Versorgung stimmt. Der medizinisch-technische Fortschritt bereitet außerdem den Weg für neue Behandlungsmethoden und Versorgungskonzepte. Behinderte Menschen können autonomer leben und arbeiten als früher, auch wenn es nach wie vor einen Konflikt zwischen verschiedenen Konzepten und Interessen in der Behindertenhilfe gibt.

Es geht aber nicht nur um Gesundheit und Pflege. Die Kinder- und Jugendhilfe hat sowohl in schrumpfenden als auch in wachsenden Gemeinden eine entscheidende Funktion. Sozialen Dienstleistungen ist gemeinsam, dass es zwei zentrale Engpässe gibt: Finanzierung und Fachkräfte.

Was die Fachkräfte angeht, so existiert hier der größte Mangel, nicht in der Industrie (vgl. Hansen 2008). Bereits jetzt gibt es viel zu wenig qualifizierte Altenpflegerinnen und Altenpfleger, und auch die Personaldecke im Gesundheitssystem ist dünn. Vor besonderen Herausforderungen stehen vor allem diejenigen Regionen, in denen sich die Infrastruktur nicht an einem Ort konzentriert.

Genau dies ist in Südwestfalen der Fall. Mangels empirischer Studien lässt sich nur vermuten, dass es hier auch viele »graue« Pflegekräfte gibt, die fast rund um die Uhr Pflegebedürftige unterstützen. Arbeitsmigration »löst« hier ein spezielles Problem der sozialen Infrastruktur in ländlichen Räumen. In den Städten ist das Phänomen ebenfalls bekannt, weil die Pflegeversicherung eben nur einen Teil der Leistungen abdeckt.

In ländlichen Regionen fehlen aber auch in der Regel bestimmte Angebote wie etwa Kurzzeitpflege. Damit können Angehörige entlastet werden, die zuhause pflegen. Die Fachärzte-Dichte ist geringer, und die hausärztliche Versorgung ist inzwischen zum Zankapfel der Gesundheitspolitik geworden.

Ländliche Regionen haben hier eine Vorreiter-Rolle, die professionstheoretisch wie professionspolitisch von großer Bedeutung ist. Denn angesichts des demografischen Wandels und erschwerter Erreichbarkeit von Ärzten müssten mehr medizinische Leistungen von nicht-medizinischem Personal übernommen werden dürfen. Dies ist nicht nur eine bundespolitische Angelegenheit.

Zwar muss der Gemeinsame Bundesausschuss der Ärzte und Krankenkassen prinzipiell festlegen, welche medizinischen Tätigkeiten auch von anderen Heilberufen übernommen werden können. Aber es gibt auch regionale Experimente wie etwa im Land Brandenburg. Dort hatten Ärzteorganisationen, Krankenkassen und Verwaltungen vereinbart, in mehreren Modellprojekten Krankenschwestern einen Großteil der pflegerischen und gesundheitlichen Versorgung in dünn besiedelten Regionen zu übertragen (vgl. Büscher / Horn 2010). Solche Projekte sind das Ergebnis politischer Verhandlungen und politischer Kompromisse, an denen auch lokale und regionale Akteure beteiligt sind.

In der gesundheitlichen Versorgung wie in vielen anderen Bereichen können Kommunen auch mit knappen Ressourcen gestalten. Dazu bedarf es allerdings einer systematischen Analyse der demografischen Herausforderungen und den Willen, politische Prioritäten auf Basis dieser Erkenntnisse zu setzen.

## Standortpflege anders gedacht? Chancen und Grenzen kommunalen Demografie-Managements in Südwestfalen

Kommunen können dezentrale gesundheitliche Versorgungsstrukturen fördern, Mobilität durch Bürgerbusse oder ähnliches erleichtern, die Vereinbarkeit von Beruf und Familie verbessern, neue Wohnprojekte fördern. Verwaltung und Politik können auch überlegen, welche Rückschlüsse sie aus demografischen Veränderungen ziehen und welche Prioritäten sie bei Instrumenten setzen wollen. Mit anderen Worten: Eine Art kommunales »Demografie-Management« ist denkbar. Bislang jedoch steht auch in Südwestfalen eine Maßnahme stets oben auf der Prioritätenliste: die Ausweisung neuer Baugebiete. Diese Maßnahme stellt eine Standardreaktion auf den demografischen Wandel dar. Auch wenn belastbare wissenschaftliche Beweise bislang noch fehlen: Vieles deutet darauf hin, dass dieses Instrument untauglich ist, um Bevölkerungsschwund zu stoppen. Denn in der Regel ziehen die Familien nur innerhalb des gleichen Ortes um. Solche Wirkungsanalysen sind jedoch Mangelware in den meisten Kommunen, weil Ressourcen oder Kompetenzen fehlen oder weil sie politisch für überflüssig gehalten werden.

Demografie-Management ist theoretisch eine klassische Querschnittsaufgabe, wird aber selten als solche umgesetzt, wie das Beispiel der Baugebiete zeigt. Denn zuvor müsste man erst einmal analysieren, was die wesentlichen demografischen Trends sind und wie sie sich beeinflussen lassen.

Das Siegerland sowie andere Teile Südwestfalens scheinen sich von der allgemeinen demografischen Entwicklung in NRW abgekoppelt zu haben, da die Bevölkerung deutlich schrumpft. Gleichzeitig sind Wirtschafts- und Arbeitsmarktentwicklung überdurchschnittlich. Die gute wirtschaftliche Lage scheint die Demografie nicht positiv zu beeinflussen. Und dieser Trend hält schon seit längerem an.

Für die Anforderungen an ein Demografie-Management in der Region und in den Kommunen lassen sich daraus einige Schlussfolgerungen ziehen. Die Fixierung auf die Fachkräftediskussion verhindert, dass sich die Kommunen mit den komplexen Herausforderungen des demografischen Wandels auseinander setzen. Der Fachkräftebedarf hingegen ist schon jetzt akut, dagegen wirken die anderen demografischen Aspekte und Herausforderungen weit weg.

Hier zeigt sich die Achillesferse der Demografie-Politik in Demokratien: Positive wie negative demografische Effekte scheinen oftmals unabhängig von politischen Entscheidungen zu sein, und sie treten oftmals erst langfristig auf. Eine Straße oder ein Baugebiet sind sichtbar, bringen kurzfristig einen Nutzen und sie helfen der Politik, sich zu legitimieren. Dagegen ist es nicht einfach, den Nutzen von Demografie-Arbeit nachzuweisen. Es ist daher auch ein Auftrag an die Wissenschaft, die wirtschaftliche wie soziale »Rendite« von Demografie-Management nachzuweisen.

Doch alleine die unterschiedlichen demografischen Trends vor Ort müssten eigentlich ganz oben auf der Agenda der jeweiligen Kommunen stehen. Das scheitert aber häufig daran, dass Demografie als »Querschnittsthema« delegiert wird und nicht zentrales Anliegen aller Ressorts ist. Außerdem macht es auch der demografische Wandel notwendig, politische Prioritäten zu setzen. Stattdessen wird vielerorts darauf verwiesen, dass fast jede Aktivität in der Kommune »demografierelevant« sei. Strategien im Umgang mit dem demografischen Wandel sind eher Mangelware.

Woran es nicht mangelt, sind Daten zum demografischen Wandel. Die Kommunen können von IT.NRW, dem vormaligen statistischen Landesamt, über die kommunale Datenzentrale oder Daten der Bertelsmann Stiftung die verschiedensten Quellen anzapfen, neben ihren eigenen. Aus verfügbaren Daten müssen jedoch Schlussfolgerungen gezogen werden. Und dazu mangelt es in vielen Kommunen an Kompetenzen, wie Daten für die eigenen Zwecke aufzubereiten und zu interpretieren sind. Ohne solche Kompetenzen bleibt unklar, welche Informationen die Kommunen genau benötigen, um Infrastrukturplanung, Gesundheitsversorgung oder andere Bereiche demografiesensibel zu behandeln.

Die meisten Kommunen in Südwestfalen sind eher klein. Ihnen fehlen häufig Ressourcen und Kompetenzen für Demografie-Management. Und es gibt ganz praktische Probleme: Selbst innerhalb der gleichen Verwaltung nutzen Abteilungen häufig unterschiedliche Software und Datenprogramme, so dass es gar keine Basis für eine systematische Analyse gibt. Auch fällt es vielen schwer, mit den Daten der kommunalen Datenzentrale zu arbeiten, die genauso zur Verfügung stehen wie die Informationen von IT.NRW.

Doch das eigentliche Problem liegt bei der Politik. Nur wenn Ratsfraktionen und kommunale Spitze bereit sind, sich von den Gemeinplätzen der Demografie-Diskussion zu verabschieden und stattdessen ihre lokale Situation analysieren, um anschließend politische Prioritäten zu verhandeln, ist kommunales Demografie-Management möglich. Dazu bedarf es allerdings der Bereitschaft, langfristige Prozesse in Gang zu setzen, für die man möglicherweise wenig Anerkennung bekommt.

Die Region Südwestfalen ist in gewisser Weise noch eher ein Labor für demografischen Wandel als das Ruhrgebiet. Im Ruhrgebiet altern die Städte schneller als im Rest des Landes, und die nach wie vor schwierige Wirtschaftslage facht diesen Trend an. In Südwestfalen sind die demografischen Trends ähnlich, jedoch sieht die Wirtschaftsbilanz wesentlich besser aus. Zugleich jedoch ist Südwestfalen viel stärker ländlich geprägt.

Die demografische Entwicklung wird sich daher nicht im gleichen Maße auswirken wie im Ruhrgebiet. Zum Einen lässt sich eine schrumpfende und alternde Gesellschaft positiv für alle gestalten, wenn produktive Arbeitsplätze zur Verfügung stehen. Dafür sind die Voraussetzungen in Südwestfalen nach wie vor gut. Zum Anderen kann man gerade wegen der günstigen wirtschaftlichen Voraussetzungen erproben, auf welche weiteren Faktoren es ankommt, wenn Konsequenzen des demografischen Wandels abgefedert, Trends gestoppt oder sogar umgekehrt werden sollen. Bereits 2004 hat der Kreis Siegen-Wittgenstein die Initiative »Leben und Wohnen im Alter« gestartet, die bundesweit Beachtung gefunden hat.

Eine besondere Herausforderung liegt in der spezifischen Wirtschaftsstruktur in Südwestfalen. Die Dominanz des Produktionsgewerbes ist ein Grund dafür, dass die Frauenerwerbsquote relativ niedrig ist; dafür müsste der Dienstleistungsbereich noch stärker wachsen. Hinzu kommt, dass für eine höhere Erwerbstätigkeit von Frauen das Angebot an Kinderbetreuungsplätzen noch verbessert werden müsste. Hierin liegt jedoch ein zusätzliches Potenzial für die demografische Entwicklung Südwestfalens.

Ähnliches gilt für das Thema Migration. Es klingt zynisch, aber die verschärfte Wirtschaftskrise in Südosteuropa motiviert viele gut qualifizierte Menschen, auch in Deutschland nach besseren Beschäftigungschancen zu suchen. Wirtschaftlich starke Regionen wie Südwestfalen haben hier durchaus Vorteile. Kommunen wie Hilchenbach haben außerdem Ansätze entwickelt, wie eine neue Form der Willkommenskultur für Migrantinnen und Migranten geschaffen werden kann.

Allerdings lehrt die bisherige Erfahrung mit Arbeitsmigration und Migrationspolitik in Deutschland, dass ein wirklich überzeugendes Konzept fehlt. Die »Anwerbung« von Fachkräften ist eine vielschichtige Angelegenheit. Das liegt nicht nur an gesetzlichen Rahmenbedingungen. Deutschland insgesamt und wirtschaftsstarke Regionen wie Südwestfalen im Besonderen mögen momentan eine besondere Anziehungskraft haben. Doch Arbeitsmigration ist keine rein ökonomische Angelegenheit. Den Menschen und ihren Familien müssen Perspektiven vermittelt und Kontakt-Netzwerke geknüpft werden; die ernüchternden Erfahrungen mit der Blue-Card-Initiative der Bundesregierung lehren, dass wichtige Faktoren wie fehlende Communities, Sprachprobleme und kulturelle Barrieren ausgeblendet werden, die ein solches Projekt zum Scheitern verurteilen.

Kommunales und regionales Demografie-Management kann dabei helfen, nicht in die Falle solcher eindimensionalen Maßnahmen zu tappen. Mit der Zukunftsinitiative Siegen-Wittgenstein 2020 und anderen Konzepten gibt es bereits strategische Ansätze in Südwestfalen. Sie alle werfen ein Licht darauf, dass das »Fachkräfteproblem« nur ein Teilaspekt ist; wie stark die aktuelle und künftige Knappheit an Fachkräften wirklich mit dem demografischen Wandel zusammenhängt, ist im Übrigen eine offene Frage.

Die entscheidende Frage richtet sich darauf, was eine schrumpfende und alternde Bevölkerung bedeutet, wie Mobilität und Lebensqualität gesichert und schlummernde Erwerbspotenziale geweckt werden können. Demografie-Management ist keine primär ökonomische Aufgabe. Es ist eine politische Herausforderung, auch in Südwestfalen.

## Literatur

Büscher, Andreas / Horn, Annett: Bestandsaufnahme zur Situation in der ambulanten Pflege. Ergebnisse einer Expertenbefragung. Bielefeld 2010.

Hansen, Robert: Herrscht ein Pflegenotstand? Zürich 2008.

Kaufmann, Franz-Xaver: Schrumpfende Gesellschaft: vom Bevölkerungsrückgang und seinen Folgen. Schriftenreihe der Bundeszentrale für Politische Bildung 508. Bonn 2005.

Lutz, Burkart: Der kurze Traum immerwährender Prosperität. Eine Neuinterpretation der industriell-kapitalistischen Entwicklung im Europa des 20. Jahrhunderts. Frankfurt am Main / New York 1984.

Miegel, Meinhard: Die deformierte Gesellschaft. Wie die Deutschen ihre Wirklichkeit verdrängen. Berlin 2002.

Nefiodow, Leo A.: Der sechste Kondratieff. Wege zur Produktivität und Vollbeschäftigung im Zeitalter der Information. Sankt Augustin 1996.

Gustav Bergmann

# Erfinderische Regionen: Siegerland und Südwestfalen

## Siegen, Siegerland, Südwestfalen: eine Region für Künstler, Erfinder und Freigeister?

Ja, wahrlich, in Siegen und weiteren Regionen Südwestfalens haben sich Akteure und Institutionen zu einem kreativen, solidarischen und kompetenten Bündnis zusammengeschlossen. Die Region ist mittlerweile weltweit bekannt für große Toleranz, als Talentschmiede und Talentmagnet und als technologisches Zentrum, wo Menschen aus aller Welt mit großer Freude und Engagement wirklich wichtige Innovationen entwickeln. Die Region ist bekannt für ihre fundamentalen Lösungen im Bereich der E-mobility, der Sharingsysteme (Nutzen statt Besitzen), der dezentralen Energiegewinnung und der hoch effizienten Nutzung von Energie. Auch für die Beiträge zur zeitgenössischen Kunst, als Forum für öffentliche, transdisziplinäre Diskurse und für ein Miteinander von Menschen aus unterschiedlichen Ursprungskulturen und das Zusammenleben von Alt und Jung ist die Region bekannt. Es sind in den letzten Jahren viele Menschen in die Region gezogen und der Zustrom scheint nicht abzuebben. Vorsorglich hat man viel günstigen Wohnraum öffentlich finanziert und günstig zur Verfügung gestellt. Die Region ist führend in der Entwicklung von ökologisch orientierten Bauvorhaben und die Stadtentwicklung wird nach ästhetischen, ökologischen und sozialen Apekten realisiert. Alle Kitas und Schulen sind kostenfrei und bestens betreut. Die Hochschulen integrieren Lehre und Forschung und haben Weltgeltung mit ihrem eigenständigen, auf Flow-Lernen orientierten Konzept. Die Region ermöglicht ein gutes Leben für alle. Hier kann man Neues ausprobieren, findet schnell Kooperationspartner, die egalitäre und tolerante Kultur verschafft Inspiration und soziale Sicherheit. Die Lebenserwartung ist gestiegen, man ist aus den Tretmühlen des Effizienzwahns ausgestiegen, hat den Wachstumsunsinn beendet und orientiert sich qualitativ statt quantitativ. Muße ermöglicht, wirklich Nutzvolles zu entwickeln, aber auch das Leben zu genießen.

Nun gut, dies ist ein Szenarioauschnitt aus dem Jahre 2025. Aber es ist möglich. Dazu ist es notwendig, die Phantasiebremsen zu lösen, gemeinsam Visionen zu entwickeln, den Geist auf andere Wege zu schicken und sich aus den hermetischen Denkzirkeln zu befreien. Schauen wir einmal zurück.

## Von Arbeit ganz grau

Als ich 1995 anlässlich meiner Bewerbung an der Universität Siegen das erste Mal die Stadt besuchte, erblickte ich eine Stadt in grau, es nieselte, der Verkehr quälte sich durch die Stadt an alten Wohn- und Geschäftshäusern vorbei, alte Schlossmauern waren zu erkennen, dann reihten sich Industriebauten und moderne Betonbauten aneinander. Eine in Ansätzen und Abschnitten fertig gestellte Schnellstraße durch die Stadt beschleunigte das Fortkommen. Schließlich erreichte ich die Universität hoch oben auf einem Berg, der durch Bergbau ausgehöhlt war. Das Schönste schien mir die weite Rundumsicht auf die bewaldete Berglandschaft. Nach meinem erfolgreichen Vortrag (wie sich nachher herausstellen sollte) riet mir die Kommission fast von der Ansiedlung in Siegen ab. Es gäbe hier kein gutes Kino, keine Kneipenkultur, kein richtiges Theater, kaum kulturelles Leben. Das Beste an Siegen seien das Umland, soweit man Natur mag, sowie die Autobahnen in Richtung Frankfurt und Köln.

Bei meinen ersten Erkundungen wurde mir klar, was meine Kollegen (ja, es waren nur Männer) gemeint hatten. Auf dem Innenhof des unteren Schloss befand sich ein Parkplatz, im Schloss selbst ein Gefängnistrakt. Bewohner des Haardter Berges wurden einige Jahre später durch Bergstürze bedroht. Die Fußgängerzone erwies sich als schauderhaft verbaut. Zu dieser Zeit ergaben Studien, dass die Siegener am liebsten nach Köln zum Einkaufen fahren. Die Sieg war überbaut mit Betonplatten für Parkplätze. Eine architektonische Scheußlichkeit reihte sich an die nächste. »*Was ist schlimmer als Verlieren? Siegen.*«, witzelte man in der Süddeutschen Zeitung.[1] Und: »*Wer in Siegen wohnt, findet es überall schön.*« Wie die meisten meiner Kollegen siedelte ich ins Umland. In meinem Falle: Köln.

Das Siegerland wurde geprägt durch die pietistische Kultur. Voller Kirchen und ohne moderne Kultureinrichtungen. Mehr noch als im katholischen Sauerland schien hier die Freudlosigkeit Methode zu haben. Ein Kontrast fiel mir zudem auf: Die Universität, mit ihren teilweise international bekannten Forschern, erschien isoliert in der Stadt.

---

1 Städteporträt in der Beilage der Süddeutschen Zeitung (SZ Magazin), Ausgabe vom 02.08. 1996.

Mangelnde Offenheit gegenüber anderen Lebensformen, ausgeprägte Xenophobie, zuweilen auch rassistische Äußerungen musste ich sogar selbst erleben, oder davon wurde mir insbesondere von ausländischen Studierenden berichtet.

## Siegen lernte … – ein Wunder?

Nun 16 Jahre später scheint ein Wunder geschehen zu sein: In allen Belangen haben sich die Stadt und die Region geändert und verbessert. Die Vorurteile gegenüber Menschen aus anderen Kulturen haben sich abgeschwächt. Es gibt ein renommiertes Museum für Gegenwartskunst, ein Theaterhaus, ein Kinozentrum, ein renoviertes Schloss und noch eins mit einem Rubens-Museum. Die Altstadt ist wieder belebt, die Fußgängerzone wurde erweitert, die Siegplatte gerade abgerissen, um Platz für eine Promenade und Außengastronomie zu schaffen. Es gibt viele Initiativen, eine kleine off-Kultur und vielfache Verbindungen zwischen Bürgern und zur Universität. Vielfältige Beratungs- und Forschungsprojekte mit Unternehmen und Akteuren aus der Region haben mir tiefe Einblicke in die Lebenswirklichkeit vermittelt. Manches innovative Projekt konnte verwirklicht werden, beispielsweise ein Open Space mit dem größten Finanzinstitut der Region und zahlreiche Entwicklungsprojekte mit Mittelständlern. Zuweilen zeigte sich großes Interesse an Forschungsvorhaben und eine große Bereitschaft, neue Wege zu beschreiten. Manchmal empfinde ich auch, dass im Siegerland das Wetter besser geworden ist und die Sonne häufiger scheint. Aber vielleicht hat sich nur meine Wahrnehmung verändert. Diese persönlichen Erlebnisse und Beobachtungen schildere ich nur, weil sie die Stadt und die Region in einen vollends anderen Zustand versetzt haben – und das in einem relativ kurzen Zeitraum.

Dennoch: Südwestfalen und insbesondere das Siegerland gelten weiter als Industrieregionen. Rein statistisch gesehen sind über 40 % der Arbeitsplätze industrieller Natur – eine überaus innovative Industrie mit zahlreichen »Hidden Champions«. Gerade in dieser Region erscheint das Gerede vom Ende der Industriegesellschaft als unzutreffend. Industrie ist auch die treffende Beschreibung: Industria (lat.) bedeutet Fleiß und Betriebsamkeit. Es scheint hier in erster Linie um das Schaffen, Werken und Schuften zu gehen. Es schickt sich nicht in Cafés zu hocken und über Boulevards zu flanieren. Alle Menschen scheinen unentwegt zu arbeiten. So haben auch die Veränderungsprojekte mit Unternehmen der Region teilweise sehr viel Mühe gekostet. Mit wenigen Ausnahmen wollte man nicht substanziell verändern, meistens nur so viel wie eben notwendig.[2]

2 Diese Forschungs- und Beratungsprojekte sind teilweise in unseren Büchern dokumentiert.

Hat denn die Industriegesellschaft aufgehört zu existieren? Seit Daniel Bell wird diese These immer wieder zitiert und unterstrichen oder aber als selbstverständlich bezeichnet.[3] Bell behauptete, dass die Dienstleistungen dominieren und uns die neuen Technologien reine Wissens- und Kreativitätsarbeit bescheren. Diese Chance auf einen anderen Wohlstand haben wir bis heute nicht genutzt.

Die Industrie ist ein Fleißsystem, wobei meist seriell gefertigt wird. Von einer Abschaffung kann kaum die Rede sein – weder hier und schon gar nicht in der so genannten Dritten Welt.

Es wird schnell vergessen und verdrängt, dass wir im Weltmaßstab ein Höchstmaß an Industrie und zum großen Teil auch in Form von Ausbeutungssystemen vorfinden. Zudem sind viele Dienstleistungen auch als Industriesystem organisiert. Die Arbeit in McJobs und die Fertigung für Discounter bedeuten für die meisten Menschen schweißtreibende Arbeit zum Hungerlohn.

Die globalen Unternehmen verhalten sich in der Regel wenig verantwortlich. Sie überschwemmen den Markt mit Einheitsware, versuchen die Wertschöpfungsketten zu verzerren. Lokale Produktion könnte helfen, die Arbeit wieder interessanter zu machen. Es würden dann auch mehr Arbeitsplätze entstehen und die negativen ökologischen Folgen reduziert.[4]

## Die Hauptprobleme: Perspektivlosigkeit und mangelnde Attraktivität

Alles sieht nach Arbeit aus. Wer aber immer arbeitet, kann nicht sonderlich erfinderisch sein, heißt es. Für das Lernen und die Kreativität braucht man Muße, deshalb sind unsere Schulen ja auch nach dem lateinischen Wort für Muße »Scola« bezeichnet.

Die Sieger- und Sauerländer haben sich trotz ihres Fleißes als erfinderisch erwiesen. In zahlreichen Unternehmen werden und wurden wichtige Ideen und Innovationen entwickelt. Nur sind diese Novitäten und Patente sehr funktionsorientiert und an konkrete Unternehmensprojekte gebunden. Auch ist man noch auf veraltete Technologien und Märkte ausgerichtet und zum Teil auf die Rahmenaufträge aus internationalen Konzernen angewiesen.

Ein weiteres Problem besteht darin, hoch kompetente und kreative Menschen in die Region zu holen. Außerdem sinkt die Bevölkerungszahl insgesamt. Die

Vgl. Bergmann / Daub 2012 und dies. 2008.

3 Vgl. Bell 1975.

4 Vgl. dazu www.economiesofhappiness.com und Bergmann / Daub 2012.

Attraktivität erscheint immer noch gering. Die Hauptprobleme werden folgendermaßen verortet:

> »Die Wirtschaft in Südwestfalen ist kreativ und innovativ. Um sich im internationalen Wettbewerb zu behaupten, müssen die Rahmenbedingungen stimmen. Eine besonders wichtige Voraussetzung ist die Verkehrsinfrastruktur.«[5]

Das ist jedoch eine sehr einseitige Sicht auf die Dinge. Wohin sollen denn die weiteren Straßen gebaut werden? Oder denkt man an internationale Flughäfen? Wenn überhaupt wären neue Bahnlinien insbesondere für Gütertransporte zu erwägen. Und so geht es dann weiter im Wirtschaftsreport der IHKs:

> »Der bereits einsetzende Fachkräftemangel trifft deshalb die wirtschaftlich stärkste Region NRWs ganz besonders, auch weil seine Teilregionen Sauer- und Siegerland in der öffentlichen Wahrnehmung immer noch meist auf die landschaftlichen und touristischen Merkmale verengt werden. ›Deshalb ist es unbedingt notwendig, dass mit dem Aufbau einer regionalen Marke Südwestfalen die Weichen in die richtige Richtung gestellt werden. Jetzt muss in breiter Form Überzeugungsarbeit in Wirtschaft, Politik und Öffentlichkeit geleistet werden‹, so die Präsidenten der IHKs.«[6]

Ja, man müsste eine Marke bilden, nur, mit welchen Inhalten? Ja, man könnte eine attraktive Region werden, die aufgrund ihrer kulturellen Vielfalt viele Talente anlockt. Beide Problembereiche kann man wahrscheinlich am besten zusammen lösen. Touristische, landschaftliche, ökonomische und ökologische, soziale und kulturelle Aspekte gehören zusammen. Warum nur hat man Bedenken, zu sehr als lebenswerte, landschaftlich und touristisch attraktive Region zu gelten? Man könnte zudem betonen, dass Hidden Champions mit weltweiter Bedeutung hier ansässig sind und gute Perspektiven bieten. Man könnte betonen, dass die Unternehmen, kleingliedrige Familienbertiebe sind (85 % der Betriebe unter 250 Mitarbeitern). Es gibt eine lokale Verankerung bei globaler Bedeutung und Vernetzung.

In der Innovationsstudie meiner Kollegin Hanna Schramm-Klein von der Universität Siegen[7] wurde deutlich, dass bisher wenig freie Innovationen entstehen. Der große Vorteil besteht in der direkten Umsetzung in Firmen mit flacher Hierarchie. Letzteres kann ich aus meinen vielfältigen Erfahrungen leider nicht bestätigen. Viele Unternehmen in der Region werden noch ökonomisch erfolgreich geführt, sind aber für die Zukunft wenig gerüstet, da sie extrem hierarchisch und streng organsisiert sind. Es gibt sogar geradezu neofeudalistische Betriebe mit geringer Bereitschaft zur innerbetrieblichen Demokratie

---

5 IHK-Präsident Klaus Th. Vetter, im Wirtschaftsreport, Siegen 11/2012, S. 14.
6 So die Präsidenten der IHKs aus Südwestfalen im Wirtschaftsreport, Siegen 11/12, S. 14.
7 Vgl. Schramm-Klein / Steinmann 2012.

und Mitwirkung. Es existieren eine geringe Kooperationsbereitschaft und wenig Offenheit.

## Neue Herausforderungen in einer kontingenten Welt

Wir stehen wahrscheinlich vor einem Epochenwandel mit neuen Herausforderungen. Kontingenz, Paradoxien und dynamische Komplexität erfordern eine andere Organsiation von Unternehmen und eine andere Vorgehensweise. Zum Beispiel gibt es eine Zunahme an Haushalten, bei weniger Einwohnern. Die Unternehmen werden in Zukunft weniger konkurrieren als vielmehr kooperieren. Das quantitative Wachstum wandelt sich in eine qualitative Entwicklung. Eine Vorausschau und Planung scheint kaum mehr möglich. Die Unternehmen und Akteure müssen sich auf überraschende Wendungen einstellen, müssen ihr Repertoire auch auf Fähigkeiten ausweiten, die heute ökonomisch noch nicht sinnvoll erscheinen. Die effizienten Spezialisten ohne Reserven und kreative Freiräume erweisen sich schon bald als außerordentlich anfällig. Robuste, resiliente Unternehmen bereiten sich auf diese Unüberschaubarkeit mit Vorratswissen vor, investieren in Experimentalbereiche und betreiben Risikostreuung. Innovationen können dazu beitragen, das Gegenwärtige zu ersetzen. So geht die Tendenz weg von der *Closed Innovation* zur *Open Innovation*. Unternehmen müssen sich anderen Unternehmen und anderen Mitspielern öffnen. Alte Technologien und Branchen werden durch neue Sichtweisen und Märkte ersetzt (z. B. Nutzen statt Besitzen / zentrale Energien vs. dezentrale Energien).

## Erfinderische und zukunftsfähige Regionen

Es hat schon immer und an verschiedenen Orten besonders erfinderische, künstlerisch und wissenschaftlich herausragende Sphären gegeben. So gilt die Renaissance in Norditalien als ein besonderes Beispiel einer Epoche der Erfindungen und zugleich kulturellen Erneuerungen. In der Region Norditalien hat es im 14. bis 16. Jahrhundert besonders förderliche Bedingungen gegeben. Der Historiker Peter Burke hat insbesondere die relative Gleichheit, den Zugang zu Bildung, die enge Vernetzung, die Friedenszeiten, das Interesse und die Förderung durch die Mächtigen sowie die relative Freizügigkeit ausführlich beschrieben. Ein weiteres Beispiel ist das »Haus der Weisheit« in Bagdad als Zentrum der arabischen Wissenschaften des Mittelalters. Auch hier war es wahrscheinlich kein Zufall, dass sich so markante Persönlichkeiten entfalten konnten.[8] In der modernen Wohlstandsgesellschaft haben sich immer wieder solche kreativen Zentren und Regionen gebildet. Heutige Regionalforscher kommen zu ähnlichen Beschreibungen bei der Beobachtung von innovativen Regionen wie dem Silicon Valley. Auch in Deutschland sind erfinderische Agglomerationen bekannt, wo sich in enger Nachbarschaft zahlreiche Unternehmen mit heutiger Weltgeltung entwickelt haben. Diese Hidden Champions sind sowohl in Baden-Württemberg und weiteren Regionen, als auch im Siegerland und Sauerland entlang der heutigen A 45 zu beobachten.[9]

Im Anschluss an Paul Krugman und Robert Lucas mit ihren Forschungen zu Regionen, Standorten und Agglomerationen im Rahmen der »New Economic Geography«[10] hat Michael Porter einen weiteren Schritt von der infrastrukturellen zu einer eher auf Lernen und Wissen sowie Netzwerke ausgerichteten regionalen Innovationsförderung begangen.[11] Spillover-Effekte und positive externe Effekte sowie gegenseitige Inspiration (mutual fertilization) gelten als positive Wirkungen einer solchen Regionenförderung.

Vor allem der kanadische Forscher Richard Florida hat die Diskussion zur so genannten »Creative Class« angeregt.[12] Es handelt sich hierbei um das kreative Milieu der Künstler, Erfinder, Forscher, Gründer, Unternehmer und Innovateure. Solche Akteure beschäftigen sich mit non-trivialen, ergebnisoffenen Prozessen und Problemstellungen, entwickeln Lösungen in komplexen Umfeldern mit hoher Ungewissheit. Sie agieren in erster Linie außerhalb des »ökonomischen« Denkens, sind aber sehr bedeutungsvoll für die zukunftsfähige Entwicklung von Regionen und für die Lösung anspruchsvoller Zukunftsfragen wie beispielsweise folgenden:

- Realisierbare Lösungen für soziale und ökologische Problembereiche (Klimawandel, Welternährung, Konflikte),
- Realisierung anderer Technologielösungen (Fabbing, Lazer), Anwendung innovativer Medien und sozialer Netzwerke (web 3.0),

8 Vgl. Burke 1990 und Al-Khali 2011. Al-Khali zeigt eine musterhafte Verbindung zwischen den verschiedenen erfinderischen Zentren über die Jahrhunderte: Es herrschten immer Frieden und Freiheit, es gab Mäzene, ein Zusammentreffen heterogener Akteure oft mit ganz unterschiedlichem kulturellen und religiösen Hintergrund und es existierten Foren des Austausches. Vgl. bes. S. 354 ff.

9 Vgl. Darstellung bei Piore / Sabel 1985, die die flexible Spezialisierung als Kooperationsform von Unternehmen beschrieben.

10 Krugman 1991. Vgl. Lucas 1988, S. 3–42.

11 Vgl. Porter 1998.

12 Vgl. Florida 2002. Nach der scharfen Kritik am Konzept und einer unseres Erachtens auch einseitigen Auslegung des Konzeptes in manchen Regionen (Stichwort Gentrifizierung) präzisiert der Autor seine Vorstellungen in seinem neuen Buch »The Great Reset«. Hier versucht er darzustellen, wie wir unseren Lebensstil kreativ in Richtung Zukunftsfähigkeit umgestalten müssen.

- Technologien, besonders um Menschen besser zu vernetzen und in Kontakt zu bringen, Informationsasymmetrien auszugleichen und ursprüngliche Kreativität zu entfalten,
- Ideen, um regenerative, dezentrale Energieformen zu realisieren und solche für einen neuen Lebensstil des Miteinanders, der Kooperation und Zukunftsfähigkeit.

In der neuen Realität der Globalisierung haben Regionen eine große Chance, an wesentlichen Prozessen von Zukunftslösungen, von Innovation, Design und Technologie teilhaben zu können. Der Wohlstand der Zukunft entsteht dabei zunehmend aus Kooperation, Kreativität, intellektuellen Fähigkeiten und einer engen Vernetzung unterschiedlicher Sphären. Die wettbewerbsfähigen Regionen der Zukunft werden sich zu »kreativen Sphären« entwickeln, die sich durch kulturelle Offenheit und eine neue Form interaktiver Innovationen auszeichnen. Der Zukunftsforscher Leo Nefidow beschreibt in seinem Buch zum 6. Kondratieff wichtige Entwicklungsfaktoren: *»Seelische Gesundheit und die aus ihr hervorgehenden sozialen Fähigkeiten und produktiven Kräfte wie Zusammenarbeit, Menschenkenntnis, Kreativität, Motivation und Lernbereitschaft werden in der Arbeitswelt immer wichtiger.«*[13]

Die Anziehung dieser talentierten und qualifizierten Kräfte ist der Schlüssel, um die innovative Entwicklung von Regionen zu ermöglichen. Diese gesellschaftliche Entwicklung zu erreichen, wird davon abhängen, wie die Schaffung neuer Ideen, neuer Technologien und hilfreichen Wissens ermöglicht wird.

Deutliche Entwicklungsfortschritte sind kaum durch Technologie zu erreichen. Vielmehr entstehen zum Teil extreme Produktivitätsfortschritte durch Kooperation und Vernetzung und durch ein Lernen voneinander.[14]

## Der Wohlstand der Zukunft hängt insofern von der Kultur unseres Zusammenlebens ab

In vielen Regionen Deutschlands und Europas existieren hilfreiche Konstellationen mit hoher Interdisziplinarität, einer Ausrichtung auf Entrepreneurship und Familienunternehmen. Oft hat man in den Regionen mit Problemen zu kämpfen (struktureller Umbau der klassischen Industrie, geringe Attraktivität für Hochqualifizierte, Demografieentwicklung, Fachkräfteproblem). Im Rahmen der Kohäsionspolitik der EU-Lissabon-Strategie wird eine Stärkung »Kreativer Regionen« und die wirtschaftliche Umstrukturierung in der Regio-

13 Neofidow 2006, S. 89.
14 Vgl. Neofidow 2006, S. 87.

nalentwicklung betrieben. Der Rolle der lokalen Akteure und Institutionen kommt eine wichtige Funktion in der Gestaltung, Umsetzung und Forschung sowie im Bereich der Kreativitäts- und Innovationsförderung zu. Auch und gerade in Regionen ist daran zu denken, Vielfalt zu erhöhen oder nur die vorhandene Heterogenität der Menschen sichtbar zu machen und zu nutzen. Dies kann über einen vereinfachten Zugang für alle Akteure geschehen, also die Mitwirkung neben den formalen demokratischen Gremien und Parteien zu ermöglichen. Gemeinsame Feste und Orte der zufälligen Begegnung und Projekte für bürgerschaftliches Engagement wirken zudem sehr förderlich. Dabei erscheint uns wichtig, auf die Aufrechterhaltung der Offenheit, Gleichheit und der Vielfalt zu achten. Oft haben regionale Verwaltungen und Initiativen nur die kulturelle Attraktivität steigern wollen, indem Künstler als Agenten für die Erhöhung der Immobilienwerte und der »Standortqualität« missbraucht werden. Es folgt dann oft die so genannte Gentrifizierung (von engl. Gentry ›niederer Adel‹) mit der Vertreibung der ursprünglichen Bewohner durch die Edelsanierung und die daraus folgende Mietpreiserhöhung und den Zuzug von gehobenen Mittelklassebürgern. Dauerhaft erhält man eine erfinderische Sphäre nur, wenn die genannten Merkmale ausgebaut werden und nicht wieder auf rein kurzfristige ökonomische Ziele verengt werden.

Das ökologische und ökonomische Maß wird eingehalten durch eine dezentrale Energieversorgung, den Schutz der Allmende und eine vorsichtige Haushaltpolitik. Die Menschen in solchen Zentren engagieren sich für die Region, sind als Mäzene oder im Ehrenamt tätig. Es gibt eine Reihe von Gemeinschaftsprojekten und besonders interkulturelle Toleranz.

## Ein Modell für die Welt: Eine Sphäre des Gelingens schaffen?[15]

Wir Ökonomen sind mit vielen unserer Modelle unterkomplex, weltfremd und ignorant. Deshalb erscheint es notwendig, systemische Modelle für die Welt zu entwickeln. Die Basis dafür bildet ein erneuertes, angemessenes Menschenbild.[16] Menschen entscheiden, bewerten und handeln in Bezug zur Mitwelt. Die meisten Entscheidungen werden uns vom Unbewussten abgenommen. Dieses Unbewusste arbeitet sehr schnell und sichert als Bündel unserer bisherigen Erfahrungen unser Überleben. Die schnell sich verändernden und hochgradig komplexen Konstellationen erfordern einen Zusammenschluss der Gehirne, also eine kooperative, kollektive Intelligenz.

Es kann in einer so unübersichtlichen, komplexen und vernetzten Welt kein

15 Vgl. Bergmann / Daub 2012.
16 Vgl. dazu besonders Kahneman 2012.

*Grand Design*, keine alles erklärende Theorie und kein alles planendes Modell geben. Wesentliche Teile der sozialen Welt sind sozial konstruiert, sind also Sein, das geworden ist, Sein, das gestaltet wurde. Es kann also auch geändert werden. Sinnvoll erscheint, angesichts der sehr unterschiedlichen Sichtweisen und Interessen einen Rahmen für eine gerechte gemeinsame Entwicklung von erfinderischen, kooperativen und zukunftsfähigen Sphären zu gestalten, nicht aber die Inhalte in irgendeiner Hinsicht festzulegen. Es kann keinen *Volonté générale* geben, ohne alle mitwirken zu lassen. Es gibt keine höhere, bessere Einsicht, da Sichtweisen immer auch von individuellen Positionen, Erfahrungen und Interessen geprägt sind. Ein Modell des Gelingens besteht meines Erachtens in der Beschreibung von musterhaften Elementen, die beobachtbar alle lebensfähigen und lebensbejahenden Systeme aufweisen und womit sie sich von lebensfeindlichen, räuberischen und gewalttätigen Systemen unterscheiden. In Forschungen zu den Bedingungen zukunftsfähigen Handelns ergeben sich verschiedene Faktoren, die eine erfinderische, entwicklungsfähige Kultur entstehen lassen. Im Überblick sind das folgende sechs Elemente:[17]

- Vielfalt: Ethnien, Kulturen, Alter, Herkünfte, Kompetenzen, Methoden, Bildungswege …
- Gleichheit: Heterarchie, geringe Einkommens-, Status- und Machtunterschiede …
- Zugang: Einfacher Zugang zu Wissen, Vernetzung, Open Innovation, Open Source …
- Austausch und Mitwirkung: Nähe, Gemeinschaft, Piazzas …
- Freiräume: Experimentierfelder, Zeiträume, Freiheit, Freizügigkeit …
- Maße und Regeln: ökologische Maße, Fairnessregeln, Verzicht …

*Vielfalt* in Menschen, Kompetenzen, Kulturen und Methoden erscheint als Fundament für Wissen und Lernen. Vielfalt erzeugt Unterschiede, die als Rohstoff der Information und in Folge der Fähigkeiten und Ideen dienen. Vielfalt entsteht nicht automatisch, vielmehr nimmt sie über die Zeit ab, weil Menschen zur Ähnlichkeit tendieren (Sympathieproblem). Das Andere, Neue, Fremde erscheint unvertraut und das führt zu einem oft unbewussten Abbau an Diversität. Insofern ist ein sanfter Druck zur Vielfalt erforderlich. Gemeinschaft gelingt, wenn es selbst gewählte Zugangsmöglichkeiten (siehe unten) gibt. Gemeinschaft lebt als »dissipative Struktur« (Prigogine), in der sich die Existenz durch permanenten Wandel ergibt.

17 Vgl. detaillierte Darlegung in Bergmann / Daub 2012.

## Wie sieht es aus in der Region Siegerland / Südwestfalen?

Die moderne Kunst findet sich im Museum als eher etablierte Hochkultur. Man realisiert dort zwar anspruchsvolle Ausstellungen und erntete den Titel »Museum des Jahres«, aber damit hat die Kunst noch keinen festen Platz in der Region gewonnen. Es gibt kaum Sphären und Räume für freie kreative Entwicklung. Der Rubenspreis ist eine renommierte Einrichtung, doch kann das nur als ein erster Schritt gelten, wahre Kreativität in der Region zu entwickeln. Weltbekannte, renommierte Künstler zu prämieren, zeugt eher von mangelnder Risikobereitschaft als von Avantgarde. Ein positives Beispiel aus der regionalen industriellen Welt ist hingegen die produktive Kooperation des Umformtechnik-Unternehmens Pickan aus Geisweid mit dem weltberühmten Künstler Richard Serra. Hier trifft sich künstlerische Kreativität mit industrieller Kreativität, und es entsteht ein Ergebnis mit sowohl hoher technischer als auch künstlerischer Qualität.

Noch immer existieren Berührungsängste in Bezug auf andere Lebensformen und Kulturen. Migration wird immer noch mehr als Problem diskutiert und weniger als Chance begriffen.

*Gleichheit der Rechte und Chancen:* Im Anschluss an Vielfalt die Gleichheit zu nennen, erscheint zunächst verwirrend. Jedoch ist hiermit nicht die Angleichung der Menschen an sich, sondern vielmehr die Gleichheit von Chancen, von Rechten, von Vermögen, Einkommen und von Status gemeint. Mehr Gleichheit entlastet vom Statusstress und ermöglicht mehr Miteinander. Gleichheit reduziert Gewalt und fördert die Gesundheit. Dabei ist mit Gleichheit nicht die vollkommene Einebnung von Unterschieden gemeint, nur dass es zum Beispiel beim Einkommen und Vermögen noch nachvollziehbare Relationen gibt und Unterschiede sich aus Beiträgen für die Gesellschaft (besondere Leistungsfähigkeit, große Verantwortung, spezielle Kompetenz) ergeben. In Gesellschaften mit hohen Unterschieden zeigt sich eine deutliche Tendenz zur Ungerechtigkeit, zur Gewalt und zu Wohlstandseinbußen. Die Reichen leben auch in einer gleichen Gesellschaft besser.[18]

Auch in Südwestfalen driften die gesellschaftlichen Sphären auseinander. Gerade erfolgreiche Unternehmer leben in dem Bewusstsein, dass sie ihren Erfolg selbst erschaffen haben. Sie vergessen schnell, dass wirtschaftlicher Erfolg nur auf der Basis einer funktionierenden Infrastruktur gelingt. Auch sollten sie sich vergegenwärtigen, welche glücklichen Fügungen zum Gelingen ihrer Stratgien beigetragen haben. Interessant und erhellend ist es, hierzu den bereits zitierten Daniel Kahneman zu lesen. Wir überschätzen alle unseren Beitrag zum

18 Literatur dazu: Wilkinson / Pickett 2009 und Layard 2005.

Erfolg und vergessen und verdrängen allzu leicht, welche Beiträge andere dazu geliefert haben.

*Überschaubarkeit und Nähe:* In kleinen sozialen Systemen bildet sich ein hohes Maß an Kooperation und Verantwortung aus, weil die Menschen Resonanz auf ihr Handeln spüren. Robin Dunbar hat mit seiner Magic Number 150 diese Problematik verdeutlicht. Unsere Neocortex ist nur für den Austausch mit einer begrenzten Zahl von Mitmenschen geeignet. Zu etwa 150 bis 200 Menschen können wir Beziehungen aufbauen, in größeren Strukturen geht die Wechselbezüglichkeit und Verantwortlichkeit rapide zurück. Größe lässt den Widerhall verebben. Das Echo des eigenen Handelns verliert sich.

Die Größe eines Systems korreliert deshalb mit negativen Verhaltensweisen der zugehörigen Akteure. Menschen tendieren in anonymen Strukturen zu unmoralischem Handeln. Das wirkt sich dann gesamthaft als pathologische Kommunikation aus. So sind Marken-Konzerne auf massenhaften Absatz von Standardprodukten angewiesen. Diese Produkte werden meistens mit Lügen, Täuschungen, Suchtfaktoren verkauft. So hat die Tabakindustrie jahrelang die Suchtgefahr geleugnet, die Gesundheitsgefährdung heruntergespielt und mit massiver Werbung die Nachfrage angeheizt. Sie nahmen zudem Einfluss auf die Politik, um gesetzliche Regeln zu verhindern. Die Energiewirtschaft verhindert in vielen Ländern die dezentrale und regenerative Wende. Wortreich und listig verhindert die Finanzwirtschaft die wirksame Einhegung und Regelung. Vielmehr schreiben »Geldmänner« als Experten Gesetze und sitzen auf zentralen Posten in Politik und Wirtschaft. Es mangelt an Resonanz auf negatives Verhalten. Wenn ein Konzern ethisch verantwortlich organisiert sein soll, müssen dazu geeignete Responsemethoden verwendet werden, die Organisation also in kleine Einheiten dezentralisiert und klare, verbindliche Regeln entwickelt werden, die von vielen gegenseitig überwacht werden.

In der Region existieren schon Grundstrukturen der Dezentralität: Es gibt hier den großen Vorteil der Überschaubarkeit und der Dominanz von kleineren und mittleren Unternehmen. Es gibt einen regen Austausch zwischen den Entscheidungsträgern. Die Sparkassen und Volksbanken weisen eine krisenresistente Organisationsstruktur auf und können als ideale Finanzpartner des Mittelstandes bezeichnet werden. Die Haubergskultur kann als traditionelle Form der wieder zeitgemäßen Allmende-Wirtschaft gelten. Elinor Ostrom hat die *Commons* als alternative Organisationsform wieder in den Mittelpunkt gerückt.[19] Diese Vorteile können jedoch noch sehr weit ausgebaut werden, wenn sich die Unternehmen öffnen und mehr Mitwirkung ermöglicht wird. Auch im öffentlichen Raum könnten hier Formen der direkten Demokratie größere Akzeptanz und bessere Entscheidungen bewirken.

19 Vgl. Ostrom / Helfrich 2011.

*Austausch und Mitwirkung:* Wie finden wir Ziele? Wie kommt es zu Entschlüssen und Entscheidungen? Wirkliche Demokratie löst sich aus den Fesseln des Expertentums und der Sachzwänge mit einer deliberativen Entwicklung von Zielen. Es wird Zeit zur gemeinsamen Entwicklung von Zielen und zur gemeinsamen Bewertung und Entscheidung gewährt. Der soziale Schwarm kann unter der Bedingung der Freiheit zu besseren Ergebnissen beitragen als die »Expertendemokratie«. Die Schaffung von vielfältigen Kommunikationsanlässen führt zu einem zufälligen Austausch, zur Steigerung der Toleranz und damit zu innovativem Denken. *Open Business Models, Open Innovation*, offener Wissenstransfer sind die Merkmale zukünftiger Ökonomie und Politik. Zentral wichtig für die Erweiterung der Handlungsmöglichkeiten ist die Mitwirkung möglichst vieler und unterschiedlicher Akteure. *User Driven Innovation* kann man auf alle möglichen Handlungsbereiche ausdehnen. Es geht nicht nur um die Entwicklung von Produkten, sondern auch um die Mitwirkung von Bürgern in einer Stadt, um die Partizipation von Mitarbeitern im Unternehmen, es geht um eine Demokratisierung aller Lebensbereiche, um dadurch Akzeptanz, Engagement und eben auch bessere Entscheidungen herbeizuführen. *Open Source Development* und *Liquid Democracy* sind erste Modelle dieser umfassenden Mitwirkung. Kreativität entsteht besonders dort, wo gleich berechtigter Zugang zu Ressourcen besteht und die notwendigen Basismittel frei zur Verfügung stehen.

Es ist in einer vernetzen Erdgesellschaft kaum auszumachen, wer was entwickelt oder erfunden hat. Die meisten Neuerungen sind Ergebnisse kollektiver Prozesse. Ideen und Erfindungen werden aus dem Meer des Wissens »geschöpft«, zuweilen von einzelnen Akteuren gefunden und isoliert, dennoch sind sie nur durch die Beziehung zu anderen, mit anderen und anderem schöpfbar. Die Urheber- und Eigentumsrechte werden zunehmend hinterfragt. Worauf beruht die Legitimität leistungslos erworbenen Vermögens? Warum gehören Kunstwerke von längst verstorbenen Künstlern den Erben oder irgendwelchen Rechteinhabern? Werke von Van Gogh oder Mozart gehören in öffentliche Museen und Konzertsäle, wo lediglich für die Präsentation und Aufführung bezahlt werden sollte. Das Wissen der Welt gehört allen Menschen. Die *Knowledge Commons* werden benötigt, um die gewaltigen Probleme gemeinsam und effektiv lösen zu können.

Die Formen dezentraler Selbstversorgung, die kreativen Netzwerke gilt es zu stärken. Von der *Closed Innovation* entwickelt sich die Innovationspolitik fort über die Öffnung in *Usability Labs*, wo es schon erste Formen der interaktiven Wertschöpfung gibt, zu *Open Innovation*-Prozessen und der Veränderung in Formen der Wiederaneignung von Dingen. Dies kann mit Zentren gebildet werden, die ein Personal Fabrication und Fabbing[20] ermöglichen. Wahre Erfinder und Kreateure bekommen hier Gelegenheit, ihre Ideen mit anderen zu erproben und weiter zu entwickeln. Die Nutzer und Konsumenten können hierbei stärker im Entwicklungsprozess mitwirken und ihre Kompetenzen erweitern. Daraus kann eine ganz andere, intensivierte Innovationskultur entstehen, die hohe Attraktivität aufweist.

Angesichts von Massenarbeitslosigkeit, Strukturwandel und Rationalisierung hat Frithjof Bergmann das Konzept der Neuen Arbeit entwickelt. Aus Lohnarbeiter-Konsumenten sollen selbstbestimmte Produzenten werden. Personal Fabrication ist das Produktionsmittel der Neuen Arbeit. *»Das Rückgrat dieser neuen Ökonomie besteht darin, dass wir unablässig und Schritt für Schritt zu einer Wirtschaftsform fortschreiten, in der wir unsere eigenen Produkte herstellen!«*[21] Es sind die heutigen Protoyping-Betriebe, die zu Kompetenzzentren dieser Fabbing-Kultur mutieren können. Zudem werden Industrie- und Handwerksbertiebe ihre Wertschöpfung interaktiver gestalten, indem sie den Nutzern und Kunden die Möglichkeiten einräumen, selbst mitzuwirken.

*Freiheit und Freiräume:* Gleichheit ohne Freiheit endet in Tyrannei und Ödnis. Freiheit ohne Gleichheit führt in die Freiheit für wenige und deren Herrschaft über alle anderen. Dann entfernen sich die Sphären der Reichen und Mächtigen immer weiter von den Lebenswelten der anderen. Zur Zeit vollzieht sich dieser Prozess in den USA und soll nach Auffassung der republikanischen Politiker noch weiter gehen. Die bodenlose Ungerechtigkeit wird durch eine Spektakel-, Event- und Konsumkultur sowie die Aussicht auf Aufstiegsmöglichkeiten kaschiert. Der Mittelstand löst sich auf. Freiheit ist verwirklicht, wenn alle Lebensformen vollständig toleriert werden, sich Menschen wirklich frei bewegen und gebärden dürfen, soweit sie anderen nicht schaden. Sie müssen aber auch aktiv am gesellschaftlichen Prozess teilhaben und sich als gleich berechtigte Akteure einbringen können. Bei großer Ungleichheit schwindet diese positive Freiheit zunehmend und verliert sich im Gegenteil.

*Maße und Regeln:* In egalitären, solidarischen, eher kleinen, freien und maßvollen Kulturen leben die Menschen am zufriedensten. Dänemark und Costa Rica sind dafür sehr unterschiedliche Beispiele, die sich in der geografischen Lage, Geschichte, Sprache und vielem mehr unterscheiden. Nur nicht in den hier skizzierten Elementen. Ökologie, Bio, Verzicht?? Am *Happy Planet Index* lässt sich gut veranschaulichen, wie ein Glückssystem gelingen kann. Der Index setzt sich zusammen aus der Lebenszufriedenheit (erfragt auf einer Skala von 1 bis 10) mal Lebenserwartung, geteilt durch den Ressourcenverbrauch (gemessen in *Ecological Footprint*). Das Leben gelingt, wenn man lange zufrie-

20 Vgl. Gershenfeld 2005. Vgl. Neef / Burmeister / Krempl 2006.
21 Vgl. Bergmann 2004 sowie Website: www.neuearbeit-neuekultur.de.

den lebt und dabei wenig verbraucht. Beim Happy Planet Index rutscht Dänemark aufgrund des enorm hohen Umweltverbrauchs weit nach hinten. Das Leben kann nicht wirklich gelingen, wenn man es auf Kosten anderer lebt. Deshalb gibt es in Ländern wie Dänemark auch große Anstrengungen, den Umweltverbrauch zu senken. Indikatoren zeigen die Wirkung unseres Handelns an. Es wird möglich, Grenzen aufzuzeigen und das Verhalten zu beeinflussen. Es ist bekannt, dass sowohl die volkswirtschaftlichen wie auch betriebswirtschaftlichen Indikatoren ein verzerrtes bis vollkommen falsches Bild ergeben. Deshalb muss man sich bemühen, die Wirkungen realistisch abzubilden. Die hier genannten Elemente einer zukunftsfähigen Sphäre können als Bewertungsdimensionen verwendet werden. Zukunftsfähig ist ein soziales System oder ein einzelner Akteur dann, wenn es oder er sich vielfältig, gleich, frei, zugänglich, mitwirkend und maßvoll konstituiert.

Mit der alten Arbeitskultur und internationalen Ausbeutung ist eine Gesellschaft nicht zukunftsfähig. Es widerspricht allen Elementen, die Resilienz, Zukunftsfähigkeit und Responsivität ermöglichen.

Überlebensfähige Systeme sind nicht auf quantitatives Wachstum angewiesen und entwickeln sich erfinderisch sowie qualitativ weiter. In einem solchen System werden Regeln für ein gutes Zusammenleben gemeinsam entwickelt. Es ist ein System, in dem sich Menschen gegenseitig resonant wirken, sich anregen, unterstützen und sich auch im Zaume halten. Wo jeder nach seiner Façon selig werden kann, alle gleiche Rechte haben und die Maxime des jeweiligen Handelns mit anderen Lebensweisen harmoniert. Es ist ein System der Freiheit in Verantwortung.

Auf allen Ebenen menschlichen Handelns sind wohl drei Bereiche zu erweitern. Menschen und mit ihnen die sozialen Systeme müssen erfinderischer werden, um andere, exnovative Lösungen zu kreieren. Dazu müssen Fähigkeiten zur Kooperation und Verständigung verbessert werden. Alle Gestaltungen sollten zudem zukunftsfähig im Sinne von durchhaltbar, ökologisch und fair sein.

## Die Region muss erfinderischer werden

Erfinderisch zu sein heißt, zu finden, wonach man nicht sucht. Erlebnisse und Erlerntes verleihen Kompetenz oder auch nicht. Technik kann Verhalten und Wirklichkeit verändern, determiniert die Entwicklungen aber nicht. Faktisch ist es dennoch so, dass Technik und Erfahrung unsere Wahrnehmung prägen. Es gilt also, um erfinderisch zu sein, den Geist auf Abwege zu führen und neue Beziehungserfahrungen möglich zu machen.

Das Neue wächst besonders dort, wo es Raum hat. Insofern sind Freiräume in gedanklicher und physischer Art zu schaffen. Nur in Freiräumen kann Neues und

Anderes abseits der routinierten Daseinsbewältigung erzeugt werden. Wenn sich Menschen abseits der zweckorientierten Aufgaben auch mit ihren Ideen und Phantasien beschäftigen, dann werden Exnovationen möglich, das heißt, es entstehen Denk- und Handlungswege, die sich nicht aus dem Gegebenen entwickeln. Es entsteht Freiraum für Exnovationen und Abduktion. Abduktion ist eine Form der Erkenntnisgewinnung, bei der der Geist absichtlich auf andere Wege entführt wird, die sich von den gewohnten substanziell unterscheiden. Es können dann Glücksfunde (*Serendipity*) gemacht werden, wenn man in Muße das finden kann, wonach man nicht gesucht hat. Für die Region ist das eine große Chance.

Menschen werden zunehmend zur Hyperaktivität gezwungen. Überall lauern Evaluierungen, Zertifizierungen, Kontrollen, Effizienzforderungen. Menschen sollen immer erreichbar und verfügbar sein, nicht zur Ruhe kommen. Das Leitbild der Leistungselite ist der scheinbare 14-Stunden-Tag, der in den Chefetagen mit Fullservice, bei Arbeitsessen, Events und in tiefen Sesseln verbracht wird, die manchen noch ermöglichen, Bücher zu schreiben und an Talkshows teilzunehmen. Derweil wird der Facharbeiter mit der Stoppuhr verfolgt und der *Freelancer* muss sich immer bereit halten. Hingegen werden kreative Sphären benötigt, wo Experimente gewagt werden können.

Was haben wir nur für ein Menschenbild? Trivial oder non-trivial?

Fast jeder Mensch kann Meisterschaft erreichen, kann sich zu einem freien kultivierten Menschen entwickeln. Talente und Fähigkeiten kann man entwickeln, fast grenzenlos.

Ein besonderes Gehirntraining besteht in der Bewegung zusammen mit anderen. Menschen haben sehr unterschiedliche Fähigkeiten und Gaben, die zur Entfaltung kommen, wenn sie es zunächst entdecken können, wenn sie Gelegenheit bekommen, ihren Neigungen und Wünschen zu folgen.

Wie kann es sein, dass Menschen mit Trisomie 21, einem der schwersten genetischen Defekte, unter guten Umständen Abitur machen und studieren?

Wir brauchen weniger Experten, Eliten und mehr freie Bildung für alle und mehr Dilettanten. Der Dilettant ist der, der etwas aus sich selbst heraus erlernt und ausübt, ohne äußere (monetäre) Anreize. Das Wort stammt aus dem Lateinischen und bedeutet so viel wie der Vergnügte. Wir brauchen weniger Gleichmacherei, weniger fest gefügte, vorgegebene Ausbildungsziele. Bildung ereignet sich und kann nur gelingen. Gras wächst nicht schneller, wenn man es zieht, sagte man schon bei den Indianern.

Wissen, noch mehr Wissen und der Mensch ist bestens vorbereitet für eine Welt, die dann vergangen ist, wenn alles (auswendig) gelernt wurde. Bildung glückt, wenn Menschen Möglichkeiten bekommen, das Lernen zu erlernen und auf frei gewählten Feldern liebevoll unterstützt werden. Für das Lernen braucht man Muße und die Freiheit, selbstbestimmt die Inhalte und Wege zu wählen. Diese freie Bildung wurde allerdings noch nie von den aktuell Mächtigen gewünscht. Für den gegenwärtigen Finanzkapitalismus benötigt man sowieso nur wenige soziopathische Akteure mit mathematischer Spezialbegabung, einige Machtkompetenten, Egomanen und ein Fußvolk aus Stimmabgebern, fleißigen Konformisten und gläubigen Konsumenten.

Alle Menschen stammen zudem aus einer extrem kleinen Ursprungsguppe von etwa zehntausend Urmenschen. 99.9 % des Erbgutes ist bei allen Menschen gleich, es gibt nur wenige Gene, so ist es auch biologisch gesehen unwahrscheinlich, dass der Mensch genetisch determiniert ist. Das Meiste entwickelt sich als Anpassungsleistung an eine Überlebenswirklichkeit. Determinierte Wesen könnten bei schnellem Umfeldwandel nicht lange überleben. Menschen sind zu allem fähig, vor allem zur Zusammenarbeit, Erfindung, Empathie und Liebe. Leidenschaft und emotionale Beteiligung ermöglichen wirkliches Lernen. Menschen können sich entwickeln, sich aus ihren Routinen befreien, wenn es neue Beziehungserfahrungen gibt, die empfunden und gefühlt werden. Nur ignorante Dummköpfe glauben Tauberbischofsheimer hätten ein Fechtgen, Kenianer ein Laufgen, Schifferstädter ein Ringergen, Chinesen ein Chinesischsprechgen, Frauen könnten kein Mathe und Pauken mache klug. Die Kontexte prägen den Menschen. Genauer: Menschen benötigen Förderung, Ermunterung, Vorbilder und Möglichkeiten, ihre Wünsche zu artikulieren und Themen selbst auszuwählen. Man kann von von drei wesentlichen Grundmustern menschlichen Verhaltens ausgehen. Menschen neigen zur Imitation, Kooperation und suchen Anerkennung. Sie wollen dazugehören. Diese drei Elemente bedingen sich gegenseitig und können in einen Teufelskreis führen oder aber zur gemeinsamen Entwicklung beitragen. Wichtig ist, dass die Akteure unabhängig, eigenständig agieren können, sich gegenseitig durch Dialoge erkennen lassen. Wenn die Menschen Angst bekommen, verunsichert sind, drehen sich die Elemente in eine negative Richtung. Angst diszipliniert, trivialisiert, fördert den Konsum und die Gewalt. Dann lässt die Kooperationsneigung stark nach oder dient nur dem Bündnis gegen Dritte, die Menschen imitieren schlechte Verhaltensweisen und suchen dadurch Anerkennung. Es beginnt eine Gewaltspirale. Die Gemeinschaft zersetzt sich von innen. Genau diese negative Entwicklung kann man verhindern, indem man die oben skizzierten Kriterien oder Elemente einer erfinderischen und zukunftsfähigen Gesellschaft berücksichtigt. Menschen können gar nicht allein die richtigen Entscheidungen treffen. Menschen wissen nicht, was sie glücklich und zufrieden macht, sie überbewerten Chancen oder unterbewerten Risiken. Oder sie setzen sich falsche Ziele, ihre Erinnerung ist getrübt. Besonders Daniel Kahneman hat die Probleme menschlichen Handelns und Entscheidens erforscht.[22] Menschen sind nicht dazu in der Lage, die für sie vorteilhaften Entscheidungen zu treffen. Wir sind

22 Vgl. Kahneman 2012.

alle extrem irritierbar, benötigen allenfalls kohärente Geschichten, lassen uns damit aber oft zu Verhalten veranlassen, das uns schadet.

Die Asymmetrien der Kommunikation erzeugen eine extreme Schieflage zwischen Bürgern und Experten und zwischen Konsumenten und Produzenten. Die Dezentralisierung und Relokalisierung der Wirtschaft kann hier einen sehr positiven Beitrag leisten. Menschen werden befähigt, sich selbst zu versorgen, Dinge zu erstellen und zu pflegen. Auch ist dabei eine intensivere Zusammenarbeit wahrscheinlich. Die Menschen wenden sich wieder gegenseitig zu.[23]

Der aktuelle und der historische Kontext spielen eine enorme Rolle. Diese Kontexte kann man jedoch förderlich gestalten, also die Wahrscheinlichkeit für gute Entscheidungen erhöhen. Neben der Kreativität und Entwicklungsfähigkeit können auch Empathie und Kooperationsfähigkeit gefördert werden.

## Die Region lernt Kooperation: Zusammenhalt und Miteinander

Menschen können nicht nur ungeahnte kreative Talente entwickeln, sondern sind auch grundsätzlich empathische und kooperative Wesen. Diese Fähigkeiten, die auch als Mitgefühl, soziale Kompetenz und Ähnliches beschreiben werden, werden in Zukunft besonders benötigt. Die Kooperation ist eines der ersten Lernergebnisse des Menschen. Der Mensch kommt wegen seines großen Gehirns etwa ein halbes Jahr zu früh auf die Welt. Das Kind käme ansonsten nicht durch den Geburtskanal. Somit muss sich das Baby sofort auf die Suche nach Kooperationspartnern machen. Diese Fähigkeit zur Zusammenarbeit und zur Einfühlung in Andere muss also bei jedem Menschen tief im Gehirn verankert sein. Die Umfeldbedingungen können diese Fähigkeit allerdings überlagern. Empathie und Beziehungsfähigkeit können bei sehr negativen Umfeldbedingungen bzw. Beziehungserfahrungen epigenetisch geradezu ausgeschaltet werden. Menschen mutieren dann zu Zombies. Eine Konkurrenzwirtschaft nach dem Motto »ruiniere Deinen Nächsten« ist dazu eine geeignete Voraussetzung. Eine ungleiche, gewaltorientierte Gesellschaft zerstört das Miteinander. Richard Sennett hat nun kürzlich beschrieben, welche Bedingungen Zusammenarbeit erschweren und welche diese befördern. In seinem Buch *Together* kann man die detaillierten Ergebnisse studieren.[24] Anschaulich führt er aus, wie zum Beispiel Musikorchester nur ein gutes Ergebnis hervorbringen, wenn alle für das Ganze agieren, sich einbringen, auf die anderen hören, sie unterstützen. Bei den von mir favorisierten Jazzbands gelingt die Musik sogar ohne formale Leitung. Einzelne improvisieren, lauschen auf die anderen, schweifen virtuos ab und doch dient das alles dem

23 Vgl. Bergmann 2004 und ders. 2005. Bergmann / Friedmann 2007.
24 Vgl. Sennett 2012.

Ganzen. Gleichheit ermöglicht Zusammenarbeit, krasse Status- und Machtunterschiede verhindern sie. Lokale Treffpunkte wie öffentliche Plätze, aber auch die Existenz von Poststellen und kleinen Läden, Wochenmärkten oder Allmende befördern Gemeinschaft und Zusammenarbeit. Die öffentliche Hand sollte *de-privatisieren*, das heißt, möglichst viele Brachgelände und Altflächen in der Region zurückerwerben, um sie gezielt (unter demokratischer Kontrolle) für innovative Entwicklungsbereiche (Start ups etc.), öffentliche Plätze und bezahlbare Wohnflächen zur Verfügung zu stellen. Auch die Energieversorgung und -entsorgung sollten wieder in Gemeineigentum umgewandelt werden, um den Gestaltungsspielraum zu erweitern. Die Stadt sollte lebenswert entwickelt werden, das heißt leben, arbeiten, einkaufen, ausgehen sollte in den Stadtteilen stattfinden können. Die Annäherung segregierter Lebensbereiche führt zu mehr Heterogenität. Es entstehen so keine seelenlosen, unkreativen, wenig innovationsförderlichen Einkaufstempel, Arbeitsbunker und Vergnügungszentren, welche das Leben der Menschen in streng getrennte Bereiche wegschieben. Städte können sich grundsätzliche kreativ entwickeln, wenn sie sich zu offenen sozialen Kommunikationsräumen ausbilden.

Schon in den 1980er Jahren haben Michael Piore und Charles Sabel die Möglichkeiten der Zusammenarbeit im Wettbewerb verdeutlicht. In der flexiblen Spezialisierung wird mehr kooperiert als konkurriert, was Vorteile für alle bringt. Es bilden sich so neue Kooalitionen und plötzliche Technologieverschiebungen.[25] Mit der flexiblen Spezialisierung versucht man, Unternehmen so zu organisieren, dass sie sich kurzfristig an die Bedingungen auf kontingenten und turbulenten Märkten anpassen können. Statt Massenfertigung in Großbetrieben wird die Produktion in innovativen und flexiblen Klein- und Mittelbetrieben organisiert, die (lokal oder regional) vernetzt sind. Die Flexibilität resultiert aus dem Einsatz von *Mass Customization*, also von Fertigungssstätten, die kleine Losgrößen zulassen.

## Zukunftsfähigkeit: Die Region wird richtig gut

Wir können uns wahrhaft kultivieren, richtig gut werden, wenn wir uns zu Erfindung und Entwicklung inspirieren, mitfühlen und zusammenarbeiten. Erst das maßvolle Handeln macht die Sache wirklich rund. Ja, wir müssen rückwärts wieder aus der Sackgasse des Konsumierens und entfremdeten Arbeitens hinaus. Dies ist ein Irrweg, der sowieso nicht lange durchhaltbar ist. Ja, wir können alle anders konsumieren, mehr tauschen, reparieren, und selbst machen. Vielen würden die verbleibenden Dinge endlich wieder bedeutsamer. Es wäre doch so

25 Vgl. Piore / Sabel 1985.

schön, Statuskonsum einzusparen, der uns sowieso nur von den anderen isoliert. Wenn wir versuchen, maßvolles Handeln zu etablieren, nützen Appelle wenig. Die Reduktion und der Verzicht sind wahrscheinlich nicht sehr populär. Es gibt aber eben Wege, nicht linear zu begrenzen und zu subtrahieren, sondern andere Wege zu beschreiten. Zum Beispiel Lebensweisen zu entwickeln, die weniger expansiv, verdrängend und verzehrend wirken. Mehr gemeinsam zu gestalten, anders zu fertigen, zu tauschen und zu unterstützen. Jeder Mensch kann die oben genannten Merkmale erfinderischer Sphären auch auf sich persönlich anwenden, sich vervielfältigen, indem er oder sie unbekannte Felder bearbeitet, sich mit bisher vielleicht abgelehnten Menschen, Methoden, Dingen und Kulturen beschäftigt. Das, was ich ablehne, zeigt mir, wo die größte Entwicklungschance liegt. Wir können Ungleichheiten abbauen und jeden Menschen gleich behandeln, für andere da sein, sie anerkennen und integrieren. Wir können den Austausch und die Mitwirkung vermehren, uns einmischen und für andere eintreten. Besonders bedeutsam ist wohl, sich individuelle Spielräume zu erarbeiten, unabhängig und frei zu sein, indem man Entscheidungen nur aus purer Freude trifft und so Zugang zu seinen Träumen, Fantasien und Leidenschaften bekommt. Man schafft dadurch mehr Handlungsoptionen für sich und andere.

Wir benötigen für die neuen Herausforderungen eine fundamentalen Umbau der Industriegesellschaft. Die Modelle der Organisation dazu lauten: Gemeinwirtschaft, Genossenschaften, Netzwerke, Selbstversorgung, Handwerk, Reparatur, Tausch. Viel zu viele Bereiche sind der demokratischen Kontrolle entzogen worden. In viel zu viele Bereiche ist die Ökonomisierung vorgedrungen. Wir haben die Chance auf einen anderen Wohlstand für alle. Für einen Wohlstand im Einklang mit der Natur und der unseren Nachkommen eine lebenswerte Welt hinterlässt. Das geht mit mehr Miteinander, mehr Demokratie, mehr Kooperation, mehr Spaß und Lebensfreude. Noch besteht die Chance, die Region als Pionier in dieser Entwicklung zu positionieren. Der große Ökonom John Maynard Keynes hat schon vor vielen Jahren von der Möglichkeit eines anderen Wohlstands gesprochen. Es wäre sehr schön, das in den nächsten 20 Jahren auch hier zu erleben.

> »Der Tag ist nicht weit, an dem das ökonomische Problem in die hinteren Ränge verbannt wird, dort, wohin es gehört. Dann werden Herz und Kopf sich wieder mit unseren wirklichen Problemen befassen können – den Fragen nach dem Leben und den menschlichen Beziehungen, nach der Schöpfung, nach unserem Verhalten und nach der Religion.«[26]
>
> J. M. Keynes 1948

26 J. M. Keynes 1948, zitiert nach Weber 2008, S. 7.

## Literatur

Al-Khali, Jim: Im Haus der Weisheit, die Arabischen Wissenschaften als Fundament unserer Kultur. Frankfurt am Main 2011.

Bell, Daniel: Die nachindustrielle Gesellschaft. Frankfurt am Main 1975.

Bergmann, Frithjof: Neue Arbeit, Neue Kultur. Freiamt 2004.

Bergmann, Frithjof: Die Freiheit leben. Freiburg 2005.

Bergmann, Frithjof / Friedmann, Stella: Neue Arbeit kompakt. Vision einer selbstbestimmten Gesellschaft. Freiburg 2007.

Bergmann, Gustav / Daub, Jürgen: Das Menschliche Maß. München 2012.

Bergmann, Gustav / Daub, Jürgen: Systemisches Innovations- und Kompetenzmanagement. Wiesbaden 2008.

Burke, Peter: Die Renaissance. Berlin 1990.

Florida, Richard: The Rise of the Creative Class. And How It's Transforming Work, Leisure and Everyday Life. New York 2002.

Gershenfeld, Neil A.: FAB: The Coming Revolution on Your Desktop – From Personal Computers to Personal Fabrication. New York 2005.

Kahneman, Daniel: Schnelles Denken, langsames Denken. München 2012.

Krugman, Paul: Geography and Trade. Leuven / Cambridge / London 1991.

Layard, Richard: Die glückliche Gesellschaft. Kurswechsel für Politik und Wirtschaft. Frankfurt am Main / New York 2005.

Lucas, Robert E.: ›On the mechanics of economic development‹, in: *Journal of Monetary Economics 1988/22* Issue 11, S. 3–42.

Neef, Andreas / Burmeister, Klaus / Krempl, Stefan: Vom Personal Computer zum Personal Fabricator. Points of Fab, Fabbing Society, Homo Fabber. Hamburg 2006.

Neofidow, Leo: Der sechste Kondratieff: Wege zur Produktivität und Vollbeschäftigung im Zeitalter der Information. Sankt Augustin 2006 [1996].

Ostrom, Elinor / Helfrich, Silke: Was mehr wird, wenn wir teilen. Vom gesellschaftlichen Wert der Gemeingüter. München 2011.

Piore, Michael J. / Sabel, Charles F.: Das Ende der Massenproduktion. Berlin 1985.

Porter, Michael E.: ›Clusters and the new economies of competition‹, in: *Harvard Business Review* 1988/11/12, S. 77–90.

Schramm-Klein, Hanna / Steinmann, Sascha: Innovationsfähigkeit und Innovationstätigkeit heimischer Unternehmen. Verdeckte Innovation – sichtbarer Erfolg. Siegen 2012.

Vetter, Klaus Th.: IHK-Präsident im Wirtschaftsreport, Siegen 11/2012

Sennett, Richard: Together. Boston 2012.

Städteporträt in der Beilage der Süddeutschen Zeitung, in: *SZ Magazin*, Ausgabe vom 02.08.1996

Wilkinson, Richard / Pickett, Kate: Gleichheit ist Glück. Warum gerechte Gesellschaften für alle besser sind. Hamburg 2009.

Weber, Andreas: ›First Annual Report of the Arts Council (1945–1946)‹, in: Ders.: *Biokapital. Die Versöhnung von Ökonomie, Natur und Menschlichkeit.* Berlin 2008, S. 7.

Niko Schönau & Tim Reichling

# Unterstützung des Austauschs von Wissen zwischen der Universität Siegen und der Region

Betrachtet man die Entwicklung von Innovationen und Innovationsmanagement, so ist leicht festzustellen, dass Wissen innerhalb der letzten Jahre als zentraler Produktionsfaktor anerkannt wurden ist. Dadurch rückt insbesondere auch die Universität als genuiner Wissensproduzent in den Fokus von Innovationsprozessen. Die Präsenz von öffentlichen Forschungseinrichtungen in einer Region führt zur Diffusion von neuen Forschungsergebnissen (Nelson 1994). Als Folge dieser Entwicklung ist es zu einer »Industrialisierung der Wissenschaft« gekommen (Hülsbeck 2011, S. 8), denn als einer der zentralen Lieferanten in offenen Innovationsprozessen (Chesbrough 2003) musste sich vor allem die Hochschule der Industrie annähern. Da Wissen an sich immer personengebunden (Hülsbeck 2011) und an einen Wissensträger gebunden ist, ist der positive Effekt einer Hochschule insbesondere in der umliegenden Region zu spüren (Dasgupta / Stiglitz 1980).

Der hier vorliegende Artikel untersucht zunächst die Motivation von Wissenstransfer zwischen der Universität und der regionalen Wirtschaft. Weiterhin wird kurz beleuchtet, wie regionale Cluster entstehen können. Abschließend wird ein System vorgestellt, welches es Unternehmern der Region erlaubt, den richtigen Ansprechpartner an der Hochschule zu finden, und darauf eingegangen, wie dieses ein weiterer Schritt sein kann, um den Wissenstransfer zwischen Universität und Wirtschaft zu forcieren. Der Artikel schließt mit einer kurzen kritischen Betrachtung der hier vorgestellten Technologie und ordnet diese in den Gesamtkontext akademischen Wissenstransfers ein.

## Motivation von Unternehmen

Aufgrund der immer kürzer werdenden Produktlebenszyklen und dem damit verbundenen hohen Bedarf an Innovation in Unternehmen kam es, analog zu der Entwicklung an Hochschulen, zu einer »Verwissenschaftlichung der Industrie« (Hülsbeck 2011, S. 8). Im Zuge dieser Verwissenschaftlichung zeichnet sich Innovation heute als arbeitsteilige Interaktion zwischen vielen Akteuren unterschiedlichster Institutionen aus (Kanning 2010). Ein wichtiger Partner in den Open Innovation-Prozessen kann die Hochschule sein, denn auf Grund der akademischen Wissensgenese, welche die Berücksichtigung des aktuellen Stands der Forschung, dessen Hinterfragung sowie aufbauend darauf die Weiterentwicklung von Problemstellungen enthält, kann hier Wissen generiert werden, welches sonst von insbesondere mittelständischen Unternehmen nicht erreicht werden kann (Grimpe / Hussinger 2008). Dies gilt insbesondere für aufstrebende Märkte, da hier Fortschritte erzielt werden können, die es Unternehmen ermöglichen, ihre Position am Markt zu verbessern (Hall u.a. 2003).

Betrachtet man typische Innovationsprozesse, so sind insbesondere in den Projekten, in denen neue Technologien erforscht oder benutzt werden, das Risiko und die Kosten höher als in vergleichbaren Projekten. Gerade hier kann eine Transferkooperation mit einer Hochschule sowohl die Kosten als auch das Risiko minimieren (Olsen 2004). Auch wurde von Eckl und Engel (2009) eine hohe Korrelation zwischen einem positiven Projektausgang und einem höheren Return on Investment bei Beteiligung einer Hochschule festgestellt. Gerade für kleine und mittlere Unternehmen ist die Kooperation mit Forschungseinrichtungen eine Chance, da diese weder über große Rückstellungen für Forschung und Entwicklung verfügen noch dauerhaft große Risiken eingehen können, um ihr Kerngeschäft weiterzuentwickeln.

## Motivation von Hochschulen

Auf Seiten der Hochschule sind Unternehmenskooperationen insofern interessant, als dass hier zum einen zusätzliche finanzielle Mittel akquiriert werden können, zum anderen durch Forschungsallianzen die eigene Wissensbasis erweitert werden kann und so das wissenschaftliche Portfolio punktuell spezialisiert wird. Denn der Transferpartner der Hochschule kann durchaus Wissen haben, welches komplementär zu dem eigenen Wissen beziehungsweise den eigenen Fähigkeiten ist (Heffner 1981; Barnett et u.a. 1988; Morrison u.a. 2003). Der Wissenstransfer findet also in beide Richtungen statt und so können beide Partner nachhaltig von den Partnerschaften profitieren.

Weiterhin kann ein starker Forschungspartner auch dabei helfen, die Forschungsergebnisse zu verbessern, indem Publikationen beispielweise um anwendungsrelevante Projektergebnisse erweitert werden können (Barnett u.a. 1988; Morrison u.a. 2003). Auch kann eine etablierte Beziehung zwischen Unternehmen und Hochschule dazu dienen, dass die Universität langfristig an Prestige gewinnt (Hülsbeck 2011) und somit attraktiver für Wissenschaftler, Unternehmer und Studenten wird.

## Motivation der Region

Nicht nur die beteiligten Unternehmen und Hochschulen profitieren von den Partnerschaften, auch die Region, in der sich die Unternehmen und die Hochschule befinden, profitiert indirekt davon. Denn seit Eintritt in die Industrialisierung ist Wissen der zentrale Antrieb für das ökonomische Wachstum der Volkswirtschaft (Hülsbeck 2011). Dabei führt die universitäre Auseinandersetzung mit neuen Technologien dazu, dass diese für die Gesellschaft nutzbar gemacht beziehungsweise Unternehmen zur Verfügung gestellt werden können. Bei der beteiligten Industrie kommt es hier zu einer Erhöhung der Produktivität (Nelson 1994), welche gleichzeitig zur Steigerung des Wohlstandes in der Volkswirtschaft führt (Clark 2010). Ebenso zu berücksichtigen ist auch, dass bei der Kooperation zwischen öffentlichen Forschungseinrichtungen und privatwirtschaftlichen Unternehmen neu entwickelte Produkte schneller Marktreife erreichen und somit der Bevölkerung schneller zur Verfügung stehen können (Blumenthal u. a. 1996).

Ein weiterer wesentlicher Faktor ist, dass in den Regionen, in denen ein (intensiver) Austausch herrscht, die Arbeitslosenzahlen niedriger und das durchschnittliche Einkommen größer sind als in vergleichbaren Regionen (Audretsch u. a. 2006). Daher gilt auch der nachhaltige Austausch zwischen Wissenschaft und Wirtschaft als zentraler Schlüssel für den Erfolg der Industrienation Deutschland (BMBF / BMWi 2001).

## Entstehung von Clustern

Des Weiteren bildet ein nachhaltig etablierter Austausch zwischen Unternehmen und Forschungseinrichtungen innerhalb einer Region bereits einen zentralen Bestandteil von »Clustern«. Als solche werden entsprechend der gängigen Definition von Porter (2000) räumlich benachbarte Gruppen miteinander vernetzter Unternehmen und Institute auf einem speziellen Gebiet bezeichnet. Bedeutend sind dabei laut Sautter (2004, S. 66) die beiden Aspekte der »räumlichen und der sektoralen Konzentration in einer Wertschöpfungskette«. Diese Definition schließt neben Unternehmen explizit auch weitere Institutionen wie Forschungseinrichtungen oder öffentliche Verwaltung mit ein. Bemerkenswert an dieser Struktur ist die Tatsache, dass die zugehörigen Unternehmen Wettbewerbsvorteile gegenüber Mitbewerbern außerhalb des Clusters aufweisen, die sich unter anderem durch die räumliche Nähe und daraus resultierend kurzen Transportwegen ergeben. Populäre Beispiele, die die genannten Merkmale aufweisen, bilden die Hollywood-Filmstudios oder das Mechatronik-Cluster Silicon Valley.

Im Hinblick auf die hocheffiziente Transportlogistik heutiger Unternehmen sowie die Tatsache, dass in vielen Branchen (z. B. der Software-Branche) materielle Güter nur noch zweitrangiger Produktionsfaktor sind, stellt sich die Frage, warum sich auch hier Clusterstrukturen positiv auf die Wettbewerbsfähigkeit beteiligter Unternehmen auswirken. Porter selbst bezeichnet dieses Dilemma als »Location Paradoxon« und argumentiert, dass sich räumliche Nähe auf weit mehr als den Transport von Gütern bezieht (Porter 1998): So bieten Cluster etwa bessere Rahmenbedingungen für Wachstum und die Steigerung von Innovationen sowie Produktivität. Zum einen führt die räumliche Nähe von Unternehmen und Institutionen zu einem verstärkten und lebhaften Informationsfluss zwischen den Akteuren auch über Unternehmensgrenzen hinweg, die wiederum die rasche Verbreitung von spezialisiertem Know-how fördern (Donhauser 2006). Zum anderen entwickelt sich in Clustern langfristig ein spezialisierter »Labor Pool« (Schiele 2003, S. 38), der Unternehmen einen einfachen Zugang zu kompetenten Mitarbeitern gewährt. Schließlich bildet soziales Kapital unter den Akteuren einen wichtigen und nicht übertragbaren Wettbewerbsvorteil, da es ebenfalls die Verbreitung von Expertenwissen fördert und kooperationsunterstützend wirkt (Huysman / Wulf 2004).

Zu den distinktiven Merkmalen von Clustern zählen zudem ein verstärkter Wettbewerb zwischen den Cluster-Unternehmen sowie eine erhöhte Transparenz hinsichtlich der Leistungsfähigkeit von Wettbewerbern. Auch diese sind Folgeerscheinungen räumlicher Nähe, die sich langfristig positiv auf die Wettbewerbsfähigkeit auswirken. Wie Porter (1998) argumentiert, werden Nachteile, die aufgrund der verstärkten Konkurrenzsituation entstehen, durch die ansonsten besseren Rahmenbedingungen im Cluster (siehe oben) mehr als wettgemacht. Zum anderen erzeugen verstärkter Wettbewerb und Transparenz nach Porter zunächst einen erhöhten Leistungs- und Innovationsdruck auf die beteiligten Unternehmen, um neben den Konkurrenten zu bestehen. Auf diese Weise erlangen die Clusterunternehmen im Laufe der Zeit Wettbewerbsvorteile gegenüber außenstehenden Unternehmen, die dem Druck nicht ausgesetzt sind.

Im Hinblick auf die Frage, wie sich Clusterstrukturen aufbauen beziehungsweise fördern lassen, lässt sich zunächst feststellen, dass hochspezialisierte und hocheffiziente Unternehmen nur sinnvoll agieren können, wenn sie in einer entsprechend spezialisierten und effizienten Umgebung eingebettet sind, was einen gemeinsamen Entwicklungsprozess voraussetzt. Beide für sich wären wirkungslos. Es wird rasch klar, dass sich Clusterstrukturen nicht innerhalb kurzer Zeiträume bilden, sondern vielmehr über mehrere Jahrzehnte. Ursprung der Entwicklung eines Clusters ist oftmals eine Verkettung von Zufällen, wie im Fall des Silicon Valley: Zunächst führten in den 1950er Jahren günstige Gewerbeflächen in der Region zur Anhäufung von Unternehmen. Es folgte eine Abspaltung mehrerer Tochterunternehmen durch ehemalige Leistungsträger eines bis dahin erfolgreichen Ursprungsunternehmens und somit die Ausweitung des Clusters. Dieser Vorgang wiederholte sich mehrfach, bis sich das Silicon Valley zu seiner heutigen Größe und Spezialisierung entwickelt hatte.

Interessanterweise haben Initiativen zur Bildung von Clustern »aus dem Nichts« bislang nicht zu nennenswerten Erfolgen geführt (Sautter 2004). Es scheint fraglich, ob die gezielte, künstliche Schaffung von Clustern überhaupt möglich ist (Alecke / Untiedt 2005). Dagegen können Fördermaßnahmen zur Stärkung bestehender Clusterstrukturen durchaus erfolgreich sein (Sautter 2004). So führten Reichling u. a. (2008a) in der Region Siegen-Wittgenstein eine Reihe von Maßnahmen durch, die typische Clustermerkmale ausbilden und verstärken sollen. Die Region an sich weist bislang nur schwache Clustermerkmale im engeren Sinne auf. Eine Spezialisierung entlang einer Wertschöpfungskette ist erkennbar (in den Bereichen Automotive und Holzverarbeitung), dagegen hat sich noch kein reichhaltiger Labor Pool (s. o.) entwickelt, was sich durch einen Fachkräftemangel äußert. Auch existieren nur punktuell Kooperationsbeziehungen zwischen den lokalen Unternehmen und Institutionen, insbesondere der Universität.

Zu den Maßnahmen, die im Rahmen der Studie von Reichling u. a. (2008a) durchgeführt wurden, gehörten neben Netzwerk-Events auch die Durchführung von Industriepraktika (»Courses in Practice«) und das Aufsetzen einer spezialisierten Unternehmenssuchmaschine (»Business Finder«; Reichling u. a. (2008b) in Kooperation mit der regionalen Wirtschaftsförderung. Letztere bildet eine spezialisierte und auf die Region eingeschränkte Unternehmenssuchmaschine, die strukturierte Informationen über die regionalen Unternehmen in einheitlicher Form erhebt (Unternehmenssitz, Stammdaten, Produkte und Leistungen etc.) und diese mit (unstrukturierten) Informationen wie Webseiteninhalten kombiniert. Eine Evaluationsstudie zeigte, dass die Suchergebnisse im Hinblick auf Recall und Precision[1] durchaus Vorteile gegenüber etablierten Suchmaschinen wie Google und Suchmaschinen der regionalen Wirtschaftsförderung beziehungsweise IHK boten und sich die Unternehmenssuchmaschine somit als (ein) Instrument zur Förderung der regionalen Wettbewerbsfähigkeit anbot (Reichling u. a. 2008).

1 Die Größen Recall und Precision gelten als Richtwerte für die Bewertung von Suchalgorithmen: Precision bezeichnet das Verhältnis korrekter Suchergebnisse zur Gesamtzahl der Ergebnisse, Recall dagegen die Ausbeute korrekter Suchergebnisse im Verhältnis zur Gesamtheit *möglicher* Ergebnisse.

## ExpertFinder und Universität

Betrachtet man den Austausch, der in den letzten Jahren zwischen der Universität Siegen und der Region Südwestfalen stattfand, so hat sich dieser mehr und mehr etabliert. Allerdings wird insbesondere von Hochschulseite gefordert, dass dieser Austausch sowohl professionalisiert als auch intensiviert wird. In einer Erhebung von Oktober 2011 bis August 2012 (durchgeführt im Rahmen der Diplomarbeit von Niko Schönau 2012) wurde die Praxis des akademischen Wissenstransfers zwischen der Hochschule und der regionalen Industrie beleuchtet. Ein zentrales Ergebnis dieser Untersuchung war, dass die Universität Siegen zwar als wichtiger Teil dieser Region wahrgenommen wird, allerdings wurde die Universität nicht als Kooperationspartner wahrgenommen und das, obwohl die hier befragten Unternehmen die Hochschule durchaus als Partner hätten gebrauchen können, um aktuelle Problemstellungen zu lösen.

Interessanterweise wurde dies von Unternehmen nicht als Problem dargestellt, sondern in einem Teil der Interviewreihe wiedergegeben, in dem die Unternehmer schildern sollten, welche Bedeutung die Universität für die Region habe. Dies wird allerdings insofern zum Problem, als die Hochschule in der Tat den akademischen Wissenstransfer forcieren *muss* (entsprechend der Landesvereinbarung) und dementsprechend als Partner für die Unternehmen in Frage kommen muss. Das Problem, was keines ist, wird somit doch zum Problem, denn wenn nicht klar ist, welche Kompetenzen die Hochschule hat, dann muss dieses an einer suboptimalen Darstellung der Kompetenzen der Lehrstühle liegen. Darüber hinaus darf auch nicht vergessen werden, dass auch die Hochschule als Kooperationspartner vom Wissenstransfer profitiert.

Betrachtet man auf der anderen Seite erfolgreiche Kooperationen zwischen der Hochschule und Siegener Unternehmen, so lassen sich diese grob in zwei Kategorien einordnen: Studentenarbeiten und Forschungskooperationen. Beide unterscheiden sich signifikant, da der Zeithorizont bei Studentenarbeiten wesentlich geringer ist. Wenn man diese Kooperationen genauer betrachtet, so entstehen beide dennoch im Wesentlichen aus einem Netzwerk heraus. Sowohl Wissensrezipient als auch Wissender sind einander direkt bekannt. Und obwohl ihr Zeithorizont unterschiedlich ist, kann aus einer erfolgreichen Studentenarbeit durchaus auch eine erfolgreiche Forschungskooperation entstehen, denn durch die »vertrauensvolle Verbindung«, die so zwischen den Partnern entstehen kann, herrscht auf beiden Seiten Klarheit hinsichtlich der Kompetenzen und Bedürfnisse des jeweils anderen. Auch können gerade bei diesen langfristigen Kontakten Probleme im Dialog zur Sprache kommen, die nicht von vornherein so artikuliert respektive erkannt wurden. So wurde zum Beispiel von einem Unternehmer berichtet, dass sich bei einem Gespräch über die Innovationsfähigkeit des Unternehmens ein Projekt in einem ganz anderen Bereich ergeben habe, da klar wurde, dass großes Verbesserungspotenzial in einem anderen Prozessschritt möglich war. Darüber hinaus führen solche Kontakte in Netzwerken zu einem stetigen Austausch im Hinblick auf Innovationen und Neuerungen, und gerade durch diesen informellen Wissenstransfer können Projekte gestartet werden, weil durch die geteilten Informationen womöglich ein Bedarf erst erkannt wurde. In Gesprächen mit Unternehmern wie auch mit Hochschulangehörigen wurden gerade diese Kooperationen positiv hervorgehoben.

Das wesentliche Ergebnis der Interviewreihe in Hinblick auf die Hemmnisse von Wissenstransfer zwischen der Universität und regionalen Unternehmen ist, dass die Transparenz der Hochschule hinsichtlich ihrer Wissensträger erhöht werden muss. Denn nur so kann gewährleistet werden, dass externe Interessenten den richtigen Ansprechpartner finden und so eine Forschungskooperation entstehen kann.

Reichling und Veith haben in ihrer Arbeit (2005) herausgestellt, dass sich insbesondere *Expertise Sharing Systeme* dazu eignen, die Transparenz von komplexen Organisationen zu erhöhen, und den Wissenstransfer zu verbessern. Vor allem im Kontext des vorliegenden Artikels könnte dies eine interessante Lösung sein, da Expertise Sharing Systeme auch als virtuelles Substitut zur Netzwerkbildung eingesetzt werden können (Reichling u. a. 2004). Als Expertise Sharing System wird ein Informationssystem verstanden, das es ermöglicht, »individuell (lokal) gehaltene Expertisen [...] zu lokalisieren und [...] zu teilen« (Tiwana / Bush 2005, zitiert nach Reichling 2008, S. 26). Reichling hat in seiner 2008 veröffentlichen Dissertation eine umfangreiche qualitativ-empirische Studie vorgestellt, welche den positiven Effekt eines Expertise Sharing Systems herausstellt und evaluiert. Diese Systeme sind insbesondere dann sehr erfolgreich, wenn eine semi-automatische Profilerstellung[2] genutzt wird, um aussagekräftigere Profile zu erstellen.

Auf Basis der Ergebnisse der obigen Interviewreihe und der positiven Ergebnisse beim Einsatz von Expertise Sharing Systemen wurde das von Reichling entwickelte ExpertFinder System aufgegriffen und für die Hochschule angepasst. Bei der Anpassung des Systems wurden sowohl die Anforderungen der Hochschulangehörigen als auch der befragten Unternehmer berücksichtigt. Bei einer ersten Evaluation durch Unternehmer wurde das System von den Unternehmern begrüßt, da es die Transparenz der Kompetenzen von Hochschulangehörigen massiv erhöht.

Abbildung 1 zeigt eine Suchanfrage an das System. Zwar ist das System noch nicht für Externe zugänglich, allerdings soll es, wie hier im Bild zu sehen, in die

2 Eine semi-automatische Profilerstellung kombiniert die Eingabe von manuellen Profildaten mit automatisch erzeugten Profildaten.

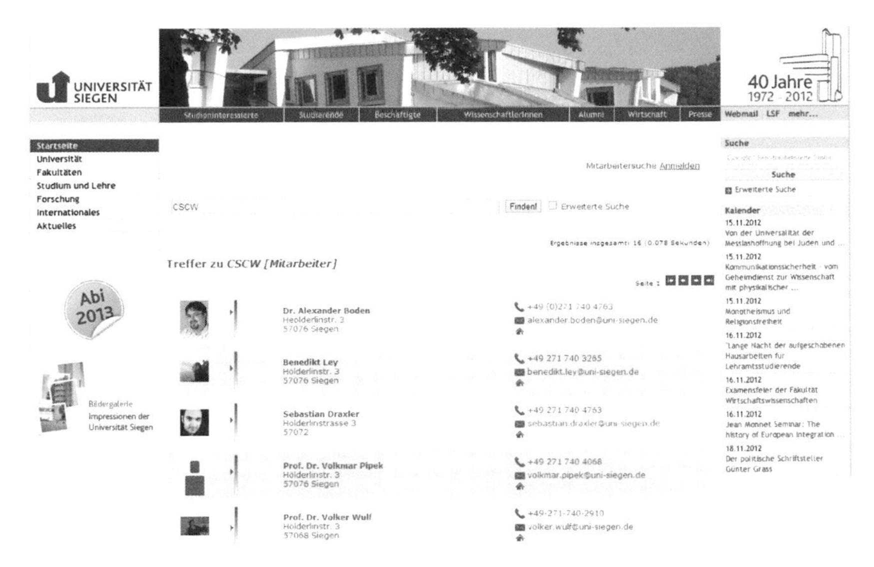


Abb. 1: Suchanfrage in der Probeversion des ExpertFinders

Homepage der Universität Siegen integriert werden, sobald es vollständig einsatzbereit ist, sodass ein einfacher Zugriff für die Unternehmer ermöglicht wird.

## Ausblick

Die Förderung von Wissenstransfers und der damit verbundene positive Effekt sowohl für die Universität als auch für regionale Unternehmen lässt sich sicherlich nicht einzig und allein durch ein technisches System verwirklichen, da die Problemstellung aufgrund heterogener Interessen äußerst komplex ist und nicht nur von einem einzelnen Faktor bestimmt wird. Allerdings bietet die hier vorgestellte Lösung einer spezialisierten Suchmaschine die Möglichkeit, zumindest leichter an geeignete Wissensträger auf Hochschulseite heranzukommen. Mittelfristig muss sich die Universität präsenter in der Region zeigen und vor allem eine Marke etablieren, welche von Unternehmern als wichtiger Ansprechpartner für Unternehmensfragen anerkannt wird. Der vorliegende Artikel zeigt, dass sowohl die Region als auch die Hochschule von einer intensivierten Kooperation profitieren können.

## Literatur

Alecke, Björn / Untiedt, Gerhard: Zur Förderung von Clustern – »Heilsbringer« oder »Wolf im Schafspelz«? Webseite der GEFRA – Gesellschaft für Finanz- und Regionalanalysen GbR Münster 2005, verfügbar unter: http://doku.iab.de/veranstaltungen/2005/gfr_2005_alecke_untiedt.pdf [29.01.2008].

Audretsch, David B. / Keilbach, Max C. / Lehmann, Erik E.: Entrepreneurship and Economic Growth. Oxford 2006.

Barnett, Andy H. / Ault, Richard W. / Kaseman, David L.: ›The rising incidence of co-authorship in economics: Further evidence‹, in: *The Review of Economics and Statistics* 1988/70(3), S. 539–543.

Blumenthal, David / Causino, Nancyanne / Campbell, Eric / Seashore Louis, Karen.: ›Relationships between academic institutions and industry in the life sciences- an industry survey‹, in: *New England Journal of Medicine* 1996/334(6), S. 368–373.

BMBF & BMWi: Wissen schafft Märkte: Aktionsprogramm der Bundesregierung. Bonn 2001.

Chesbrough, Henry W.: Open Innovation: The New Imperative for Creating and Profiting from Technology. Boston 2003.

Clark, Benjamin Y.: ›Influences and conflicts of federal policies in academic-industrial scientific collaboration‹, in: *The Journal of Technology Transfer* 2010/36(5), S. 514–545, verfügbar unter: http://www.springerlink.com/index/10.1007/s10961-010-9161-z [03.04.2012].

Dasgupta, Partha / Stiglitz, Jospeh: ›Industrial structure and the nature of innovative activity‹, in: *The Economic Journal* 1980/, S. 266–293.

Donhauser, Stefan: ›Aktivierung von Wachstumspotenzialen durch Netzwerke Clusterbildung in Baden-Württemberg‹, in: *Statistisches Monatsheft Baden-Württemberg* 2006/4, S. 18–23.

Eckl, Verena C. / Engel, Dirk: ›How to benefit from publicly funded pre-competitive research: an empirical investigation for Germany's ICR program‹, in: *The Journal of Technology Transfer* 2009/36(3), S. 292–315, verfügbar unter: http://www.springerlink.com/index/10.1007/s10961-009-9135-1 [03.04.2012].

Grimpe, Christoph / Hussinger, Kathrin: ›Formal and Informal Technology Transfer from Academia to Industry: Complementarity Effects and Innovation Performance Formal and Informal Technology Transfer from Academia to Industry: Complementarity Effects and Innovation Performance‹, in: *Technology* 2008, S. 1–28, verfügbar unter: http://ssrn.com/paper=1283685 [03.04.2012].

Hall, Bronwyn H. / Link, Albert N. / Scott, John. T.: ›Universities as Research Partners‹, in: *Journal of Economic Studies* 2003/85, S. 485–491.

Heffner, A. G.: ›Funded research, multiple authorship, and subauthorship collaboration in four disciplines‹, in: *Scientometrics* 1981/3(1), S. 5–12.

Huysman, Marlene / Wulf, Volker: Social Capital and Information Technology. Cambridge, MA 2004.

Hülsbeck, Martin: ›Wissenstransfer deutscher Universitäten‹, in: *Evaluation* 2011/31(4), S. 678–690, verfügbar unter: http://www.springerlink.com/index/10.1007/978-3-8349-7125-8 [03.04.2012].

Kanning, Helga: ›Förderung von regionalen Innovationen und Wissenstransfer mit Hochschulen‹, in: Wilken, U. / Thole, W. (Hg.): *Kulturen Sozialer Arbeit.* Wiesbaden 2010, S. 214–225, verfügbar unter: http://www.springerlink.com/content/ju02530434052j11/ [03.04.2012].

Morrison, Philip S. / Dobbie, Gill / McDonald, Fiona J.:›Research collaboration among university scientists‹, in: *Higher Education Research & Development* 2003/22(3), S..275, verfügbar unter: http://dx.doi.org/10.1080/0729436032000145149 [10.04.2012].

Nelson, Richard R.: ›The Co-evolution of Technology, Industrial Structure, and Supporting Institutions‹, in: *Ind Corp Change* 1994/3(1), S. 47–63.

Olsen, Johan P.: Innovation, policy and institutional dynamics. Oslo 2004.

Porter, Michael E. (Hg.): ›Clusters and Competition – New Agendas for Companies, Governments, and Institutions‹, in: *On Competition (Harvard Business Review).* Boston 1998, S. 197–288.

Porter, Michael E.: ›Locations, Clusters, and Company Strategy‹, in: Clark, G. L. / Feldman, M. P. / Gertler, M. S. (Hg.): *Oxford Handbook of Economic Geography.* New York 2000, S. 253–274.

Reichling, Tim: Wissensmanagement in einer Netzwerkorganisation. Entwicklung und Einführung eines Experten-Recommender-Systems in einem Industrieverband. Dissertation, Fachbereich 5 Wirtschaftswissenschaften, Wirtschaftsinformatik und Wirtschaftsrecht, Universität Siegen 2008

Reichling, Tim / Veith, Matthias: ›»Expert Finding« in an organizational context: A case study within an industry association‹, in: *Ninth European Conference on Computer Supported Cooperative Work.* Dordrecht 2005, S. 325–345.

Reichling, Tim / Moos, Benjamin / Rohde, Markus / Wulf, Volker: Towards Regional Clusters: Networking Events, Collaborative Research, and the Business Finder, in: *Proceedings of Eighth International Conference on the Design of Cooperative Systems* (COOP) 2008b.

Reichling, Tim / Wulf, Volker / Moos, Björn: Business Finder – A Tool for Regional Networking among Organizations, in Proceedings of Knowledge Management in Action (KMIA 2008), held in conjunction with the 20th IFIP World Computer Congress (WCC 2008), 07.–10.09.2008 in Milano. Boston 2008a, S. 151–164.

Reichling, Tim / Becks, Andreas / Bresser, Oliver / Wulf, Volker: Kontaktanbahnung in Lernplattformen: Ein Ansatz zur Förderung von Wissensprozessen, in: Proceedings der Tagung »Mensch & Computer 2004 (MC 2004)«, am 7.–10.09.2004 Paderborn, Teubner, S. 179–188.

Sautter, Björn: ›Regionale Cluster – Konzept, Analyse und Strategien zur Wirtschaftsförderung‹, in: *Standort – Zeitschrift für Angewandte Geographie* 2004/2, S. 66–72.

Schiele, Holger (Hg.): Der Standort-Faktor. Wie Unternehmen durch regionale Cluster ihre Produktivität und Innovationskraft steigern. Weinheim 2003.

Schönau, Niko: Technische Unterstützung des Wissenstransfer zwischen der Uni Siegen und der Region. Universität Siegen 2012.

Tiwana, Amrit / Bush, Ashley A.: Continuance in expertise-sharing networks: a social perspective. New York 2005, verfügbar unter: http://ieeexplore.ieee.org/lpdocs/epic03/wrapper.htm?arnumber=1388700 [03.04.2012].

Veronika Albrecht-Birkner

# Die Gemeinschaftsbewegung im Siegerland – ein Projekt der Forschungsstelle für Reformierte Theologie und Pietismusforschung an der Philosophischen Fakultät der Universität Siegen

Wer sich aus beruflichen oder privaten Gründen ins Siegerland begibt und sich mit Land und Leuten ein wenig vertraut macht, wird irgendwann beobachten oder zumindest erzählt bekommen, dass ein Spezifikum dieser Gegend die Prägung durch eine außerordentliche Vielfalt an religiösen Gemeinschaften verschiedenster Art und Größe ist. Je nach eigener Einstellung zu diesem Phänomen verbindet der Volksmund dies mit Etiketten wie ›Land der 99 Sekten‹ oder auch ›Land der Frommen‹.

Abb. 1: Quelle: Wunderlich 1968, Cover. Abdruck mit freundlicher Genehmigung des Brunnen-Verlages Gießen

Allgemein liegt es nahe, dass dies für uns als TheologInnen von Interesse ist. Im Besonderen gilt das für die im Seminar für Evangelische Theologie angesiedelte, von Georg Plasger und mir gegründete ›Forschungsstelle für Reformierte Theologie und Pietismusforschung‹ – und zwar deshalb, weil die spezifische Siegerländer Frömmigkeit reformiert geprägt ist und weil sie etwas mit ›Pietismus‹ zu tun hat. Beides ist zunächst kurz zu erläutern.

Das Siegerland ist im 16. Jahrhundert zunächst lutherisch geworden. Die in der zweiten Hälfte des 16. Jahrhunderts im Zuge einer sog. ›Zweiten Reformation‹ dann vollzogene, aufgrund ihrer Wurzeln auch als ›Schweizer Reformation‹ zu bezeichnende reformierte Konfessionalisierung hat dann aber die nachhaltig prägende Rolle gespielt. Dies gilt auch für die Zeit nach der Einführung der bikonfessionellen Herrschaft im Siegerland im Jahre 1642 und der damit verbundenen Unterstellung eines Teils der Stadt Siegen und des Siegerlandes unter katholische Herrschaft. Faktisch blieben ca. 80 % der Siegerländer Bevölkerung reformiert und hatten nun einen Grund mehr, dieses konfessionelle Selbstverständnis auch stark zu betonen.

Unter ›Pietismus‹ ist zunächst einmal die bedeutendste Erneuerungsbewegung im Protestantismus seit der Reformation zu verstehen, die sowohl Lutheraner als auch Reformierte betraf, sich in ganz unterschiedliche Ausprägungen differenzierte und ihre Blütezeit zwischen ca. 1670 und 1740 hatte. Primär als Frömmigkeitsbewegung entstanden, hat sich der Pietismus bald auch zu einer sozialen Reformbewegung entwickelt, die beträchtlichen Einfluss auf das Armen- und Fürsorgewesen und auf die Entwicklung der Pädagogik, aber auch auf Musik, Kunst und nicht zuletzt auf die Wirtschaft ausübte, und von Deutschland aus binnen weniger Jahre Einfluss nicht nur in weiten Teilen Europas, sondern bis nach Nordamerika und Indien gewann. Anders, als man es von einer ›Frömmigkeitsbewegung‹ erwarten würde, ist der Pietismus also keineswegs ein auf die Kultivierung eines intensivierten persönlichen Glaubenslebens reduziertes Phänomen gewesen, sondern hat von Anfang an auch weltgestaltende Absichten und Wirkungen gehabt. Dabei ist der Begriff ›Pietismus‹ ursprünglich als Schimpfwort entstanden und meinte diejenigen, die es mit der Frömmigkeit (= *pietas*) sozusagen ›zu weit trieben‹. Faktisch aber wurde er noch im Laufe der 1690er Jahre von den Pietisten selbst adaptiert und schließlich auch zu einem religionsgeschichtlichen Begriff.

In seinen Wirkungen ist der Pietismus keineswegs auf das 17. und 18. Jahrhundert beschränkt geblieben – was schon daran erkennbar ist, dass es bis heute Kreise gibt, die sich als ›Pietisten‹ oder zumindest als ›Neu-Pietisten‹ bezeichnen oder so bezeichnet werden. Diese kann man mit den Pietisten der Frühen Neuzeit aber nicht einfach gleichsetzen. Denn zwischen unserer Gegenwart und der Frühen Neuzeit liegen als entscheidende ›Schaltstelle‹ auf dem Weg der Tradierung des Pietismus in die Moderne die sogenannten Erweckungsbewegungen des 19. Jahrhunderts. Diese wurzelten zu einem nicht geringen Teil in dem Bemühen um eine Pietismusrenaissance und setzten sich zum Ziel, in Zeiten zunehmend pluraler Deutungs- und Sinngebungsmuster dem Christentum in individueller wie gesellschaftlicher Hinsicht wieder mehr Plausibilität und Geltung zu verschaffen. Die vielfältigen unter dieser Maßgabe entstandenen Initiativen und Einrichtungen trugen ihrerseits zu einer Pluralisierung des Christentums bei.

Unter den in der Forschung unter ›Erweckungsbewegungen‹ subsumierten christlichen Initiativen des 19. Jahrhunderts kommt der sogenannten ›Gemeinschaftsbewegung‹ eine Schlüsselrolle zu. Sie verdankt ihren Namen der Gründung von ›Gemeinschaften‹ innerhalb von Kirchengemeinden, die zunächst einmal zusätzlich zum sonntäglichen Gottesdienst erbauliche Versammlungen durchführten mit dem Ziel einer intensivierten Frömmigkeitspflege. Solche Einrichtungen, deren zentraler Bestandteil neben Gebet und Gesang die gemeinsame Bibellektüre und -auslegung gegebenenfalls auch ohne Anleitung eines Pfarrers war, hatte es unter der Bezeichnung ›Konventikel‹ auch schon im Pietismus des 17. und 18. Jahrhunderts gegeben. Auch war hier schon das Problem entstanden, dass einzelne Gemeinschaften ihre Versammlungen schließlich als Alternative zu Gottesdienst und kirchlich gebundenem Gemeindeleben verstanden und sich in der Konsequenz von der Kirche lösten. Die deshalb so genannten ›Separatisten‹ waren ein Problem für den Pietismus, weil durch sie der Eindruck entstand, Pietisten seien per se potentiell Kirchenabtrünnige. In dieser Spannung zwischen Kirchennähe und -ferne standen im Grunde auch die nebengottesdienstlichen Gemeinschaften des 19. Jahrhunderts.

Für das Siegerland ist festzustellen, dass die im 19. Jahrhundert entstandenen ca. 120 bis 130 Gemeinschaften mit 43 Vereinshäusern Kern und Ausgangspunkt der eingangs erwähnten außerordentlichen religiösen Vielfalt bildeten. Hier ist die Gemeinschaftsbewegung in einem Maße prägend geworden, wie das wohl für kein anderes Gebiet in Deutschland zutrifft.

Ab der zweiten Hälfte des 19. Jahrhunderts kamen die Brüderbewegung, die Freikirchen und schließlich die Pfingstbewegung als Gemeinschaften mit eigenen Akzenten hinzu. Indem das Forschungsprojekt dezidiert auf die Siegerländer Gemeinschaftsbewegung fokussiert wird, nimmt es also den Kern einer einzigartigen, bis in Mentalitäten hinein wirksam gewordenen religiösen Prägung in den Blick und leistet zugleich einen wesentlichen Beitrag für die Erforschung der deutschen Erweckungsbewegungen.

Aufgrund der bislang vorliegenden Einzelarbeiten zu Pietismus und Erweckungsbewegung im Siegerland v. a. von Ulrich Weiß sowie bereits erfolgten eigenen Recherchen in gedruckten und archivalischen Quellen lassen sich spezifische Grundzüge der Siegerländer Gemeinschaftsbewegung erkennen, die für das Forschungsprojekt Leitthemen markieren.

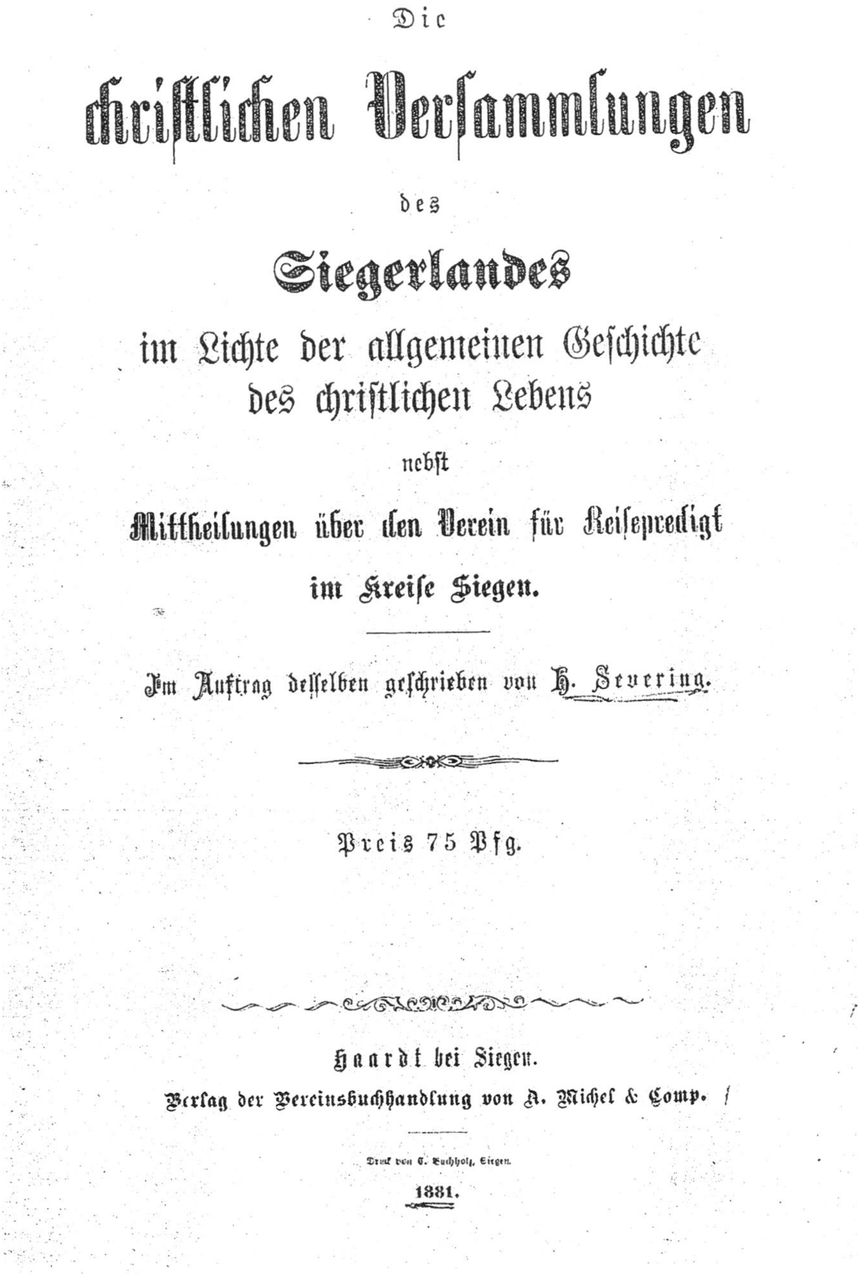

Die

# christlichen Versammlungen

des

## Siegerlandes

im Lichte der allgemeinen Geschichte
des christlichen Lebens

nebst

**Mittheilungen über den Verein für Reisepredigt**

**im Kreise Siegen.**

Im Auftrag desselben geschrieben von H. Severing.

Preis 75 Pfg.

Haardt bei Siegen.

Verlag der Vereinsbuchhandlung von A. Michel & Comp.

Druck von C. Buchholz, Siegen.

1881.

Abb. 2: Quelle: Severing 1881, Titelblatt

## 1. Kontinuitäten zwischen Pietismus und Gemeinschaftsbewegung

Im Jahre 1786 schrieb der Siegener Pfarrer Johann He(i)nrich Achenbach: »Eine programmatische Geschichte der Separatisten, Quäker, Stillen, und wie man sie ferner nennen hört im Siegenschen, würde in vieler Hinsicht großen Nutzen haben können. Aber wer schreibt sie uns?«[1] Nimmt man diese Anzeige eines Desiderats ernst, muss man schließen, dass ›Separatisten, Quäker und Stille‹ im Siegerland am Ende des 18. Jahrhunderts eine nicht unbedeutende, aber nicht geschriebene Geschichte hatten. Achenbachs Wortwahl ist für das 18. Jahrhundert typisch zur Bezeichnung religiöser Nonkonformisten im breiten Spektrum von dezidierter Nichtkirchlichkeit und der Gründung alternativer Gemeinschaften bis zu nach außen unauffälligen Praxen einer besonderen Frömmigkeitspflege. Anhänger letzterer wurden in Anlehnung an Psalm 35,20 im 18. Jahrhundert gern als ›die Stillen im Lande‹ bezeichnet. Sie verstanden und organisierten sich als weitgehend unsichtbares Netzwerk – verbunden durch intensive Briefwechsel und gelegentliche gegenseitige Besuche. Für das Siegerland führen die Spuren solcher Kommunikation vor allem ins Bergische und ins Wuppertal, zu dem von der niederländischen ›Gesellschaft der Fejnen‹ beeinflussten Bandwirker und Mystiker Gerhard Tersteegen als führender Gestalt und dessen Schülern. Daneben konnten wir in Konsistorial- und Synodalprotokollen des Siegerlandes inzwischen schon zahlreiche, bis zum frühen 18. Jahrhundert verfolgbare Spuren handfester Verweigerung, am kirchlichen Leben teilzunehmen, ausmachen.

Angesichts dieses Befundes ergibt sich als ein Leitthema für das Projekt die Frage, wie sich die offensichtlich vorhandenen Kontinuitäten zwischen den verschiedenen, in weiterem Sinn als ›pietistisch‹ einzuordnenden Frömmigkeitsformen des 18. Jahrhunderts und dem Entstehen der Gemeinschaftsbewegung im 19. Jahrhundert für das Siegerland richtig beschreiben lassen.

## 2. Die Rolle einzelner Orte und Familien

Ein Merkmal der in ihren Wurzeln bis in das 18. Jahrhundert zurückzuverfolgenden Siegerländer Frömmigkeit besteht in ihrer spezifischen Prägung durch einzelne Orte und Familien. Nach unseren bisherigen Recherchen sind unter den in dieser Hinsicht besonders interessanten Orten in erster Linie Weidenau, Freudenberg, Oberfischbach, Neunkirchen, Niederdresselndorf, Oberholzklau,

1 Zitiert nach Knieriem / Burkardt 2002, S.11.

Ferndorf, Eiserfeld, Niederschelden und natürlich Siegen selbst zu nennen. In diesen Orten wiederum spielten z. T. mehr als zwei Jahrhunderte lang bestimmte Familien eine zentrale Rolle – in herausragender Weise die Siebels in Freudenberg.

Diese Familien hatten z. T. seit dem 18. Jahrhundert vielfältige, auch verwandtschaftliche Beziehungen in das Wuppertal und das Bergische Land, beispielsweise zum wichtigsten Multiplikator Tersteegenschen Gedankengutes, dem Barmer Kaufmann und Fabrikanten Johann Engelbert Evertsen. Angesichts dieses Befundes stellt sich die Frage, ob sich diese spezifisch orts- und familiengebundene Prägung auch bei genauem Studium der archivalischen Quellen bestätigen lässt und welche konkreten Inhalte in diesen Strukturen möglicherweise besonders nachhaltig tradiert wurden.

## 3. Die Verbindung von Gemeinschaftsbewegung und christlichem Unternehmertum

Die Siebels stehen beispielhaft für die Tatsache, dass die Siegerländer Gemeinschaftsbewegung am Ende des 19. Jahrhunderts ein wichtiger Pate bei der Geburt der Idee eines christlichen Unternehmertums gewesen ist, dem es um eine sehr bewusste Reflexion einer dezidiert christlichen Berufsauffassung ging. Stellvertretend sei hier Jakob Gustav Siebel d. J. (1861 – 1942) genannt, mittelständischer Unternehmer und seit 1903 Präses des 1852 als leitende Institution der Siegerländer Gemeinschaftsbewegung gegründeten ›Vereins für Reisepredigt‹, der Publikationen wie ›Der gläubige Kaufmann und sein Gewissen‹ (1906) vorgelegt hat.

Sein Bruder Walter Alfred Siebel (1867 – 1941) war Schriftführer im Verein für Reisepredigt und Vertreter der Siegerländer Gemeinschaften im Gnadauer Verband und in der westdeutschen Evangelischen Allianz, von 1908 bis 1939 zudem Kreispräses der den Gemeinschaften nahe stehenden Jünglingsvereine. Als Freudenberger ›Fabrikant‹ gehörte Walter Alfred Siebel zugleich zu den Gründervätern des 1902 entstandenen ›Verband[es] gläubiger Kaufleute und Fabrikanten‹, später ›Verband christlicher Kaufleute‹, heute ›Christen in der Wirtschaft‹.

Das Anliegen dieses Vereins war es zum einen, eine spezifisch christliche Berufsethik in Unternehmerkreisen zu fördern.[2]

In einem Diskussionsbeitrag über Kartellfragen betonte W. A. Siebel auf der 8. Hauptkonferenz des Vereins 1909: »›Die Kinder dieser Welt sind klüger denn die

2 Vgl. z. B. Siebel 1908.

# Die Gemeinschaftspflege

## auf dem Lande.

Referat

von

**J. G. Siebel,**

aus Freudenberg Kr. Siegen

erstattet auf der zweiten Pfingstkonferenz in Gnadau.

(Separat-Abdruck aus den „Verhandlungen der Zweiten Gnadauer Pfingstkonferenz“ 28.–30. Mai 1890.)

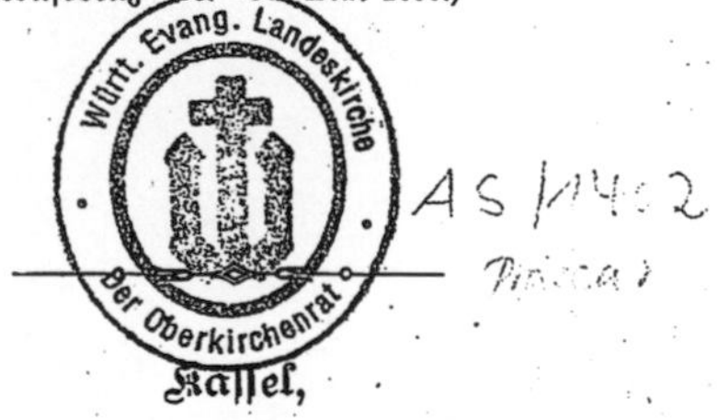




Kassel,

Verlag von Ernst Röttger.

1890.



Abb. 3: Quelle: Siebel 1890, Titelblatt

Der

gläubige Kaufmann

und sein Gewissen.

Von Jac. Gust. Siebel,

Fabrikant in Freudenberg

Kreis Siegen.

Preis: 10 Pfennig.



Barmen.

Emil Müllers Verlag.

1906.

Abb. 4: Quelle: Siebel 1906, Titelblatt

# Fleiß und Maßhalten im Beruf.

Referat

von

Walth. Alfr. Siebel

Freudenberg, Kr. Siegen

gehalten auf der 3. Konferenz gläubiger Kaufleute

und Fabrikanten

von Rheinland-Westfalen

am 20. November 1904

zu Essen a. d. Ruhr.

Abb. 5: Quelle: Siebel 1908, Titelblatt

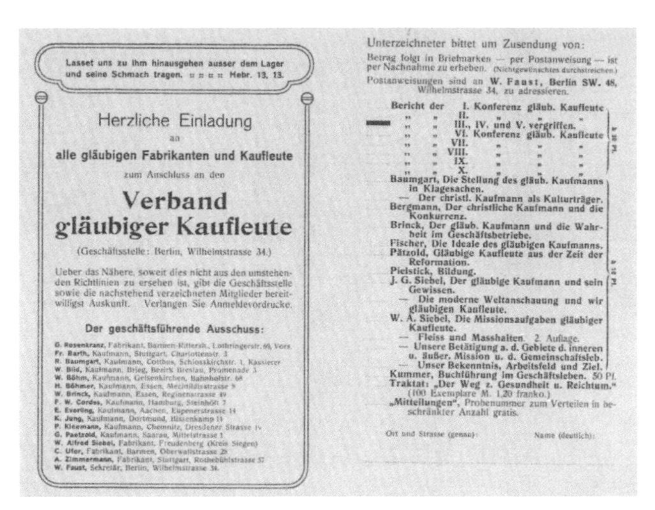

Lasset uns zu ihm hinausgehen ausser dem Lager und seine Schmach tragen. :: :: :: :: Hebr. 13, 13.

Herzliche Einladung
an
alle gläubigen Fabrikanten und Kaufleute
zum Anschluss an den
Verband gläubiger Kaufleute
(Geschäftsstelle: Berlin, Wilhelmstrasse 34.)

Ueber das Nähere, soweit dies nicht aus den umstehenden Richtlinien zu ersehen ist, gibt die Geschäftsstelle sowie die nachstehend verzeichneten Mitglieder bereitwilligst Auskunft. Verlangen Sie Anmeldevordrucke.

Der geschäftsführende Ausschuss:

G. Rosenkranz, Fabrikant, Barmen-Rittersh., Lothringerstr. 66, Vors.
Fr. Barth, Kaufmann, Stuttgart, Charlottenstr. 3
R. Baumgart, Kaufmann, Cottbus, Schlosskirchstr. 1, Kassierer
W. Bild, Kaufmann, Brieg, Bezirk Breslau, Promenade 3
W. Böhm, Kaufmann, Gelsenkirchen, Bahnhofstr. 68
H. Böhmer, Kaufmann, Essen, Mechthildisstrasse 9
W. Brinck, Kaufmann, Essen, Reginenstrasse 49
F. W. Cordes, Kaufmann, Hamburg, Steinhöft 7
E. Everling, Kaufmann, Aachen, Eupenerstrasse 14
K. Jung, Kaufmann, Dortmund, Hissenkamp 11
P. Kleemann, Kaufmann, Chemnitz, Dresdener Strasse 19
G. Paetzold, Kaufmann, Saarau, Mittelstrasse 1
W. Alfred Siebel, Fabrikant, Freudenberg (Kreis Siegen)
C. Ufer, Fabrikant, Barmen, Oberwallstrasse 25
A. Zimmermann, Fabrikant, Stuttgart, Rothebühlstrasse 57
W. Faust, Sekretär, Berlin, Wilhelmstrasse 34.

Unterzeichneter bittet um Zusendung von:
Betrag folgt in Briefmarken — per Postanweisung — ist per Nachnahme zu erheben. (Nichtgewünschtes durchstreichen.)
Postanweisungen sind an W. Faust, Berlin SW. 48, Wilhelmstrasse 34, zu adressieren.

Bericht der I. Konferenz gläub. Kaufleute
" " II. " " "
" " III., IV. und V. vergriffen.
" " VI. Konferenz gläub. Kaufleute
" " VII. " " "
" " VIII. " " "
" " IX. " " "
" " X. " " "
Baumgart, Die Stellung des gläub. Kaufmanns in Klagesachen.
— Der christl. Kaufmann als Kulturträger.
Bergmann, Der christliche Kaufmann und die Konkurrenz.
Brinck, Der gläub. Kaufmann und die Wahrheit im Geschäftsbetriebe.
Fischer, Die Ideale des gläubigen Kaufmanns.
Pätzold, Gläubige Kaufleute aus der Zeit der Reformation.
Pielstick, Bildung.
J. G. Siebel, Der gläubige Kaufmann und sein Gewissen.
— Die moderne Weltanschauung und wir gläubigen Kaufleute.
W. A. Siebel, Die Missionsaufgaben gläubiger Kaufleute.
— Fleiss und Masshalten. 2. Auflage.
— Unsere Betätigung a. d. Gebiete d. inneren u. äußer. Mission u. d. Gemeinschaftsleb.
— Unser Bekenntnis, Arbeitsfeld und Ziel.
Kummer, Buchführung im Geschäftsleben. 50 Pf.
Traktat: „Der Weg z. Gesundheit u. Reichtum." (100 Exemplare M. 1,20 franko.)
„Mitteilungen", Probenummer zum Verteilen in beschränkter Anzahl gratis.

Ort und Strasse (genau): Name (deutlich):

Abb. 6: Quelle: Verband Christlicher Kaufleute 1977, S. 5. Abdruck mit freundlicher Genehmigung des Vereins Christen in der Wirtschaft e. V., Wuppertal

Kinder des Lichts‹, sagt der Herr. Damit ist nicht gesagt, daß wir die Dummen sein sollen. Wir müssen suchen, überall dabei zu sein und unseren ganzen Einfluß dahin geltend machen, die Unehrlichkeit zu entfernen und der Ehrlichkeit Bahn zu brechen.«[3] Zugleich ging es um gezielte ›Innere und Äußere Mission‹.[4] Die enge Verbindung zwischen Gemeinschaftsfrömmigkeit und den Anliegen des Verbandes der Kaufleute ist schon im frühen 20. Jahrhundert durchaus auf den Prüfstand gekommen, hat sich aber durchgesetzt. So berichtete W. A. Siebel in einem Grußwort zum 25jährigen Verbandsjubiläum 1927: »Als einige Jahre nach Gründung unseres Verbandes ein berühmter christlicher Großkaufmann uns den Vorschlag machte, er sei bereit, miteinzutreten und zu helfen, daß unsere Mitgliedschaft sich in kurzer Zeit verzehnfache, unter der einzigen Bedingung, daß ›der Verband nicht nach dem Stündle [= den Versammlungen der Gemeinschaften] rieche‹, da standen wir an einer Wegscheide. – Wir haben damals vorgezogen, unsere Entschiedenheit nicht der Breite zu opfern.«[5]

3 Verband Christlicher Kaufleute 1977, S. 7.
4 Vgl. Siebel 1903.
5 Verband Christlicher Kaufleute 1977, S. 7.

## 4. Verwurzelung in der Arbeiterschaft

Auf der anderen Seite hat die Gemeinschaftsbewegung im Siegerland eine in Deutschland nahezu einzigartige Verwurzelung in der Arbeiterschaft gefunden. Christian Dietrich und Ferdinand Brockes, die 1903 eine auf einer flächendeckenden Befragung einzelner Gemeinschaften beruhende Übersicht über »Die Privat-Erbauungsgemeinschaften innerhalb der evangelischen Kirchen Deutschlands« publiziert haben, nennen als in dieser Hinsicht vergleichbare Region lediglich die Gegend um Zwickau in Sachsen. Sie betonen den hohen Anteil von Industriearbeitern unter den Teilnehmern an den Siegerländer Versammlungen. Durch die Gemeinschaften, die hier »wie nirgends sonst [...] zu höchstem Einfluß gelangt« seien, sei das Siegerland neben der Zwickauer Gegend die »einzige[n] Stelle Deutschlands«, »wo die sonst im allgemeinen zu 9/10 der Kirche entfremdeten Industriearbeiter Förderer und Träger des christlichen Lebens« seien.[6] Dabei sei für das Siegerland insbesondere die personelle Verflechtung von Gemeinschaften und Bergarbeiterschaft zu berücksichtigen, durch die sich die starke Ausprägung des Gemeinschaftswesens gerade in den damaligen Bergmannsdörfern erkläre.

Als beispielhafter, aber markanter Beleg für die Eigenart der Siegerländer Gemeinschaftsbewegung kann die Tatsache angeführt werden, dass die Weidenauer Hammerschmiede am Ende des 17. und Beginn des 18. Jahrhunderts ein Brennpunkt des Widerstandes gegen die katholische Siegener Obrigkeit war, es im Hüttengebiet um Weidenau in der Mitte des 18. Jahrhunderts zu Separationen von der Kirche kam, in Weidenau 1852 der ›Verein für Reisepredigt‹ gegründet wurde und hier 1857 auch das erste und bis 1880 bedeutendste Vereinshaus des Siegerlandes entstand. Gemeinschaftsmitglieder spielten auch in öffentlichen Ämtern und vor allem in den Bergarbeitergewerkschaften eine tragende Rolle. So betonten Dietrich und Brockes 1903: »Die Leiter der Gemeinschaften sind vielfach jetzt auch die Führer der christlichen Bergarbeiter=Gewerkschaften.«[7] Hier kommt ein Zusammenhang zwischen Gemeinschafts- und Stoeckerbewegung in den Blick, der für die zweite Hälfte des 19. Jahrhunderts zu berücksichtigen ist.

Die Nähe der Siegerländer Gemeinschaftsbewegung zum vierten Stand hat durchaus auch eine Vorgeschichte im Pietismus des 18. Jahrhunderts. Denn man kann angesichts des propietistischen Agierens der Fürstin Ernestine Charlotte zu Nassau-Siegen am Beginn des 18. Jahrhunderts oder im Blick auf die Etablierung der ›Gesellschaft der Kindheit Jesu-Genossen‹ auf Schloss Hayn bei Siegen (1736–1744) zwar feststellen, dass der Siegerländer Pietismus Impulse

6 Dietrich / Brockes 1903, S. 189.
7 Ebd.

von außen erhielt und durchaus ein Oberschichtenphänomen war. Doch ebenfalls schon seit dem Ende des 17. Jahrhunderts hatte er auch in der Siegener Bürgerschaft und in einzelnen Dörfern Fuß gefasst (Freudenberg, Oberfischbach, Oberholzklau). Und die namhaften Träger des Pietismus und der frühen Gemeinschaftsbewegung waren Handwerker und auch in diesem Sinne Tersteegenianer, denn auch Tersteegen war Bandwirker und später Wanderprediger, nicht aber studierter Theologe und Kirchenmann gewesen.

## 5. Konfessionelle Aspekte

Eine für uns als TheologInnen entscheidende Leitfrage ist die nach den Zusammenhängen zwischen den Eigenarten der Siegerländer Gemeinschaftsbewegung und der reformierten Prägung. So kann z. B. vermutet werden, dass die vergleichsweise besonders starke und sehr kirchenkritische Siegerländer Gemeinschaftsbewegung auch als (reformierte) Reaktion auf die durch den preußischen Staat in Westfalen 1835 eingeführte Union zwischen Lutheranern und Reformierten und insofern als Ausdruck einer bereits in den Auseinandersetzungen mit der katholischen Obrigkeit im 17. und 18. Jahrhundert eingeübten langfristigen konfessionellen Resistenz zu interpretieren ist. Andererseits darf nicht übersehen werden, dass die Siegerländer Gemeinschaftsbewegung trotz und in ihrer Kirchenkritik auch dezidiert kirchennah sein wollte und blieb. So heißt es in § 1 der Satzung des Vereins für Reisepredigt aus dem Jahr 1852: »Der Verein will überhaupt nur der Kirche des Herrn dienen und derselben Handreichung tun […].«[8] Dies unterschied die Siegerländer Gemeinschaften durchaus von den Erweckten im Bergischen und im Wuppertal, wo es bereits in der Mitte des 19. Jahrhunderts neben einer starken Erweckungsbewegung innerhalb der Kirche (Gottfried Daniel Krummacher) auch eine separatistische Bewegung gab (Hermann Heinrich Grafe), die 1854 zur Gründung einer Freien Evangelischen Gemeinde führte.

Interessant ist an dieser Stelle ein Hinweis in der umfangreichen und in hoher Dichte überlieferten Korrespondenz Tilmann Siebels (1804–1875), dessen prägende Bedeutung für die Siegerländer Gemeinschaftsbewegung kaum überschätzt werden kann. T. Siebel stand u. a. in engem Kontakt mit dem Wuppertaler Grafe, lehnte den von diesem beschrittenen separatistischen Weg aber explizit ab – und zwar unter Verweis auf sein Amt als reformierter Presbyter. D. h., es ist zu fragen, ob für den eher kirchenkonformen Weg der Siegerländer Gemeinschaftsbewegung im 19. Jahrhundert ein dezidiert reformiertes Amtsverständnis eine zentrale Rolle spielte. Denn dieses wertete im

8 Zitiert nach Schmitt 1958, S. 297.

Gegensatz zum stärker das Pfarramt betonenden Luthertum das Amt des Presbyters in den Gemeinden stark auf – wollte Kirche also eher ›von unten‹ als ›von oben‹ organisieren. Die Gemeinschaftsbewegung im Siegerland wäre demnach sozusagen als eine im Kern von Presbytern getragene Basisbewegung innerhalb der Kirche zu verstehen. Dieses Verständnis und die damit verbundene konstitutive Verbindung von Kirche und Gemeinschaften scheint insbesondere die Familie Siebel verkörpert zu haben. So war auch der schon erwähnte Walter Alfred Siebel nicht nur im Siegerländer Gemeinschaftsverband engagiert, sondern zugleich in der Landeskirche – als Mitglied des Presbyteriums, der Synode und der Provinzialsynode.

Seit der Mitte des 20. Jahrhunderts hingegen sind in den Gemeinschaften des Siegerlandes zunehmend disparate Entwicklungen zu beobachten. Neben den der Landeskirche weiterhin verbundenen fanden sich nun auch solche Gemeinschaften (und auch führende Repräsentanten des Gemeinschaftsverbandes), die sich nicht mehr als Teil der Landeskirche, sondern als Alternative zu dieser verstanden, ihre Versammlungen als Alternative zum Gottesdienst mit eigener Sakramentsverwaltung veranstalteten und somit faktisch freikirchliche Strukturen ausbildeten. Hier fragt sich, ob diese Entwicklung als zunehmende Vernachlässigung der beschriebenen reformierten Gemeinde- bzw. Kirchenauffassung zu verstehen ist oder ob dabei lediglich andere Aspekte derselben in den Vordergrund getreten sind. Denn eine andere Seite des reformierten nichtzentralistischen Kirchenverständnisses ist die Tendenz zur Trennung. Dann würde es sich im Grunde (nur) um eine Akzentverschiebung von der sichtbaren auf die geglaubte Einheit der Kirche handeln – basierend auf der Entscheidung, dass Wahrheit wichtiger ist als die sichtbare Gemeinschaft mit der Kirche und die äußere Gemeinschaft der Gemeinschaften. Dabei muss man auch fragen, ob und inwieweit die sich trennenden Gemeinschaften den Kirchengemeinden letztlich das Kirche-Sein abgesprochen haben.

## 6. Widerständiges Potential in der NS-Zeit

Ein besonders wichtiges Feld innerhalb der Untersuchungen zum 20. Jahrhundert bildet zweifellos die Position des Siegerländer Gemeinschaftsverbandes und einzelner Gemeinschaften in der NS-Zeit. Neben archivalischen Quellen ist hier wie für das gesamte 20. Jahrhundert das (mit einer Lücke von 1942 bis 1948) seit 1904 erscheinende und vollständig überlieferte Periodikum ›Der Evangelist aus dem Siegerland‹ in den Blick zu nehmen.

In seiner Geschlossenheit stellt es ein einzigartiges Quellenkorpus dar, das bisher nie Gegenstand von Untersuchungen gewesen ist. Erste Sichtungen dieses Quellenmaterials wie auch Interviews mit Kindern von bekenntniskirchlichen

# Der Evangelist aus dem Siegerland

Ich schäme mich des Evangeliums von Christo nicht. Röm. 1, 16.

Der Herr gibt das Wort mit großen Scharen Evangelisten. Ps. 68, 12.

Erscheint wöchentlich — Der Preis für das Vierteljahr beträgt 0,50 RM., für Einzelbezieher 0,75 RM. — Alle Neu-, Mehr- und Abbestellungen nimmt die Firma A. Michel & Co., Weidenau (Sieg), entgegen. Die Bezugsgelder wolle man am Anfang eines jeden Vierteljahres durch Zahlkarte an A. Michel & Co. Weidenau (Sieg), Dortmund 23 752, einschicken. Verlagspostanstalt: Siegen

Nummer 20. Sonntag, den 14. Mai 1933. 30. Jahrgang.

Was droben ist, laß künftighin
Uns unablässig suchen;
Was drunten ist, das laß uns fliehn,
Laß uns die Sünd verfluchen.
Weg, Welt! Dein Trost u. Lust u. Schein
Ist viel zu elend, viel zu klein
Für himmlische Gemüter. Phil. Fr. Hiller.

## Des Christen Stellung inmitten der Unruhe dieser Zeit.

Von Missionsinspektor W. Nitsch, Neukirchen, Kr. Moers.

„Seid ihr nun mit Christo auferstanden, so suchet was droben ist, da Christus ist, sitzend zu der Rechten Gottes.“ Kol. 3, 1.

Mehr denn je tut es in unsern Tagen not, daß der Christ eine klare, feste Stellung einnimmt. Großes ist unter uns geschehen, Großes erwarten wir noch von der weiteren Entwicklung für unser geliebtes Volk und Land. Mit Freuden stellen wir uns mit in diese Aufgabe hinein.

Aber diese große Zeit hat eine Gefahr. Stärker denn je zuvor ist das Politische, das Nationale, das Völkische in den Vordergrund geschoben worden. Aber die biblische Linie darf nicht verwischt werden: „Trachtet am ersten nach dem Reich Gottes!“ Da tut Selbstbesinnung not in aller Unruhe dieser Tage. Welches ist unsere Stellung? Welches ist unsere Aufgabe?

1. Die Grundlage von allem: Christus ist auferstanden! Gott sei Dank, daß das Tatsache ist. Dadurch ist alles anders geworden. Die Welt hat ein neues Aussehen bekommen. Der Frühling ist in ganz anderm Sinne noch als ohne das Frühling! Neues Leben in der äußeren Natur, neues Leben in der Geisteswelt! So bringt die Ostertatsache erst die rechte Freude an dem irdischen Frühling, die rechte Freude an der herrlichen Gottesnatur, an Beruf und Arbeit, auch an Volk und Vaterland. Auferstehungskräfte sind da, Lebenskräfte! Ein Leben aus dem Glauben ist möglich geworden. Der Glaube hat nun eine Unterlage, worauf er stehen kann: Gott hat etwas getan.

2. Und wir sind mit Christus auferstanden, — wir die Glaubenden. Wir haben etwas erlebt (bitte, Freunde, laßt euch die Freude an dem Erlebnis des Glaubens nicht trüben; laßt euch, um den alten Ausdruck wieder einmal zu gebrauchen, den „Pietismus“ nicht leid machen; er legt Wert darauf, daß etwas erlebt werden muß, — und es muß etwas erlebt werden, sonst weißt du nicht, woran du bist!). Wir haben etwas erlebt, was einen Einschnitt bedeutet — damals in der Weltgeschichte im Großen, heute im Leben jedes Gläubigen persönlich. Einst „tot in Sünden und Uebertretungen“; aber nun (man lese Epheser Kap. 2) „samt Christus lebendig gemacht und samt Ihm auferweckt und samt Ihm in das himmlische Wesen versetzt in Christo Jesu.“ Wir haben, das ist das Entscheidende, etwas erlebt, was uns mit Christus in Beziehung bringt. O, wie töricht ist doch das Gerede, daß wir uns „auf unser Erlebnis und unsere Erfahrung stützen“ wollten (wir denken nicht daran!) Auf Christus allein und die große Gottestat am Ostertag stützen wir uns. Aber diese Gottestat muß einmal erlebt sein, sonst ist es ein toter Buchstabenglaube („tote Orthodoxie“).

Und das bedeutet zugleich, daß wir nun leben können als Auferstandene, als Glaubende, als solche, die „drüber stehen“. Wie willst du sonst fertig werden mit dem Leben? Wie willst du mit den Sorgen des Lebens fertig werden? Wie willst du mit dem Tode fertig werden und mit der Ewigkeit? Ostern erlebt haben, das heißt mit den Dingen fertig werden, mit den Menschen fertig werden, mit dem Leben fertig werden, weil Gott zuerst mit uns fertig geworden ist. (Schluß folgt.)

## Predigt und Prediger.

Im Barmer Sonntagsblatt schreibt Pastor D. Humburg u. a.: „Wenn Herr Pastor Gr. den Finger darauf legt, daß der Prediger in innerer Bereitschaft stehen muß, etwas von Gott zu empfangen, so möchte ich noch eingehender betonen, wie viel auf die innere Stellung des Predigers auch für die Wirkung seiner Predigt ankommt. Nicht das ist das Entscheidende, ob der Prediger irgendwie absichtlich „erwecklich“ oder „eindrücklich“ sein will, sondern ob er vor der Gemeinde steht als ein Bote Gottes. Ein Prediger soll ein Zeuge der frohen Botschaft von Jesus Christus, dem Heiland, sein. „Ihr sollt meine Zeugen sein“, das war des Meisters letzter Befehl, und die Barmer Gemeinden haben immer darauf gesehen, solche Männer auf ihre Kanzeln zu rufen, von denen sie den Eindruck hatten, daß sie es nicht lassen konnten, „daß sie nicht reden sollten von dem, was sie gesehen und gehört haben“. In diesem Sinne fordert man eindrückliche und „erweckliche“ Predigten. Man möchte Zeugen hören, und ein Zeuge ist einer, der dabei gewesen ist. Wenn es „eine pietistische Verwässerung der biblischen Grundgedanken“ genannt wird, daß man eindrückliche oder „erweckliche“ Predigten fordert, so muß darauf eingegangen werden, was der Pietismus bei dieser Forderung als Voraussetzung im Auge hatte, nämlich, daß der Prediger selber die Gnade Gottes an seinem Herzen erfahren haben muß, wenn er im Auftrag und in der Vollmacht Gottes zur Erweckung und Pflege göttlichen Lebens in der Gemeinde gebraucht werden möchte. Diese Forderung hat der Pietismus gegenüber einer verknöcherten Orthodoxie wieder

Abb. 7: Quelle: Der Evangelist aus dem Siegerland 1933, Titelblatt

Pfarrern, die wir durchgeführt haben, machen deutlich, dass hier genau differenziert werden muss. Es ist weder zutreffend, dass die Siegerländer Gemeinschaften und ihre Mitglieder generell zur Anpassung neigten, noch dass sie sich einer solchen durchgängig widersetzten.

Tendenziell lässt sich offenbar aber eine eher zunehmend bekenntniskirchliche Position konstatieren. Zweifellos hatte dies auch mit den Erfahrungen zu tun, die man außerhalb von Kirche und Gemeinschaften machte. So konnte aufgrund des Drucks des NS-Regimes der ›Verband gläubiger Kaufleute‹ ab 1939 nur noch als ›Freundeskreis christlicher Kaufleute e.V.‹ bestehen. In der Situation hoher Bedrängnis hat W. A. Siebel auf der Hauptkonferenz des Verbandes während der Leipziger Herbstmesse 1938 eine Rede gehalten unter dem Thema »Gottes Wille ... unser Friede«. Hinter diesem eher unscheinbar daherkommenden Titel verbarg sich ein flammender Aufruf zum Glauben an die letztlich alles beherrschende Macht und Vorsehung Gottes, dessen Wille der für den Menschen allein maßgebliche sein könne. Christen stünde »von Stunde zu Stunde die Totalität dieses obersten Führers und Regierers [...] vor Augen«.[9] So sprach Siebel unter dem totalen Führungsanspruch Hitlers von Gott und machte damit politisch brisante und mutige Aussagen. Sie zeigen beispielhaft, dass mit großem Ernst gelebte Frömmigkeit stets auch insofern öffentlich wirksam ist, als sie mit einem totalitären politischen Anspruch nicht kompatibel sein kann.

Letztlich stellt sich auch im Blick auf die NS-Zeit die Frage, ob und in welcher Hinsicht ein dezidiert reformiertes Kirchenverständnis – hier insbesondere hinsichtlich der Ablehnung zentraler Leitungsstrukturen und eines totalen Anspruchs auf den Menschen – eine Rolle spielte. Dies verbindet sich mit der Frage nach den Auswirkungen der zumindest z. T. möglicherweise vergleichbaren politischen Positionierungen auf das Verhältnis der Gemeinschaften zu den Kirchengemeinden – denn letztere neigten ebenfalls überwiegend der Bekennenden Kirche zu. Insofern könnte gerade der politische Druck in der NS-Zeit Kirchengemeinden und Gemeinschaften (vorübergehend) auch wieder stärker angenähert haben.

Ziel des Projekts ist eine Gesamtdarstellung der Wurzeln und der Entwicklung der Siegerländer Gemeinschaftsbewegung im Gegenüber zur Landeskirche vom 18. Jahrhundert bis zur Gegenwart, wobei der Gesamtüberblick ergänzt werden soll durch exemplarische Untersuchungen zur Geschichte einzelner Vorgänge, Aspekte und Gemeinschaften, die – soweit die Quellen dies ermöglichen – vollständig aufgearbeitet werden sollen. Neuland betritt das geplante Forschungsprojekt insofern, als hier erstmals der Versuch unternommen werden soll, die Gemeinschaftsbewegung weder aus einer rein immanenten noch aus einer rein kirchlichen bzw. obrigkeitlichen Sicht darzustellen, sondern unter

9 Siebel 1938, S. 11.

Berücksichtigung der Quellen beider Seiten zu einer wissenschaftlichen Ansprüchen gerecht werdenden übergreifenden Sicht zu gelangen. Dass dies möglich ist, verdanken wir dem einzigartigen Umstand, dass der Siegerländer Gemeinschaftsverband eine lückenlose archivalische Überlieferung besitzt, die er für das Forschungsvorhaben uneingeschränkt zur Verfügung stellt. Auf der anderen Seite konnten wir sowohl in regionalen wie auch in überregionalen kirchlichen und staatlichen Archiven umfangreiches für das Projekt relevantes Quellenmaterial eruieren. Zahlreiche, teils entlegen publizierte Druckschriften gehören ebenfalls zum relevanten Quellenfundus. Mit der Auswertung dieser unterschiedlichen Quellen aus drei Jahrhunderten soll nicht nur eine innovative Untersuchung der Geschichte der Siegerländer Gemeinschaften geleistet, sondern der Erforschung der deutschen Erweckungsbewegungen und deren Zusammenhang mit dem Pietismus des 17. und 18. Jahrhunderts generell neue Impulse vermittelt werden – denn vergleichbare Studien existieren bislang nicht.

Die Rolle der Siegerländer Gemeinschaften in der NS-Zeit wird von Matthias Plaga-Verse im Rahmen eines Dissertationsprojektes inzwischen bearbeitet. Für die Finanzierung von Forschungsstipendien zur Bearbeitung weiterer Teilprojekte durch AbsolventInnen unserer Universität sind wir noch auf der Suche nach Sponsoren.

## Literatur

*Der Evangelist aus dem Siegerland.* Titelblatt der Ausgabe vom 14. 5. 1933.

Dietrich, Christian / Brockes, Ferdinand: Die Privat-Erbauungsgemeinschaften innerhalb der evangelischen Kirchen Deutschlands. Stuttgart 1903.

Knieriem, Michael / Burkardt, Johannes (Hg.): Die Gesellschaft der Kindheit Jesu-Genossen auf Schloß Hayn. Aus dem Nachlass des von Fleischbein und Korrespondenzen von de Marsay, Prueschenk von Lindenhofen und Tersteegen 1734 – 1742. Ein Beitrag zur Geschichte des Radikalpietismus im Sieger- und Wittgensteiner Land. Siegen 2002 (Siegener Beiträge, 7).

Schmitt, Jakob: Die Gnade bricht durch. Aus der Geschichte der Erweckungsbewegung im Siegerland, in Wittgenstein und angrenzenden Gebieten. 3. durchges. Aufl. Gießen / Basel 1958 [1953].

Severing, Heinrich: Die christlichen Versammlungen des Siegerlandes. Haardt/Siegen 1881.

Siebel, Jakob Gustav (d.Ä.): Die Gemeinschaftspflege auf dem Lande. Kassel 1890.

Siebel, Jakob Gustav (d.J.): Der gläubige Kaufmann und sein Gewissen. Neukirchen 1906.

Siebel, Walter Alfred: Die Missionsaufgabe gläubiger Kaufleute und Fabrikanten. Referat, gehalten auf der 2. Konferenz gläubiger Kaufleute und Fabrikanten am 10. u. 11. Febr. 1903 zu Berlin. [Brieg 1903].

Ders.: Fleiß und Maßhalten im Beruf. 2. Aufl. Leipzig 1908 [1904].

Ders.: Gottes Wille … unser Friede. Ansprache auf der Hauptkonferenz des Verbandes gläubiger Kaufleute am 29. Aug. 1938 in Leipzig, Herbstmesse. Bad Blankenburg 1938.
Verband Christlicher Kaufleute (Hg.): 75 Jahre Verband Christlicher Kaufleute in Dokumenten, historischen Zeugnissen und Berichten. 1902–1977. Der christliche Kaufmann. Jubiläumsheft April 1977. Wuppertal 1977.
Wunderlich, Adolf: »Ich komme aus dem Siegerland«. Vom Evangelium geprägte Originale. Gießen 1968.

Jürgen Kühnel

# Wieland der Schmied, *Guielandus in urbe Sigeni* und der Ortsname Wilnsdorf[1]

## 1.

»Mit einiger Wahrscheinlichkeit darf man wohl annehmen, daß im fünften oder sechsten nachchristlichen Jahrhundert das Siegerland im sächsisch-fränkischen Grenzgebiet die Wirkungsstätte eines Schmiedes namens Wieland gewesen ist, der alle anderen überragte.« So das Fazit Alfred Lücks in seiner 1970 erschienenen Schrift *ALLER SCHMIEDE MEISTER: WIELAND DER SCHMIED* (Lück 1970, S. 76), einer Schrift, der, unabhängig von den problematischen ›Vermutungen‹ ihres Autors, das Verdienst einer ersten systematischen Übersicht über die mittelalterlichen Zeugnisse der Sage von Wieland dem Schmied zukommt. Im einzelnen gehen Lücks ›Vermutungen‹ weiter: »Man geht vielleicht nicht fehl in der Annahme, daß Wielands eisenerzeugende (Waldschmiede-)Werkstatt in Wilnsdorf, seine Eisen und Edelmetalle verarbeitende (Hausschmiede-)Werkstätte in Siegen gestanden habe« (ebd., S. 75). Wobei Wilnsdorf, seit dem 13. Jahrhundert als *Willandesdorf* bezeugt, nach dem berühmten Schmied benannt sei, so wie sein Sohn Witege als Eponym des Wittgensteins vermutet werden dürfe. Dieser »hätte dann« – so Lück weiter – »seinen Besitz in unmittelbarer Nachbarschaft seines Vaters [...] erworben« (ebd., S. 76).

Was Lück 1970 in vergleichsweise vorsichtigen Formulierungen andeutet, liest sich fünfzehn Jahre später bei Helmut G. Vitt, in seinem 1985 erschienenen Buch WIELAND DER SCHMIED, als nachgerade abenteuerliche Konstruktion. Vitt (re-)konstruiert die ›Biographie‹ des Schmiedes, einschließlich eines genauen chronologischen Gerüstes seiner ›Lebensdaten‹. Danach war Wielands Vater der Bastard eines Kleinkönigs aus dem Ostseeraum, der dort schon gegen die »Russen« (!) kämpfte; er fand, von seinem echtgeborenen Halbbruder vertrieben, 476 im Siegerland eine »neue Heimat« und heiratete eine »Einheimische« (Vitt 1985, S. 148). Wieland selbst wurde 477 geboren, erlernte von 486 bis 489

1 Überarbeitete, ergänzte und aktualisierte Fassung eines zuerst 1997 erschienenen Aufsatzes: Kühnel 1997.

das Schmiedehandwerk bei einem bedeutenden Meister, dessen Wirkungsstätte in der Nähe des westfälischen Balve lag, und gründete, nach seiner Rückkehr ins Siegerland, in dem später nach ihm benannten Wilnsdorf einen eigenen Handwerksbetrieb. Etc. etc. – die ›Geschichte‹ soll hier nicht im Detail nacherzählt werden. Am Ende seines bewegten Lebens residierte Wieland, der seit 496 enge Beziehungen (auch dynastische) zu den Merowinger-Königen pflegte, in seiner »Halle auf dem Siegberg« – »dort, wo man die Furt der Sieg und den Zusammenfluß von Sieg und Weiß überschauen konnte und von wo man in wenigen Minuten sowohl die Silberkauten des Siegberges als auch die Erzfundstellen des Häuslings und die Waldschmiedesiedlungen im Leimbach- und Fludersbachtal erreichen konnte«(ebd., S. 211). Um 520 schmiedete er – Höhepunkt seiner ›Laufbahn‹ – »die Pokale für die Tafelrunde des britischen Königs Artus«(ebd., S. 154), während sein 501 geborener Sohn Witege, seit 513 ›waffenmündig‹, bereits Karriere in Bonn machte, im Dienste der dortigen Merowinger, Theuderichs I. und Theudeberts I.

Lück und Vitt hatten, als Wieland-›Forscher‹, Vorgänger, und sie haben Nachfolger gefunden. Das Material ist umfangreich. Hier nur noch ein weiterer ›Fund‹: Nach einem Bericht der *Siegener Zeitung* vom 7.2.1997 war der Wilnsdorfer Meisterschmied nicht nur der »Vater« der »heimischen Schmiedekunst« (so schon Heinrich Meyer 1930 [Meyer 1930, S. 146]); er war auch finnischer Abstammung und brachte, aus Finnland, »die Wirtschaftsform des Haubergs [...] ins Siegerland« ([N.N.:] *Siegener Zeitung*, 7.2.1997, Beilage [ohne Seitenzählung]).

Was ist von ›Forschung‹ dieser Art und ihren ›Ergebnissen‹ zu halten? Die Arbeiten Lücks, Vitts und ihrer Nachtreter sind nicht nur ›Heimatforschung‹ im herkömmlichen Sinne. Sie wollen im Kontext einer Forschungsrichtung verstanden werden, die vor allem in den 80er und frühen 90er Jahren des letzten Jahrhunderts in der breiteren Öffentlichkeit – im Gegensatz zur Fachwissenschaft – große Resonanz fand. Die Vertreter dieser Forschungsrichtung versuchten, die, aufgrund fehlender Quellen, ›dunklen‹ Jahrhunderte Mitteleuropas ›aufzuhellen‹, genauer: die Ereignisgeschichte ›Deutschlands‹ vom 5. bis 8. Jahrhundert zu rekonstruieren, und zwar auf der Basis von Heldensagen-Überlieferung. Als bedeutendste und bisher ›sträflich vernachlässigte‹ Geschichtsquelle für die Ereignisgeschichte dieser Jahrhunderte galt danach die altnorwegische *Thíðreks saga* des 13. Jahrhunderts, eine Heldensagen-Kompilation um Dietrich (Thíðrekr) von Bern, genauer: ihre altschwedische Version. Dieser altschwedische Text des 15. Jahrhunderts (!) wurde – so hat es Reinhard Schmoeckel in einer Zusammenfassung der einschlägigen ›Forschung‹ formuliert – als »älteste Geschichtsschreibung über Ereignisse in Deutschland aus germanischer Hand« angesehen, deren »Grundgedanken« und »Einzelformulierungen« (!), über Jahrhunderte hinweg mündlich tradiert, »vermutlich spätestens aus dem 6. Jahrhundert stammen« (Schmoeckel 1995, S. 11 f.). Prominentester Vertreter dieser Forschungsrichtung war Heinz Ritter(-Schaumburg)[2], auf den sich auch Lück berief und an dessen Fußstapfen sich Vitt heftete. Ritter war auch der ›Entdecker‹ der altschwedischen Version der *Thíðreks saga* als ›Geschichtsquelle‹ (und der Urheber der Bezeichnung dieses Textes als ›*Svava*‹ – so seine mysteriöse Auflösung des in der Forschung zur *Thíðreks saga* gebräuchlichen Kürzels *Sv* = *Svenska* [*Didriks Krönika*] ›Schwedische [Dietrichschronik]‹[3]).

Die ›Ergebnisse‹ dieser ›Forschung‹ sollen hier nicht im Einzelnen vorgeführt werden. Wichtig für unseren Zusammenhang ist, dass ›in ihrem Lichte‹ auch andere Zeugnisse der Heldensage und ihrer Wirkungsgeschichte (neu) interpretiert wurden; so nicht nur die Geschichte des Ortsnamens *Wilnsdorf*, sondern auch die Verse der *Vita Merlini* Geoffreys of Monmouth, eines lateinischen Hexametergedichtes aus der Mitte des 12. Jahrhunderts, nach denen der Schmied *Guielandus* (= Wieland) *in urbe Sigeni* gewirkt habe. Der kymrische (walisische) König Rhydderch verspricht (vv. 232–235) Merlin »viele Geschenke, liess kostbare Stoffe bringen, Vögel und Hunde und schnellfüssige Pferde, Gold und schimmernde Edelsteine und Gefässe« – *pocula quae sculpsit Guielandus in urbe Sigeni* (Übers. Vielhauer 1978, S. 49). Im Folgenden einige kritische Bemerkungen zu dieser ›Forschung‹ insgesamt, zu Wieland dem Schmied und zu seiner Verbindung zu Siegen und Wilnsdorf im Besonderen.

## 2.

Dass Heldensage Geschichte überliefert, ist unbestritten. Sie ist mündlich tradierte Geschichtsüberlieferung des *Heroic Age*, der Zeit der Völkerwanderungen, Landnahmebewegungen, frühen Staatengründungen an der Schwelle zur historischen Zeit; was die germanische Heldensage betrifft: der germanischen Völkerwanderungen des 4. bis 6. Jahrhunderts. Sie ist dabei Geschichtsüberlieferung in der Perspektive des Kriegeradels dieser Epoche(n). Die historischen Ereignisse werden entsprechend umgeformt und typisiert. Bei diesen Umformungen spielen mythische Handlungsmuster – narrative *patterns* – und Märchenmotive und -formeln ebenso eine Rolle wie literarische Vorbilder (im

2 ›Einschlägige‹ Aufsätze bereits in den 60er Jahren. Buchpublikationen der letzten Jahrzehnte: Ritter-Schaumburg 1981; ders. 1982. – Weitere Beispiele dieser Art ›Forschung‹: Walter Böckmann 1987; Sinz 1984. – Weiterführung durch Reinhard Schmoeckel (Schmoeckel 1995) und Wim Rass (Rass 2001; ders. 2002) sowie durch die von Schmoeckel betreuten Publikationen des Dietrich-von-Bern-Forums (2001 ff.).

3 Diese (dem Text angemessene) Bezeichnung auch bei Lück 1970, S. 13. – Übersetzung des literaturhistorisch nicht uninteressanten Textes: Heinz Ritter-Schaumburg 1989.

Kontext der spätantiken Symbiose von Römern und Germanen). Dies muss bei ihrer Bewertung als ›Geschichtsquelle‹ stets berücksichtigt werden. Denn die Heldensage kann durchaus als ›Geschichtsquelle‹ herangezogen werden, insofern sie etwas aussagt über das Geschichtsverständnis und über das Selbstverständnis der mittelalterlichen (Adels-)Gesellschaft, die die Heldensage der Völkerwanderungszeit über Jahrhundert hinweg tradiert und rezipiert hat. Sie ist eine wichtige Quelle der Mentalitätsgeschichte, nicht der Ereignisgeschichte.

Greifbar ist die germanische Heldensage der Völkerwanderungszeit ohnehin nur in den Zeugnissen ihrer mittelalterlichen Rezeptionsgeschichte, überwiegend in literarischen Texten, als Heldendichtung; die nicht-literarischen Zeugnisse erweisen sich bei genauerer Betrachtung stets als Reflex literarischer Texte. Form der Heldendichtung ist zunächst das mündliche Heldenlied; nur in Ausnahmefällen sind Heldenlieder aufgezeichnet worden, so, u. a., das bruchstückhaft überlieferte althochdeutsche *Hildebrandslied* des frühen 9. Jahrhunderts. Die wichtigste literarische Sammlung germanischer Heldenlieder findet sich in der altisländischen sogenannten *(Älteren oder Lieder-)Edda*, aufgezeichnet aus antiquarischem Interesse einer ›Spätzeit‹, in der 2. Hälfte des 13. Jahrhunderts; die ältesten Texte der Sammlung lassen sich allerdings – so der linguistische, metrische, stilistische usw. Befund – bis ins 9. Jahrhundert zurückdatieren; einzelne Wendungen und Wörter verschiedener Lieder lassen darüber hinaus deutlich eine süd- bzw. ostgermanische Herkunft erkennen. Das gilt auch für das Lied von Wieland dem Schmied, die *Völundar qviđa*. Jünger als das Heldenlied, in der Mehrzahl der Fälle erst für das Hochmittelalter bezeugt und im Gegensatz zum mündlichen Lied schriftlich konzipiert und überliefert, sind das (in strophischer Form abgefasste und für den gesungenen Vortrag bestimmte) Heldenepos – Typ *Nibelungenlied* – und der für Norwegen und Island typische Heldenroman, die *fornaldarsaga* (›Vorzeitgeschichte‹), geprägt durch das Muster der älteren Isländersaga und entsprechend in Prosa abgefasst. Diese hochmittelalterlichen Gattungen erzählen die alten Heldensagen nicht nur neu und anders; sie unterziehen sie auch einer neuen Deutung, beim deutschen Heldenepos im Kontext der hochmittelalterlichen höfischen Kultur und Literatur und ihres Wertesystems.

Zu den hochmittelalterlichen altnordischen Heldenromanen, den *fornaldarsögur*, gehört auch die von Ritter(-Schaumburg), Vitt, Schmoeckel und anderen als Quelle spätantiker / frühmittelalterlicher Ereignisgeschichte betrachtete *Thíđreks saga*, eine um die Mitte des 13. Jahrhunderts »vermutlich in Bergen verfaßte Kompilation von Heldensagen, vorwiegend – wie im Prolog und anderswo vermerkt wird – nach Erzählungen und Liedern« deutscher, vor allem niederdeutscher Gewährsleute (zu verstehen im historischen Kontext der Handelsbeziehungen im Nordseeraum) (Simek / Pálsson 1987, S. 346). Die altschwedische Version ist eine Übersetzung und Bearbeitung des altnorwegischen

Textes in der Form einer Chronik, mit entsprechenden Kürzungen (vgl. Eisele 1948 und Bengt 1970). Diesen altschwedischen Text des 15. Jahrhunderts als authentische, in der Volkssprache abgefasste Chronik der ›deutschen‹ Geschichte des 5. bis 8. Jahrhunderts zu interpretieren, ist schlechthin indiskutabel. Ganz abgesehen davon, dass die Chronik eine bis in das späte Mittelalter an Latinität und Schriftlichkeit (und beides gehört zusammen) gebundene Form der Historiographie ist.

Die literarischen Zeugnisse der Heldensage erschließen sich in ihrer historischen Bedeutung erst aufgrund einer genauen philologischen und literaturhistorischen Analyse. Eben das ist es, was der zitierte Ritter(-Schaumburg)-Adept Schmoeckel der germanistischen Heldensagen-Forschung nachgerade zum Vorwurf macht: Werke wie die *Thíðreks saga* und ihre altschwedische Bearbeitung seien in ihrer Bedeutung als Quellen der Ereignisgeschichte nur deswegen ›verkannt‹ worden, weil eine »einseitige, weil literaturwissenschaftliche Forschung sich ihrer bemächtigt« habe (Schmoeckel 1995, S. 11).

## 3.

Soviel zum Grundsätzlichen (vgl. auch Janota / Kühnel 1985 und Beck 1993). Was die Wielandsage betrifft, so hat die solchermaßen geschmähte philologische Quellenkritik zwar nicht in allen Details zu gesicherten Ergebnissen geführt, doch kann das folgende Bild zumindest in seinen Umrissen (und mit all seinen Fragezeichen) als konsensfähig gelten (vgl. auch Pesch / Nedoma / Insley 2006).

Wichtigste literarische Quellen (vgl. Lück 1970, Betz 1973, Nedoma 1988, Pesch / Nedoma / Insley 2006) sind (bereits erwähnt) die altnordische *Völundar qviða* der *Edda* und die *Thíðreks saga*; hinzu kommen sekundäre literarische wie nicht-literarische Zeugnisse der Sage wie die Wieland-Strophen in dem altenglischen Gedicht *Deors Klage*, die Nennung Wielands (*Guielandus in urbe Sigeni*) in der *Vita Merlini*, das ›Runenkästchen von Auzon‹ (auch ›Franks Casket‹ genannt) und der gotländische ›Bildstein von Ardre VIII‹. Von der weiten Verbreitung der Sage zeugen die zahlreichen von Wieland gefertigten Waffen in den Heldendichtungen des Mittelalters: »etwa die Rüstung Walthers von Aquitanien, der Helm Eckes, das Schwert, das Helferich Dietrich von Bern gibt, und schließlich auch die Rüstung des Gautenhelden Beowulf« (Krause 2010, S. 309).

Den Kern der Sage bildet die Geschichte von Wielands »Lähmung, Gefangenschaft, Rache und Flucht« (Panzer 1930, S. 125). Der kunstreiche Schmied wird von einem goldgierigen König gefangengesetzt und zur Arbeit gezwungen; damit er nicht entfliehen kann, werden ihm die Sehnen der Füße durchschnitten. Der gelähmte Schmied rächt sich, indem er zuerst die beiden Söhne des Königs umbringt: Als sie ihn besuchen, gewährt er ihnen einen Blick in seine Schatztruhe, deren Deckel er über ihnen zuschlägt, sie auf diese Weise enthauptend; aus den Hirnschalen der Knaben fertigt er Trinkgefäße für den König. Er setzt seine Rache fort, indem er die Tochter des Königs, die sich wegen eines zerbrochenen Ringes an ihn wendet, vergewaltigt. Anschließend erhebt er sich, mit einem Fluggewand, in die Lüfte, enthüllt dem König von dort aus die Tat und entflieht.

Ob diese Geschichte einen historischen Kern enthält, ist nicht mit Sicherheit festzustellen. Verwiesen wird in der Forschung auf eine Erzählung in der *Vita Sancti Severini* des Eugipp (6. Jahrhundert). Danach (*Vita Sancti Severini* 8, 3/4) hatte die Rugier-Königin Giso

> barbarische Goldschmiede, die königlichen Schmuck fertigen sollten, unter strenger Bewachung einsperren lassen. Zu diesen ging [...] der noch sehr kleine Sohn des [...] Königs [...] in kindlicher Neugier. Da setzten die Goldschmiede dem Kind ein Schwert auf die Brust und sagten, wenn jemand versuche, zu ihnen einzudringen, ohne ihnen ihre Sicherheit durch einen Eid zu verbürgen, würden sie zuerst den kleinen Königssohn durchbohren und dann sich selber töten, da sie am Leben verzweifelten, zermürbt von der langen Fronarbeit (Übers. Nüsslein 1986, S. 49).

(Es ist, wie nicht anders zu erwarten, der Heilige Severin, der diesen Konflikt löst). Parallelen zwischen dieser Erzählung und der Wielandsage sind zumindest vorhanden. Charakteristisch für die Heldensage bzw. Heldendichtung ist jedoch die Stilisierung, Typisierung, literarische Überformung des Erzählten. Die in zahlreichen Kulturen bezeugte mythisch-archetypische Figur des Schmiedes (vgl. Eliade 1980) als eines gleichermaßen gefürchteten wie bewunderten, oft mit Tabus belegten Außenseiters der Gesellschaft spielt hier ebenso eine Rolle wie die Parallelen in der antiken Mythologie: der kunstreiche Daidalos / Daedalus, der aus dem Gewahrsam des kretischen Minos mit Hilfe eines Fluggewandes entkommt; der gelähmte göttliche Schmied Hephaistos / Vulcanus; sein Versuch einer Vergewaltigung der Athene / Minerva. Details dieser Mythen waren der späten Antike und dem ganzen Mittelalter durch den weitverbreiteten Vergil-Kommentar des Servius (4. Jahrhundert) geläufig.

Die Namen der Sagenfiguren scheinen ›sprechende Namen‹ zu sein, wobei der Name des Schmiedes weder einheitlich überliefert noch sicher gedeutet ist. Erschließen lassen sich die konkurrierenden Formen **Walanduz* (altnordisch / *Edda: Völundr*, mit zahlreichen Parallelen im südgermanischen Bereich: lateinisch *Walandus*, altfranzösisch *Galand*, *Galans* etc.) und **Wēlanduz* (altenglisch *Wēland*, mittelhochdeutsch *Wielant*, altnordisch / *Thíðreks saga: Vélint*, Geoffrey of Monmouth: *Guielandus*). Weder **Wal-* noch **Wēl-* lassen sich problemlos aus germanischem Wortmaterial erklären; bei **-and(uz)* kann sowohl auf ein altes Partizip des Präsens als auch auf germanisch **hand(uz)* ›Hand‹

verwiesen werden. Im Wesentlichen konkurrieren drei Deutungen des Namens, von denen zwei auf antike Überlieferung zurückgreifen. Danach wäre **Walanduz* eine Umbildung von lateinisch *Vulcanus*, nach dem genannten Servius-Kommentar (zu Vergil: *Aeneis* 8,44) *quasi Volicanus, quod per aerem volat* (»weil er durch die Luft fliegt«), mit **-and(uz)* nach dem Muster germanischer Partizipien des Präsens (also ›der Fliegende‹), während **Wēlanduz* als ›Übersetzung‹ des griechischen *eú-cheir* ›mit guter, geübter Hand (begabt), geschickt, kunstfertig‹ aufgefasst werden könnte, eines mit dem Namen des Daidalos verknüpften Epithetons (vgl. Brate 1908). Problematisch bei dieser Deutung ist allerdings die Form **wēl-* mit langem *-ē-*, weshalb – dritte Möglichkeit – zur Deutung auch altnordisch vél ›List, Kunstwerk‹ herangezogen wurde; dabei könnte man sowohl an ein Partizip Präsens (ein entsprechendes Verbum ist allerdings nicht bezeugt), als auch an ein Kompositum mit **-hand(uz)* denken. Ob Wieland von Anfang an ein ›Albe‹ war, ein halbmenschlicher, unterweltlicher Dämon wie in der *Völundar qviđa*, die ihn als *vísi alfa* ›Fürsten der Alben‹ (13,4) bezeichnet, ist unsicher; doch kann auf Parallelen in zahlreichen Kulturen und Mythologien verwiesen werden, vor allem auch auf die enge Verbindung des griechischen Hephaistos mit den unterweltlichen, zwergenhaften Kabiren und Daktylen.

Diese Sage ist in unterschiedlicher Weise interpretiert worden. Hellmut Rosenfeld deutete sie, im Sinne einer ›Steigerung‹ und ›Vergedanklichung‹ [sic!] historischer Realität, als »abschreckendes Beispiel«, das »den ungetreuen, den geizigen, den unedlen, den gewalttätigen Gefolgschaftsherrn [...] und die Rache [...], die ihn treffen kann und nach der Forderung höherer Gerechtigkeit treffen muß«, zeige (Rosenfeld 1955, S. 212). Anders Klaus von See: »das, was die Heldensage reizte, war nicht eine allgemeine Idee, sondern durchaus der einzelne Vorgang, in diesem Falle die ungewöhnliche Grausamkeit der Rache, die harte, unbeugsame Konsequenz, mit der Wieland sie durchsetzt« (von See 1971, S. 92 f.).

Die Sage dürfte, in der umrissenen Form, spätestens im 6. Jahrhundert entstanden sein. Vielleicht (?) ist sie gotischen Ursprungs. In dem in der späteren Überlieferung bezeugten Wieland-Sohn Witege (altnordisch Vidga), einem der Helden Dietrichs von Bern / Thíðreks, dürfte der bei Iordanes bezeugte gotische Krieger Vidigoia oder der letzte Ostgotenkönig Italiens, Vitigis, ›fortleben‹; aber das ist kein schlüssiges Argument. Ausgangspunkt der gesamten späteren Sagengeschichte ist der (nieder)sächsische Raum; wobei die ›Kernsage‹ hier schon früh um weitere Figuren und Motive ›angereichert‹ worden sein dürfte; so um die Figur eines Bruders, eines Bogenschützen (altnordisch Egill genannt), mit dem man (wann und wo, ist ungeklärt) das aus der Tell-Sage bekannte Motiv des Apfelschusses verknüpfte. Mit den Sachsen gelangte die Sage ins angelsächsische England, wo sie durch zahlreiche Zeugnisse belegt ist; dabei kongruiert die

Erzählung in *Deors Klage* mit der ›Rache-Sage‹ in ihrem Kernbestand, während das ›Runenkästchen von Auzon‹ auch schon die Figur des Bruders kannte (Inschrift *Ægili* über der bildlichen Darstellung eines Bogenschützen). Von England aus erreicht die Sage, spätestens im 9. Jahrhundert, im Kontext der Wikingerzüge, Norwegen. Dort dürfte die *Völundar qviða* entstanden sein, die der alten ›Kernsage‹ eine ›romantische‹ ›Schwanenmädchen‹-Erzählung vorausschickt: Wieland (Völundr) und seine Brüder Egill und Slagfiðr (auch dieser Name ist südgermanischen Ursprungs; der Bestandteil *-fiðr*, zu deutsch ›Gefieder‹, wird jedoch in der späteren Überlieferung mit altnordisch *fiðr* = **finnr* ›Finne‹ gleichgesetzt bzw. ›verwechselt‹, weshalb die Brüder in der dem 13. Jahrhundert angehörenden Prosaeinleitung des *Edda-Liedes* als Söhne eines Finnenkönigs bezeichnet werden[4]) –, Wieland und seine Brüder also treffen an einem See auf drei ›Walküren‹ (Figuren der nordischen Mythologie der Wikingerzeit), die ihr Fluggewand abgelegt haben, bemächtigen sich ihrer und leben sieben Jahre mit ihnen zusammen; danach verlassen die Frauen die Brüder und Wieland trauert der Geliebten nach – eine Geschichte mit Folklore-Parallelen, wobei auch die Dreizahl der Brüder und der Frauen und die ›sieben Jahre‹ Märchenmotive sind.

Die altnorwegische *Thíðreks saga* greift erneut auf (nieder)deutsche, sächsische Überlieferung zurück, und zwar, wie schon angedeutet, im historischen Kontext der Handelsbeziehungen im Nordseeraum (deutsche Kaufleute in Bergen). Sie baut die alte Sage – auf eine Nacherzählung muss hier verzichtet werden – nachgerade zu einem Wieland-Roman aus, der deutlich hochmittelalterliche Züge trägt. Man hat dabei auf die ›spielmännische‹ Tradition verwiesen und eine ›Spielmannsdichtung‹ um Wieland als Quelle vermutet (sls ›Spielmannsdichtungen‹ oder ›Spielmannsepen‹ werden, mit einem problematischen Terminus, einige mittelhochdeutsche Epen aus der 2. Hälfte des 12. Jahrhunderts bezeichnet, die, im Vorfeld der höfischen Epik, tradierte Sagenstoffe mit Abenteuererzählungen und oft auch drastisch-komischen Motiven verknüpfen). Man hat aber als ›Entstehungsort‹ auch das »kaufmännisch-städtische Milieu« wahrscheinlich machen wollen, »das mit dem alten heroischen Geist der Unbedingtheit und Maßlosigkeit noch weniger gemein hat als das bäuerliche«: Der Wieland der *Thíðreks saga* ist nicht mehr der dämonische Rächer, sondern ein »Pfiffikus, der immer kühles Blut bewahrt und sich in allen Sätteln gerecht zeigt« (von See 1971, S. 140), eine Trickster-Figur. Einzelne Motive sind auch hier deutlich literarischen Ursprungs; so die Geschichte des Wettstreits zwischen Wieland und einem Konkurrenten namens Amilias, die ihr

4 Soviel zum Hintergrund des zitierten Artikels der *Siegener Zeitung* vom 7.2.1997, nach dem Wieland aus Finnland stammte und von dort die Haubergswirtschaft aus Finnland ins Siegerland brachte.

Vorbild in der *Naturalis historia* des Plinius (35,89; Geschichte des Apelles) hat (ebd.).

## 4.

Wieland der Schmied ist eine Figur der Heldensage und als solche kein historisches Individuum; er ist eine literarisch geformte und wiederholt literarisch umgeformte, letztlich fiktive Figur. Was also hat es mit Geoffreys of Monmouth *Guielandus in urbe Sigeni* und der Deutung des Ortsnamens Wilnsdorf als ›Wielandsdorf‹ auf sich?

Was Geoffrey betrifft, so hat die einschlägige keltistische Forschung *in urbe Sigeni* stets auf das römische *Segontium* (kymrisch *Kaer Sigont*, *Caer Seiont*) bezogen, an dessen Stelle das heutige Caernarfon (Carnarvon) steht; entsprechend auch die Übersetzung der Stelle bei Vielhauer: »Wieland der Schmied in der Stadt Sigunt« (Übers. Vielhauer 1978, S. 49). Damit hätte Geoffrey den auch im angelsächsischen und anglonormannischen Raum breit bezeugten Wieland in der unmittelbaren geographischen Nähe seiner Merlin-Figur angesiedelt (Merlins erstes öffentliches Auftreten fand der Überlieferung nach im südöstlich von Caernarfon in Snowdonia gelegenen Dinas Emrys statt). Das leuchtet auf den ersten Blick ein, obwohl die Lokalisierung Wielands gerade im römischen *Segontium* dabei unerklärt bleibt. Problematisch an dieser Deutung ist auf alle Fälle, dass sie auf einer Konjektur beruht, einem gezielten Eingriff in die Überlieferung aufgrund einer ›Vermutung‹. Denn bedauerlicherweise ist Geoffreys Text der *Vita Merlini* in nur einer Handschrift – einer Handschrift außerdem des 13. Jahrhunderts – überliefert. Die rüde Abfuhr, die Hermann Schneider 1934 in seiner *Germanischen Heldensage* der ›Siegen‹-Deutung erteilte, jedenfalls kann heute nicht mehr akzeptiert werden: »Die Stadt Siegen wird zuerst 1224 urkundlich erwähnt und ist nach allgemeiner Annahme nicht viel früher gegründet; Galfred [Geoffrey] konnte unmöglich von ihr wissen, und noch weniger konnte zu seiner Zeit die Wielandsage dort heimisch sein« (H. Schneider 1934, S. 94). Im Gegenteil, die Stadt Siegen ist mit Sicherheit älter als die Gründung der ›Neustadt‹ im Jahre 1224 durch den Grafen von Nassau und den Erzbischof von Köln (Stündel 2005, S. 24 ff.); die älteste urkundliche Nennung der Stadt (*Sigena*) stammt aus dem Jahre 1079 (oder 1089) (ebd., S. 27); die dem fränkischen Reichsheiligen St. Martin geweihte Martinikirche dürfte jedoch »spätestens« im frühen 8. Jahrhundert gegründet worden sein (Bald 1939, S. 21). Und auch eine Kenntnis der Wielandsage im Siegen des 12. Jahrhunderts ist nicht so unwahrscheinlich, wie Schneider meint.

Es ist sicher ein Verdienst Ritter(-Schaumburg)s (bei aller Problematik seiner ›Folgerungen‹), wiederholt deutlich gemacht zu haben (im Prinzip freilich war auch das schon vorher bekannt), dass einige Erzählungen der *Thíðreks saga* eine sehr genaue Lokalisierung im westfälischen Raum aufweisen; dies gilt vor allem für die Erzählung vom Untergang der Nibelungen, der hier nach *Susa(t)* ›Soest‹ verlegt ist. Diese exakte Geographie (die, wohlbemerkt, nur für Teile der *Thíðreks saga* gilt) bedeutet freilich nicht, dass es sich bei der *Thíðreks saga* (und ihrer altschwedischen Bearbeitung) um historische Quellen aus der Zeit der Völkerwanderung handle, wie Ritter(-Schaumburg) und seine Nachtreter dies wollen. Sowenig wie die Tatsache, dass eine in der Wieland-Erzählung der *Thíðreks saga* beschriebene Methode der Stahlhärtung, so ›märchenhaft‹ sie klingen mag, »1936 von Ingenieuren der Eisenindustrie genau analysiert und für sachkundig und historisch richtig befunden« worden ist (Schmoeckel 1995, S. 80; vgl. auch Lück 1970, S. 42 ff., und Vitt 1985, S. 107 ff.), einen Beweis dafür darstellt, dass ein in Siegen ansässiges historisches Individuum des 6. Jahrhunderts namens Wieland sich dieses Verfahrens bedient habe; es beweist lediglich, dass dieses Verfahren im 12./13. Jahrhundert im sächsisch-westfälischen Raum bekannt war. Und die exakte westfälische Geographie einiger Abschnitte der *Thíðreks saga* erlaubt allenfalls den Schluss auf bestimmte regionale / lokale Sagentraditionen des Hochmittelalters, in denen sich mittelalterliches Geschichtsverständnis spiegelt. Danach können Heldensage und Heldendichtung auch dazu dienen, die Vergangenheit einer Stadt oder eines Geschlechtes zu überhöhen, ihr Ansehen, ihr Prestige zu steigern. Ein bekanntes Beispiel ist die ›Vereinnahmung‹ der Nibelungen-Tradition nicht nur durch die Stadt Soest, sondern auch, im Sinne einer ›Hausüberlieferung‹, durch verschiedene Familien der fränkischen und bairischen (Reichs-)Aristokratie (vgl. Wenskus 1973). In diesem Sinne kann auch die bei Geoffrey of Monmouth bezeugte Verbindung Siegens mit Wieland verstanden werden; im Sinne nämlich einer hochmittelalterlichen Überlieferung, die die Wielandsage in Siegen ansiedelt – Zeugnis der repräsentativen Selbstdarstellung und des Selbstverständnisses einer mittelalterlichen Stadt, deren Region über eine lange, weit in die Vorgeschichte zurückreichende Tradition des Erzabbaus, der Eisenverhüttung und der Schmiedekunst verfügt. So ähnlich hat es im übrigen schon Heinrich von Achenbach in seiner *Geschichte der Stadt Siegen* aus dem Jahre 1894 festgehalten: »Die Verlegung des Schmiedes Wiland [!], welcher bekanntlich der norwegischen und deutschen Heldensage angehört, nach der Stadt Siegen, bildet ein glänzendes Zeugniß für den frühzeitigen Ruhm und den hohen Grad des siegenschen Schmiedehandwerkes« (von Achenbach 1894, S. 9). Dieter Stündel hat diese Formulierung in seine Darstellung des Stadt Siegen im Mittelalter übernommen (Stündel 2005, S. 28). Und dem wäre eigentlich nichts hinzuzufügen gewesen …[5]

5 Stündel bezeichnet die »Verbindung der Wilandsage [sic!] mit Siegen« als »metaphorisch«

Was offen bleibt, ist freilich die Frage, woher Geoffrey of Monmouth diese lokale Tradition gekannt haben könnte. Die Namensform *Guielandus* mit *-ie-* aus älterem *-ē-*(althochdeutsche Diphthongierung!) jedenfalls deutet auf eine hochdeutsche Quelle. Und insofern ist *in urbe Sigeni* ›in der Stadt Siegen‹ vielleicht doch eine diskutable Alternative zu der gängigen Konjektur *Segontium.*

In diesem Zusammenhang kann auch die Deutung des Ortsnamens *Wilnsdorf* als ›Wielandsdorf‹ gesehen werden. Das bereits zitierte *Willandesdorf* ist durchaus nicht, wie Lück, Vitt und andere behaupten, die älteste bezeugte Form dieses Ortsnamens.[6] Die älteste urkundlich bezeugte Namensform ist vielmehr, 1185, *Willelmesdorf*; diese Namensform taucht noch einmal 1265 auf. Nicht davon zu trennen sind die Namensformen *Willemsdorp* (1249), *Wilhermisdorf* (1307) und *Wilamsdorf* (1324). *Willandesdorf* dagegen begegnet erstmals 1223 (und wiederholt 1240), die Varianten *Willandisdorf* 1255 u.ö. (zuletzt 1340), *Wielandesdorf* 1262, *Willantsdorph* 1265 u.ö. (zuletzt (1500). Seit der zweiten Hälfte des 13. Jahrhunderts sind außerdem Namensformen mit reduziertem erstem Bestandteil bezeugt: *Willensdorf* (1265–1607), *Willinsdorff* (1359, 1374), *Willenisdorf* (1374), *Wyllnstorff* (1418), *Wilnstorf* (1419–1636), *Wilnsdorff* (1426–1618) etc., schließlich, seit 1566, *Wilnsdorf.* Dieses Material erlaubt eigentlich nur die folgende Deutung: Die älteste Namensform der Siedlung – nach Ausweis des Grundwortes *-dorf* wohl eine Gründung des 6. bis (spätestens) 9. Jahrhunderts, »zur Zeit der fränkischen Kolonisation« (Bald 1939, S. 42) (?) – muss als ›Wilhelmsdorf‹ gedeutet werden. Diese Namensform wurde im Zuge sprachgeschichtlicher Entwicklung sukzessive verkürzt, reduziert zu Formen wie ›Willemsdorf‹, ›Willensdorf‹, ›Wil(l)nsdorf‹, Formen, die schriftlich zwar erst seit der 2. Hälfte des 13. Jahrhunderts erscheinen, in der gesprochenen Sprache jedoch älter sein dürften. Die verkürzte Form müsste dann, um oder nach 1200, als ›Wielandsdorf‹ (re-)interpretiert worden sein – im Lichte eben jener lokalen Sagentradition, die die Heldensagen-Figur des Schmiedes Wieland mit Siegen verknüpft.[7]

Es dürften die Herren von Wilnsdorf[8] gewesen sein, die diese Interpretation des alten Siedlungsnamens zum Ruhme des eigenen Hauses vornahmen. Nach *Hermann de Willelmesdorf* (urk. 1185) erscheint bezeichnenderweise (urk. 1223

(Stündel 2005, S. 28). Diese Formulierung mag im Sinne der rhetorischen Terminologie problematisch sein, gleichwohl kann sie den Sachverhalt verdeutlichen.

6 Zu den verschiedenen Namensformen vgl. Dango 1955, S. 29 ff., und E. Schneider, 1985, S. 16 f.

7 Entsprechend vorsichtig die Formulierung in dem Wikipedia-Artikel ›Wilnsdorf‹. Hier wird *Willelmesdorf* als ältester belegter Name genannt; der jüngere Name *Wielandisdorf* [sic!] beruhe »auf der Legende, dass in der Nähe des Ortes der sagenumwobene Schmied Wieland gelebt haben soll« (http://de.wikipedia.org/wiki/wilnsdorf [6.1.2013]).

8 Zu diesen vgl. Bald 1939, S. 82–87, und Dango 1955, S. 30–58.

und 1240) *Konrad de Willandesdorf.* Diese Herren von Wilnsdorf (vgl. Dango 1955, S. 46 ff.), für die seit 1309 der Name *Kolbe* belegt ist (die ›Kolben von Wilnsdorf‹) und die möglicherweise mit den seit dem 11. Jahrhundert im sauerländischen Schmallenberg bezeugten Herren von Colve in Verbindung gebracht werden können, waren Vögte der Grafen von Nassau in Teilen des Siegerlandes. Als Herren von Wilnsdorf waren sie bis ins 14. Jahrhundert eigenständige Nachbarn der Nassauer Grafen. Finanzielle Schwierigkeiten trieben sie in deren Abhängigkeit; seit 1340 waren sie Nassauische Lehensmannen. Für Wilnsdorf sind Bergbau, Eisenverhüttung und Eisenverarbeitung durch Bodenfunde nicht nur für die Eisenzeit, sondern auch für die Zeit vom 10. bis 13. Jahrhundert belegt. Zum Besitz der Herren von Wilnsdorf gehörte auch eine einträgliche Silbergrube (Ratzenscheid, später Landeskrone), auf die bereits König Adolf von Nassau Zugriff hatte (urk. 1298) (vgl. E. Schneider 1985, S. 20). Vielleicht war die ›Vereinnahmung‹ Wielands für Wilnsdorf Ausdruck der Selbstbehauptung der Herren von Wilnsdorf gegenüber dem wachsenden Druck der Grafen von Nassau, die an der Gründung der Siegener Neustadt 1224 zur Hälfte beteiligt waren. Aber das ist Spekulation.

Sicher nicht in diesen Zusammenhang gehört der Name *Wittgenstein*, der nichts mit Wielands Sohn Witege zu tun hat, sondern, seit 1174 als *Widechinstein* u. ä. bezeugt, als ›Widukindstein‹ zu deuten ist: »Tatsächlich« – so auch Lück – »heißen mehrere Wittgensteiner Grafen Widukind« (Lück 1970, S. 75).

## 5.

Fazit: Das Siegerland war »im fünften oder sechsten Jahrhundert« ganz gewiss nicht »die Wirkungsstätte eines Schmiedes namens Wieland [...], der alle anderen an Kunstfertigkeit überragte« (Lück 1970, S. 76) und, auf dem Siegberg residierend, seine Werkstätten in Siegen und dem nach ihm benannten Wilnsdorf hatte. Wieland der Schmied ist kein historisches Individuum, sondern eine – fiktive – Figur der Heldensage. Aber es gab vielleicht eine lokale Überlieferung des 12. Jahrhunderts, die den berühmten Vorzeitschmied mit der großen Tradition des Erzabbaus, der Eisenverhüttung und der Schmiedekunst des Siegerlandes in Verbindung brachte, ihn zur höheren Ehre der Stadt und der Region ›vereinnahmte‹, in Siegen ›ansiedelte‹. Eine Überlieferung, die vielleicht auch die Herren von Wilnsdorf aufgriffen, wenn sie den Namen ihres Sitzes, ursprünglich ›Wilhelmsdorf‹, dann, verkürzt, ›Wil(le)nsdorf‹, als ›Wielandsdorf‹ (re-)interpretierten (?). Wie immer, Geoffreys of Monmouth *Guielandus in urbe Sigeni* und die Deutung des Ortsnamens *Wilnsdorf* als ›Wielandsdorf‹ gehören in die Geschichte der hochmittelalterlichen Rezeption germanischer Heldensage. Mehr bleibt, bei genauer Betrachtung, nicht übrig von den ›Vermutungen‹ Alfred

Lücks und den abenteuerlichen Konstruktionen Helmut G. Vitts. Nicht mehr, aber auch nicht weniger.

## Literatur

### Texte und Übersetzungen

[*Völundar quiða*:] Edda. Die Lieder des Codex Regius nebst verwandten Denkmälern. Hg. von Gustav Neckel. Bd. 1: Text. 5., umgearbeitete Aufl. von Hugo Kuhn. Heidelberg 1983, S. 16–123. – Die Edda. Götterdichtung, Spruchweisheit und Heldengesänge der Germanen. Übertragen von Felix Genzmer. Eingeleitet von Kurt Schier. Köln / Düsseldorf 1981 [zuerst 1920], S. 186–194. – Die Götter- und Heldenlieder der älteren Edda. Übersetzt, kommentiert und hg. von Arnulf Krause. Stuttgart 2011.

[*Thíðreks saga*:] Thiðriks Saga af Bern. Udgivet [...] ved Henrik Bertelsen. 2 Bde. Kopenhagen 1905/1911. – Aus der Thidrekssaga. Wieland der Schmied. Hg. von H. Reuschel. Halle 1934. – Die Geschichte Thidreks von Bern. Übertragen von Finne Erichsen. Neuausg. Mit einem Nachwort von Helmut Voigt. Düsseldorf / Köln 1967.

[*Deors Klage*:] Altenglische Lyrik. Englisch und deutsch. Ausgewählt und hg. von Rolf Breuer und Rainer Schöwerling. Stuttgart 1972, S. 34–37.

[*Vita Merlini*:] Faral, Edmond: La Légende Arthurienne. Bd. 2. Paris 1929, S. 306–352. – Vielhauer, Inge (Hg.): Das Leben des Zauberers Merlin. Geoffrey von Monmouth: Vita Merlini. Erstmalig in deutscher Übertragung. Mit anderen Überlieferungen. Amsterdam 1978.

[*Vita Sancti Severini*:] Eugippus: Vita Sancti Severini. Lateinisch/deutsch. Übersetzt und hg. von Theodor Nüsslein. Stuttgart 1986.

### Forschungsliteratur

#### Heldensage und Heldendichtung; Wielandssage; Ritter(-Schaumburg) etc.

Baesecke, Georg: ›Zur Herkunft der Wielanddichtung‹, in: *Beiträge zur Geschichte der deutschen Sprache und Literatur* 1937/61, S. 368–378.

Beck, Heinrich: ›Der kunstreiche Schmied – ein ikonographisches und narratives Thema des frühen Mittelalters‹, in: Andersen, Fleming G. u. a. (Hg.): *Medieval Iconography and Narrative. A Symposion.* Odense 1980, S. 15–37.

Ders.: ›Die Völundarkviða in neuerer Forschung‹, in: Brynhildvoll, Knut (Hg.): *Über Brücken. Festschrift für Ulrich Groenke zum 65. Geburtstag.* Hamburg 1989, S. 81–97.

Ders.: ›Zur Thidrekssaga-Diskussion‹, in: *Zeitschrift für deutsche Philologie* 1993/112, S. 441–448.

Becker, Alfred: Franks Casket. Zu den Bildern und Inschriften des Runenkästchens von Auzon. Regensburg 1973.

Beckmann, Gustav / Timm, Erika: Wieland der Schmied in neuer Perspektive. Frankfurt am Main 2004.
Bengt, Henning: Didrikskrönikan. Handskriftsrelationer, översättningsteknik og stildrag. Stockholm 1970.
Betz, Eva-Marie: Wieland der Schmied. Materialen zur Wielandüberlieferung. Erlangen 1973.
Böckmann, Walter: Der Nibelungen Tod in Soest. Neue Erkenntnisse zur historischen Wahrheit. 3. Aufl. Düsseldorf / Wien 1987 [1981].
Bouman, A. C.: ›Völund as an Aviator‹, in: *Arkiv för Nordisk Filologi* 1940/55, S. 27–42.
Brate, Erik: ›Der Name Wielant‹, in: *Zeitschrift für deutsche Wortforschung* 1908/10, S. 173–181.
Ders.: ›Franks Casket‹, in: *Neophilologus* 1964/49, S. 242–248.
Burson, Ann. L.: ›Swan maidens and Smiths. A Structural Study of vthe Völundarkviða‹, in: *Scandinavian Studies* 1983/55, S. 1–19.
De Vries, Jan: ›Bemerkungen zur Wielandsage‹, in: Schneider, Hermann (Hg.) *Edda. Skalden, Saga. Festschrift zum 70 Geburtstag von Felix Genzmer.* Heidelberg 1952, S. 173–199.
Dietrich-von-Bern-Forum [...] e. V. (Hg.): Forschungen zur Thidrekssaga. Untersuchungen zur Völkerwanderungszeit im nördlichen Mitteleuropa. Bd. 1 ff. Bonn 2001 ff; zuletzt: Bd. 6. Bonn 2010.
Eisele geb. Boesche, Irmgard: Die schwedische Fassung der Saga von Dietrich von Bern und ihr Verhältnis zu der norwegischen Membran. Diss. (masch.) Tübingen 1948.
Eliade, Mircea: Schmiede und Alchemisten. 2. Aufl. Stuttgart 1980 [1960].
Grimstad, Karen: ›The Revenge of Völundr‹, in: Glendinning, Robert J. u. a. (Hg.): *Edda. A Collection of Essays.* Winnipeg 1983, S. 187–209.
Hauck, Karl: Das Kästchen von Auzon. Münster 1970.
Janota, Johannes / Kühnel, Jürgen: ›*Uns ist in niuwen maeren wunders vil geseit.* Zu Ritter-Schaumburgs *Die Nibelungen zogen nordwärts.* Eine Stellungnahme aus germanistischer Sicht‹, in: *Soester Zeitschrift* 1985/97, S. 12–15.
Krause, Arnulf: Reclams Lexikon der germanischen Mythologie und Heldensage. Stuttgart 2010.
Kühnel, Jürgen: ›Wieland der Schmied. *Guielandus in urbe Sigeni* und der Ortsname Wilnsdorf‹, in: *Diagonal. Zeitschrift der Universität-Gesamthochschule-Siegen* 1997/1. *Zum Thema: Einfach Schmidt*, S. 169–181; unverändert wieder abgedruckt in: *Siegerland. Blätter des Siegerländer Heimat- und Geschichtsvereins* 1981/75, H. 1, S. 41–50.
Lück, Alfred: Aller Schmiede Meister: Wieland der Schmied. Siegen 1970.
Marold, Edith: Der Schmied im germanischen Altertum. Diss. Wien 1967.
McKinnell, John: ›The context of Völundarkviða‹, in: *Saga-Book* 1990–93/23, S. 1–27.
Meyer, Heinrich: ›Wieland der Schmied und das Siegerland‹, in: *Heimatland.* Beilage zur *Siegener Zeitung* 1930/5, Nr. 10, S. 145–148.
Millet, Victor: Germanische Heldendichtung im Mittelalter. Eine Einführung. Berlin / New York 2008.
Motz, Lotte: ›New Thoughts on Völundarkviða‹, in: *Saga-Book* 1986/22, S. 50–68.
Nedoma, Robert: Die bildlichen und schriftlichen Denkmäler der Wielandsage. Göppingen 1988.

Panzer, Friedrich: ›Zur Wielandsage‹, in: *Zeitschrift für Volkskunde* 1930/40, H. 2, S. 125–135.

Pesch, Alexandra / Nedoma, Robert / Insley, John: ›Wieland‹, in: Beck, Heinrich / Geuenich, Dieter (Hg.): *Reallexikon der Germanischen Altertumskunde.* Begründet von Johannes Hoops. 2., völlig neu bearbeitete und stark erweiterte Aufl. Bd. 33. Berlin / New York 2006, S. 604–622.

Rass, Wim: ›Die Thidrekssaga und ihr historischer Inhalt‹, in: *Der Berner* 2001/4, S. 3–29, und 2002/7, S. 15–36.

Ritter-Schaumburg, Heinz: Die Nibelungen zogen nordwärts. 3. Aufl. München / Berlin 1981.

Ders.: Dietrich von Bern – König von Bonn. München / Berlin 1982.

Ders.: Die Didriks-Chronik oder die Svava. Erstmals vollständig aus der altschwedischen Handschrift der Thidrekssaga übersetzt. St. Goar 1989.

Rosenfeld, Hellmut: ›Historische Wirklichkeit und Heldenlied. 1. Wielandlied‹, in: *Beiträge zur Geschichte der deutschen Sprache und Literatur (Tübingen)* 1955/77, S. 204–212.

Schmoeckel, Reinhard: Deutsche Sagenhelden und die historische Wirklichkeit. Zwei Jahrhunderte deutscher Frühgeschichte neu gesehen. Hildesheim / Zürich / New York 1995.

Schneider, Hermann: Germanische Heldensage. Bd. 2,2. Berlin / Leipzig 1934.

Schröder, Franz Rolf: ›Die Wielandsage‹, in: *Beiträge zur Geschichte der deutschen Sprache und Literatur (Tübingen)* 1977/99, S. 375–394.

Schwab, Ute: Franks Casket. Fünf Studien zum Runenkästchen von Auzon. Wien 2008.

See, Klaus von: Germanische Heldensage. Stoffe, Probleme, Methoden. Eine Einführung. Frankfurt a. M. 1971.

Ders.: Kommentar zu den Liedern der Edda. Bd. 3: Götterlieder (Völundarkviða […]). Heidelberg 2000.

Simek, Rudolf / Pálsson, Hermann: Lexikon der altnordischen Literatur. Stuttgart 1987.

Sinz, Erich: Gudrun kam vom Schwarzen Meer. München / Berlin 1984.

Taylor, Paul Beekman: ›The Structure of Völundarkviða‹, in: *Neophilologus* 1963/47, S. 228–236.

Uecker, Heiko: Germanische Heldensage. Stuttgart 1972.

Viëtor, Wilhelm: The Anglo-Saxon Runic Casket (The Franks Casket) / Das angelsächsische Runenkästchen aus Auzon bei Clermont-Ferrand. 2 Hefte. Marburg 1901.

Vitt, Helmut G.: Wieland der Schmied. Sage und historische Wirklichkeit im frühmittelalterlichen Siegerland. Kreuztal 1985.

Wenskus, Reinhard: ›Wie die Nibelungen-Überlieferung nach Bayern kam‹, in: *Zeitschrift für bayerische Landesgeschichte* 1973/36, S. 393–449.

Wolf, Alois: ›Franks Casket in literaturhistorischer Sicht‹, in: *Frühmittelalterliche Studien* 3 1969, S. 227–243.

[N.N.:] ›Wieland der Schmied. Reiche Bodenschätze machten die Arbeit der Sagengestalt möglich‹, in: *Gewerbegebiet Wilnsdorf.* Beilage zur *Siegener Zeitung*, 7.2.1997 [ohne Seitenzählung].

## Siegen und Wilnsdorf

Achenbach, Heinrich von: Geschichte der Stadt Siegen. Siegen 1894.
Bald, Ludwig: Das Fürstentum Nassau-Siegen. Territorialgeschichte des Siegerlandes. Marburg 1939.
Dango, Franz: Wilnsdorf. Geschichte und Landschaft. Wilnsdorf / Siegen 1955.
Schneider, Elmar: 800 Jahre Wilnsdorf 1185 – 1985. Wilnsdorf 1985.
Stündel, Dieter: Die Stadt Siegen. Bd. 1: Vom Mittelalter. Siegen 2005.
›Wilnsdorf‹: http://de.wikipedia.org/wiki/wilnsdorf [6.1.2013].

Petra M. Vogel

# »Wat is dat denn!?« – Südwestfalen und die deutsche Dialektlandschaft

## 1. Einleitung

Im Siegerland findet sich das *t* statt des standarddeutschen *s* charakteristischerweise in *dat* oder *wat* für *das* und *was.* Obwohl es sich dabei um Wörter aus dem Dialekt handelt, der in seiner ausgeprägtesten Form fast nur noch von der älteren Bevölkerung gesprochen wird, taucht dieses markante Merkmal sogar bei den meisten jüngeren Sprechern und Sprecherinnen auf, und zwar in der gesamten Region. Kürzlich wurde sogar die Siegerländerin Sabrina Mockenhaupt in einer großen deutschen Wochenzeitung in »ihrem breiten Siegerländisch« mit dem Satz zitiert: »Ich liebe dat Laufen« (Die Zeit No. 33 vom 9.8.12, S. 16). Man spricht bei einer solchen großräumig verteilten Mischung von Standarddeutsch und Dialekt allerdings eher von einem Regiolekt statt von einem Dialekt.

Das *t*-Phänomen ist aber nicht nur im Siegerland, sondern in weiteren Teilen von Südwestfalen verbreitet und sogar darüber hinaus. Die Region Südwestfalen als solche (Abb. 1) besteht seit 2007, als sich die fünf nordrhein-westfälischen Landkreise Olpe, Siegen-Wittgenstein, Soest, Hochsauerlandkreis und Märkischer Kreis zusammenschlossen.

Manch einem wird nun auffallen, dass *dat* und *wat* ebenso im Niederländischen vorkommen und wegen *t* statt *s* sogar dem englischen *that* und *what* oder zum Beispiel dem schwedischen *det* und *vad* mehr ähneln als dem standarddeutschen *das* und *was.* Wie ist das zu erklären?

Abb. 1: Die Region Südwestfalen. Quelle: (www.siegen-wittgenstein.de)

## 2. Niederdeutsch und Hochdeutsch

Grundsätzlich kann man festhalten, dass die deutsche Dialektlandschaft zweigeteilt ist. Quer durch Deutschland verläuft eine imaginäre Linie, die als »Benrather Linie« bezeichnet wird, da sie (unter anderem) durch Benrath geht, heute ein südlicher Stadtteil von Düsseldorf. Die Dialekte südlich der Linie heißen »Hochdeutsch«, die Dialekte nördlich der Benrather Linie werden »Niederdeutsch« oder landläufig auch »Platt(deutsch)« genannt (Abb. 2).

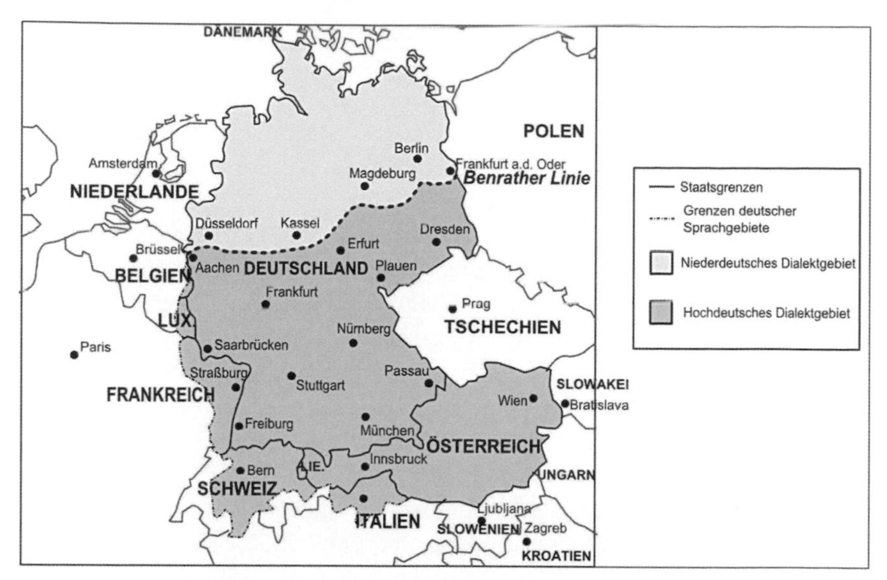


Abb. 2: Die Benrather Linie im deutschen Dialektgebiet. Quelle: Vandeputte 1995, S. 10 (Bearbeitung P.M.V.)

Zweierlei scheint daran auf den ersten Blick verwirrend: Zum einen heißen auch Dialekte südwestlich der Linie, die sich eigentlich im hochdeutschen Bereich befinden, manchmal »Platt« (z.B. das »Siegerländer Platt« oder das »Wittgensteiner Platt«). Dabei handelt es sich jedoch lediglich um ein umgangssprachliches Wort für »Dialekt«, es bedeutet nicht, dass hier eine niederdeutsche Sprachvariante gesprochen wird. Die Karte zeigt außerdem, dass hochdeutsche Dialekte nicht nur in Deutschland, sondern auch in Belgien, Luxemburg, Frankreich (Elsass, Lothringen), Italien (Südtirol) und natürlich in der Schweiz und in Österreich gesprochen werden.

Zum anderen wird auch die überregional gültige Verkehrssprache, das »Standarddeutsche« oder »Schriftdeutsche«, als »Hochdeutsch« bezeichnet. Dies hat zwei Gründe. Der eine ist historischer Natur, denn das Standarddeutsche hat sich etwa seit dem 16. Jahrhundert nach Christus insbesondere auf der Basis hochdeutscher Dialekte herausgebildet. Zudem wird der Bestandteil »hoch« auch zuweilen als »stilistisch hochstehend« im Sinne der überregionalen Verkehrssprache interpretiert. Um terminologische Unklarheiten zu vermeiden, wird »Hochdeutsch« im Folgenden nur im rein dialektalen Sinne verwendet, im Falle der überregionalen Verkehrssprache wird von »Standarddeutsch« gesprochen.

Wie unterscheiden sich nun hochdeutsche und plattdeutsche Dialekte voneinander und warum erscheinen einige Wörter in Sprachen wie Niederländisch, Englisch oder Schwedisch dem Plattdeutschen näher als dem Hochdeutschen?

Die Gründe dafür sind in der so genannten »Hochdeutschen Lautverschiebung« zu suchen, mit der die Veränderung einiger Konsonanten im hochdeutschen Dialektgebiet bezeichnet wird, die in der zweiten Hälfte des 1. Jahrtausends nach Christus stattfand. Traditionell wird angenommen, dass die Phänomene der Hochdeutschen Lautverschiebung vom südlichsten Rand des deutschen Sprachgebiets, also dem Süden der heutigen Schweiz bzw. Österreichs, ausgegangen sind und sich wellenförmig ausgebreitet haben, d.h., nach Norden immer mehr abgeebbt und an der Benrather Linie zum Stillstand gekommen sind. Prinzipiell sind von der Hochdeutschen Lautverschiebung vor allem die Konsonanten *p*, *t* und *k* betroffen, die zu *f* oder *pf*, *s* oder *z* und *ch* geworden sind. In Tabelle 1 werden einige markante Beispiele aus dem Niederdeutschen und Standarddeutschen vorgestellt, wobei das Standarddeutsche stellvertretend für das Hochdeutsche steht, die Gründe dafür wurden bereits genannt.

| Lautunterschiede | Niederdeutsch | Standarddeutsch |
|---|---|---|
| p/f | Wapen | Waffe |
| p/pf | Appel | Apfel |
| t/s | Water | Wasser |
| t/z | Tung | Zunge |
| k/ch | kaken (koken) | kochen |

Tab. 1: Lautunterschiede zwischen Niederdeutschem und Standarddeutschem

Da die Lautverschiebungen nur hochdeutsche Dialekte südlich der Benrather Linie betrafen, blieben die Konsonanten in den niederdeutschen Dialekten nördlich der Benrather Linie bestehen. Das zeigt sich zum Beispiel auch, wenn man Familiennamen vergleicht (z.B. auf der Basis von Telefonnummern unter http://christoph.stoepel.net/geogen). Trotz aller Mobilität sind nicht lautverschobene Namen relativ gesehen eher im niederdeutschen, lautverschobene Namen eher im hochdeutschen Gebiet zu finden.

So hatte jemand namens *Bachmann* im Mittelalter in der südlichen Hälfte einen Vorfahren, der sich dadurch auszeichnete, dass er an oder bei einem Bach wohnte (Abb. 3).

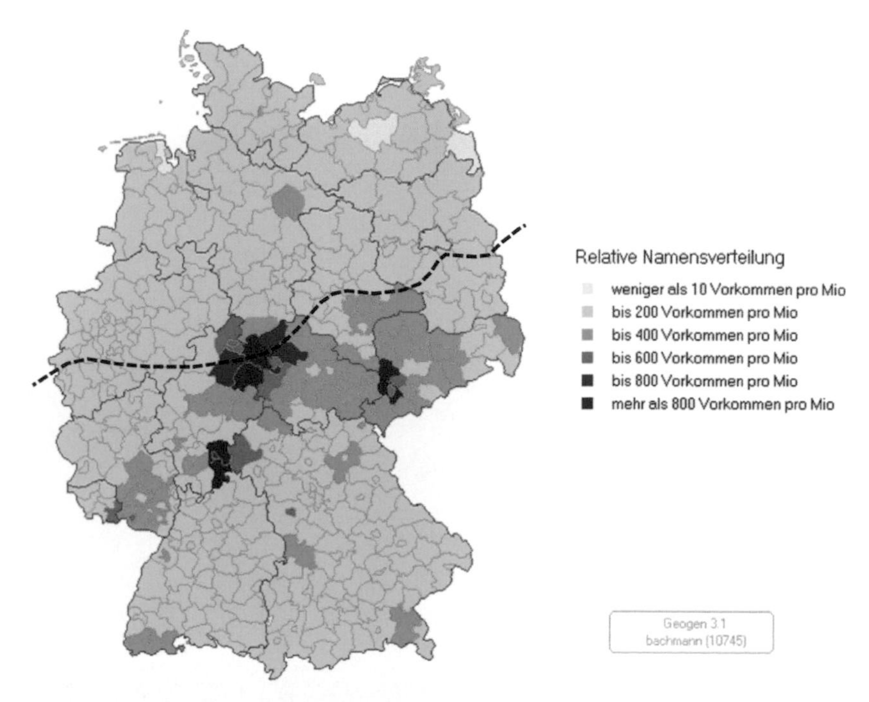


Abb. 3: Der Familienname *Bachmann*. Quelle: http://christoph.stoepel.net/geogen (Bearbeitung P.M.V.)

Im Norden hieß derjenige *Beckmann*, da hier *k* nicht zu *ch* verändert wurde (Abb. 4).

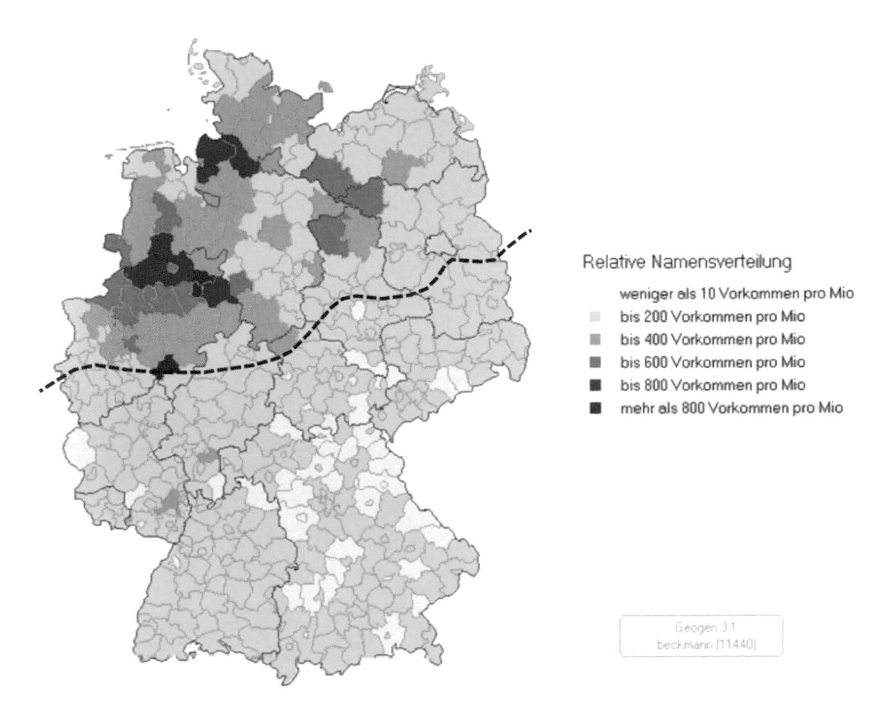


Abb. 4: Der Familienname *Beckmann*. Quelle: http://christoph.stoepel.net/geogen (Bearbeitung P.M.V.)

Ebenso hatte jemand namens *Weiß* im Mittelalter in der südlichen Hälfte einen Vorfahren mit zum Beispiel auffällig heller Haut oder hellen Haaren (Abb. 5).

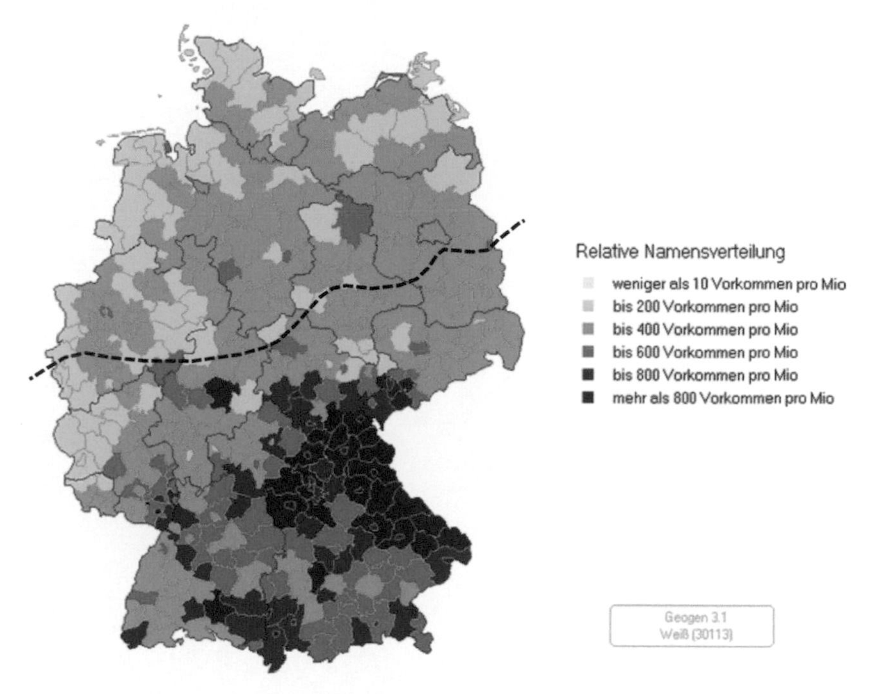


Abb. 5: Der Familienname *Weiß*. Quelle: http://christoph.stoepel.net/geogen (Bearbeitung P.M.V.)

Im Norden hieß derjenige *Witte*, da hier *t* nicht zu *s* verschoben wurde (Abb. 6).

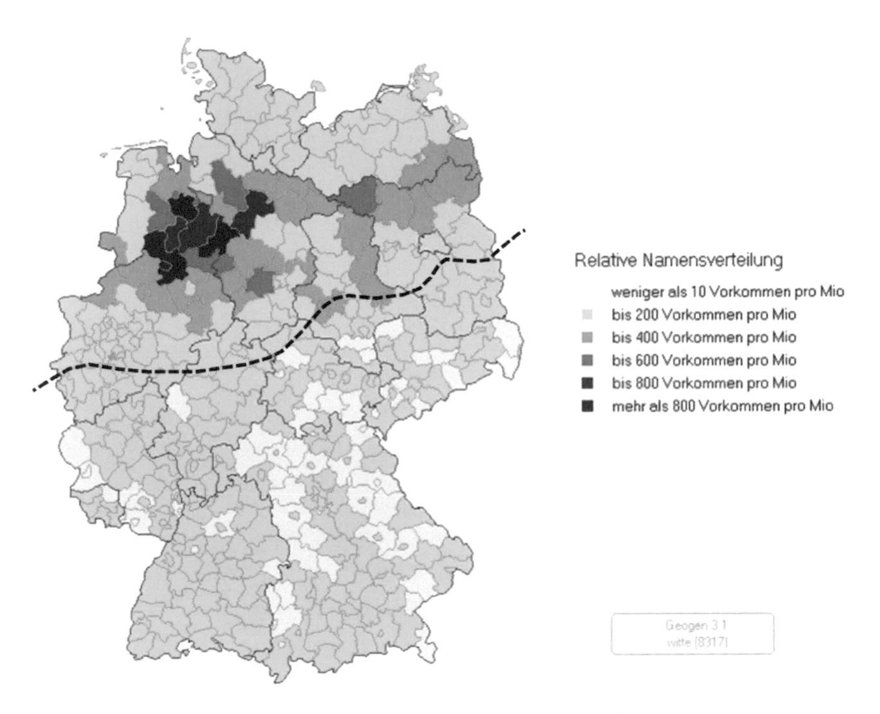


Abb. 6: Der Familienname *Witte.* Quelle: http://christoph.stoepel.net/geogen (Bearbeitung P.M.V.)

Vergleicht man *Weiß* und *Witte*, ist zudem noch ein anderes Phänomen sichtbar, das auch nur den Süden, und da auch nur den Osten erfasst hat. Es handelt sich um die so genannte »Diphthongierung«. Dabei wurden Einzelvokale (Monophthonge genannt) zu Zwievokalen, sog. Diphthongen. Im Beispiel *Witte* veränderte sich also *i* zu *ei* (*ai* gesprochen). Da der Südwesten von der Diphthongierung nicht erfasst wurde, sind dort Formen mit *s*, aber weiterhin mit Monophthong *i* statt Diphthong *ei* vertreten, man vgl. zum Beispiel die Verteilung von *Wiss* (Abb. 7).

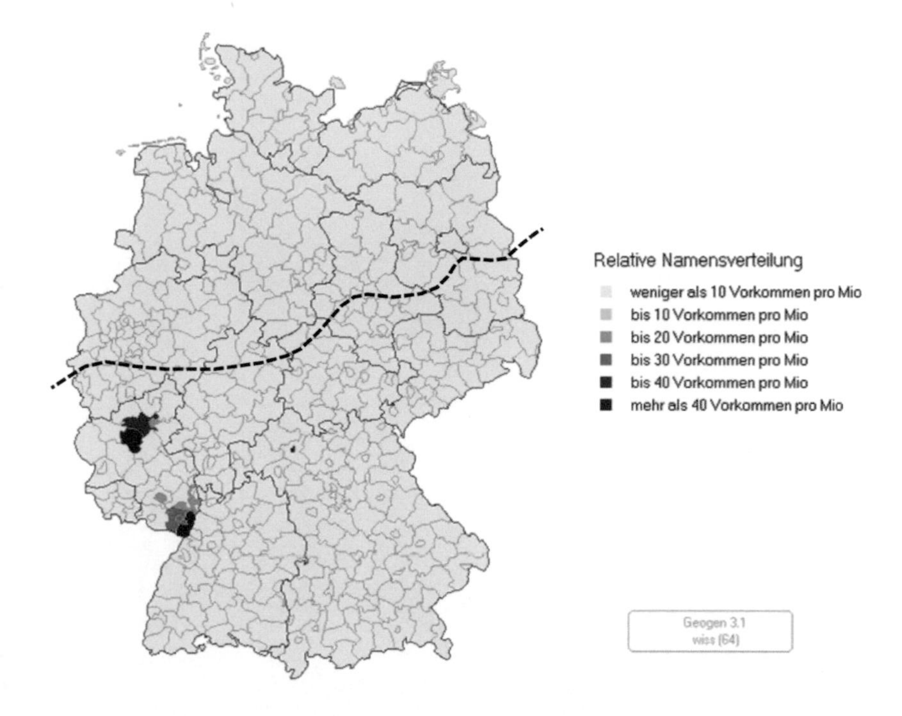


Abb. 7: Der Familienname *Wiss*. Quelle: http://christoph.stoepel.net/geogen (Bearbeitung P.M.V.)

Von der Diphthongierung betroffen ist auch die Veränderung von *u* z. B. zu *au* (*Hus* gegenüber *Haus*) und *ü* z. B. zu *äu/eu* (*Hüser* gegenüber *Häuser*). Diese breitete sich ab dem 12. Jh. vom Südosten des deutschen Sprachgebiets aus und kam im 16. Jh. etwas südlich der Benrather Linie zum Stillstand mit einem Ausläufer Richtung Dortmund – Hannover – Kassel. Dadurch wurde aber zum einen der hochdeutsche Südwesten, d. h. das Alemannische (Schweiz und Baden-Württemberg), sowie der nördliche Rand des Hochdeutschen ausgespart und zum anderen fast das gesamte Niederdeutsche mit einem Diphthongierungs-Ausläufer, der auch Südwestfalen erfasst. Die folgende Karte (Abb. 8) zeigt die historische Verteilung von *Hus* und *Haus*, die auch in etwa noch dem Stand der deutschen Dialekte um 1900 entspricht.

Abb. 8: Die Diphthongierung von *u* zu *au* am Beispielwort *Haus*. Quelle: König 2007, S. 146 (Bearbeitung P.M.V.)

Wenn also Wörter wie *Hus* sich im Niederdeutschen bzw. am nördlichen Rand des Hochdeutschen und im Alemannischen aufgrund der fehlenden Diphthongierung ähneln, hat das damit zu tun, dass sich diese Phänomene hier nicht durchgesetzt haben. Für Schweizer ist es auch immer erheiternd, wenn in Deutschland die Mischung aus Getreideflocken, Obst etc. fälschlich *Müsli* statt korrekt *Müesli* genannt wird, da schweizerdeutsch *Müsli* mit durchgeführter Diphthongierung die *Mäuslein*, also die kleinen Mäuse, wären.

Das Deutsche ist als germanische Sprache im Hinblick auf die Hochdeutsche Lautverschiebung und die Diphthongierung also zweigeteilt. Aufgrund der großen Unterschiede zwischen Hochdeutsch und Niederdeutsch wird immer wieder berechtigterweise die Frage gestellt, ob das Niederdeutsche nicht als eigene Sprache zu betrachten sei. In dem Zusammenhang sei erwähnt, dass Niederdeutsch in der am 1. Januar 1999 in Kraft getretenen »Europäischen Charta der Regional- oder Minderheitensprachen« tatsächlich als regionale Minderheitensprache in Deutschland gilt (neben u. a. Dänisch, Sorbisch, Romani).

Andere germanische Sprachen im Norden verhalten sich erwartungsgemäß wie das Niederdeutsche, d. h., sie zeigen ebenso keine Veränderungen bei den Konsonanten *p*, *t* und *k*. In der folgenden Tabelle (Tab. 2) sind die in Tabelle 1 aufgeführten Beispielwörter im Niederdeutschen, Englischen und Schwedischen gegenübergestellt, wobei die Ähnlichkeiten frappant sind.

| Lautunterschiede | Englisch | Schwedisch | Niederdeutsch |
|---|---|---|---|
| p/f | weapon | vapen | Wapen |
| p/pf | apple | äpple | Appel |
| t/s | water | vatten | Water |
| t/z | tongue | tunga | Tung |
| k/ch | cook | koka | kaken (koken) |

Tab. 2: Lautliche Gemeinsamkeiten des Englischen, Schwedischen und Niederdeutschen

Wie verhält es sich nun mit der Benrather Linie und Südwestfalen?

## 3. Sprache in Südwestfalen

Die folgende Karte (Abb. 9) zeigt, wo sich die fünf südwestfälischen Landkreise zum einen innerhalb von Nordrhein-Westfalen und zum anderen im Verhältnis zur Benrather Linie befinden, die blau eingezeichnet ist.

Abb. 9: Die südwestfälischen Kreise in NRW und ihr Verhältnis zur Benrather Linie. Quelle: http://www.wdr.de/wdrde_specials/nrw_60/infobox/html.php?block=2&artnr=8&blockoff=1 (Bearbeitung P.M.V.)

Dabei wird deutlich, dass der überwiegende Teil von Nordrhein-Westfalen zum niederdeutschen Sprachgebiet gehört, wobei der Großdialekt des Westfälischen dominiert. Außer Siegen-Wittgenstein zählen die vier südwestfälischen Kreise Olpe, Soest, Hochsauerlandkreis und Märkischer Kreis zum westfälischen Dialektgebiet. Im Nordosten von Nordrhein-Westfalen finden wir noch Niederfränkisch (das ebenfalls den Status einer regionalen Minderheitensprache hat), ganz im Norden außerdem Niedersächsisch. Der Süden wird fast ausschließlich vom Ripuarischen eingenommen, im Südwesten und damit in Siegen-Wittgenstein sind jedoch darüberhinaus Moselfränkisch und Rheinfränkisch vertreten, die sich auf die beiden Altkreise Siegen und Wittgenstein aufteilen. Das Moselfränkische, zu dem das Siegerländische gehört, hat seinen Schwerpunkt vor allem in Rheinland-Pfalz und im Saarland, ist aber auch in Lothringen und Luxemburg vertreten. Das Rheinfränkische, zu dem das Wittgensteinische gehört, findet sich in Hessen und Teilen von Rheinland-Pfalz, im Saarland und in Lothringen.

Die Benrather Linie verläuft also quer durch Nordrhein-Westfalen und sogar durch Südwestfalen. Die Unterschiede sind allerdings nicht so gravierend, wie es scheinen mag, da die Phänomene sich an der Linie vermischen. Der Grund ist zum einen, dass die Einflüsse des Standarddeutschen heute mehr oder weniger stark – stärker in den Städten, schwächer auf dem Land, stärker in der jüngeren Generation, schwächer in der älteren Generation – ausgeprägt sind, so dass hier ohnehin keine Einheitlichkeit zu erwarten ist. Zum anderen stellen sich die Veränderungen der Hochdeutschen Lautverschiebung aufgrund der wellenförmigen Ausbreitung gestaffelt dar, die Benrather Linie ist also in Bezug auf die in den obigen Tabellen genannten Konsonanten keine harte Grenze. Besonders ausgeprägt ist die Staffelung zudem im mittleren Westdeutschland, man spricht hier vom »Rheinischen Fächer«, der sich durch weitere »Linien«, in der Sprachwissenschaft »Isoglossen« genannt, auszeichnet. Er wird vom Niederfränkischen im Norden (Südniederfränkisch südlich, Nordniederfränkisch nördlich der Uerdinger Linie) über Ripuarisch und Moselfränkisch zum Rheinfränkischen im Süden aufgespannt mit dem Scheitelpunkt in Hilchenbach bei Siegen. Die folgende Karte (Abb. 10) ist in Anlehnung an die entsprechende Karte im dtv-Atlas »Deutsche Sprache« gestaltet, das Gebiet von Südwestfalen ist mit einem Kreis markiert. Der hier dokumentierte Sprachzustand ist der um 1900.

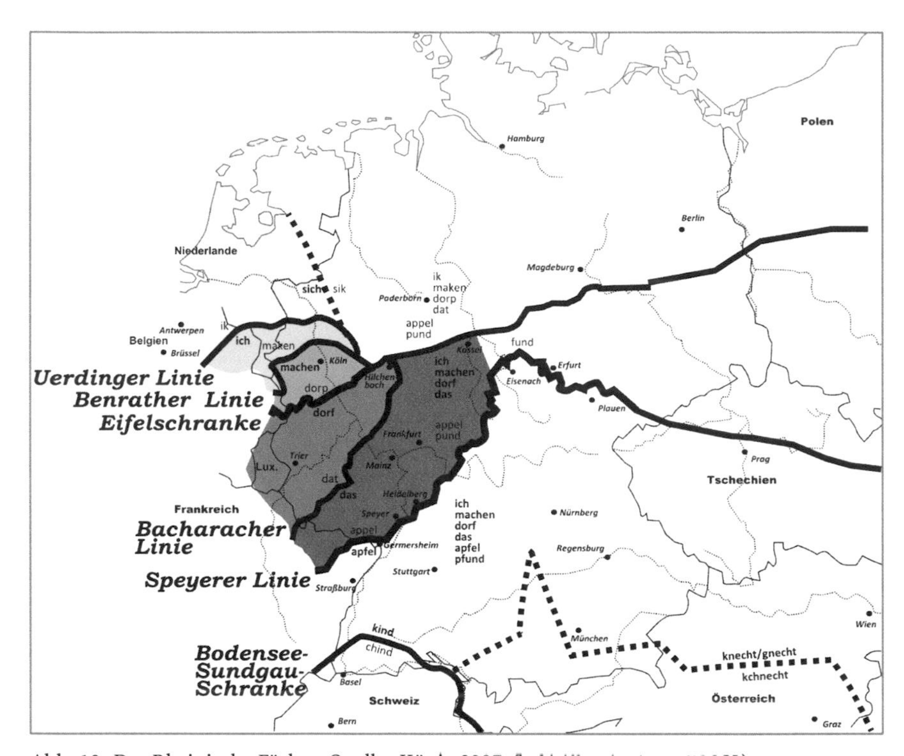

Abb. 10: Der Rheinische Fächer. Quelle: König 2007, S. 64 (Bearbeitung P.M.V.)

Betrachten wir Südwestfalen im Hinblick auf die Phänomene der Hochdeutschen Lautverschiebung und der Diphthongierung näher. Welche Möglichkeiten gibt es dazu?

In der Sprachwissenschaft werden Dialektphänomene im Allgemeinen in Wörterbüchern und Atlanten dargestellt. Der erste große und in dieser Form bislang einzige Atlas ist der Deutsche Sprachatlas, der von Georg Wenker (1852–1911) als »Sprachatlas des Deutschen Reichs« begründet wurde und am Preußischen Innenministerium angesiedelt war (vgl. http://www.diwa.info/Geschichte/Uebersicht.aspx, auch zum Weiteren). Da Wenker insbesondere an Lautphänomenen interessiert war, die ja im Rheinischen Fächer besonders ausgeprägt sind, erschien 1878 als erstes der »Sprach-Atlas der Rheinprovinz nördlich der Mosel sowie des Kreises Siegen« (vgl. Abb. 11) auf der Basis von 42 standarddeutschen Sätzen, die er 1876 an Lehrer in etwa 1500 Orten verschickt hatte mit der Bitte, sie jeweils in den dortigen Dialekt zu übersetzen. Schon damals spielte also ein Teil der heutigen Region Südwestfalen eine große Rolle.

Abb. 11: Die Rheinprovinz. Quelle: www.rheinische-geschichte.lvr.de/Test_Kartographie/Rheinprovinz_Regbezirke_1871_600p.jpg

Im Folgenden wurde bis 1887 eine Erweiterung für das gesamte Deutsche Reich mit 40 so genannten »Wenkersätzen« durchgeführt.

1. Im Winter fliegen die trocknen Blätter durch die Luft herum.
2. Es hört gleich auf zu schneien, dann wird das Wetter wieder besser.
3. Thu Kohlen in den Ofen, dass die Milch bald an zu kochen fängt.
4. Der gute alte Mann ist mit dem Pferde durch's Eis gebrochen und in das kalte Wasser gefallen.
5. Er ist vor vier oder sechs Wochen gestorben.
6. Das Feuer war zu stark/heiß, die Kuchen sind ja unten ganz schwarz gebrannt.
7. Er ißt die Eier immer ohne Salz und Pfeffer.
8. Die Füße thun mir sehr weh, ich glaube, ich habe sie durchgelaufen.
9. Ich bin bei der Frau gewesen und habe es ihr gesagt, und sie sagte, sie wollte es auch ihrer Tochter sagen.
10. Ich will es auch nicht mehr wieder thun.
11. Ich schlage Dich gleich mit dem Kochlöffel um die Ohren, Du Affe!
12. Wo gehst Du hin? Sollen wir mit Dir gehn?
13. Es sind schlechte Zeiten!
14. Mein liebes Kind, bleib hier unten stehn, die bösen Gänse beißen dich todt.
15. Du hast heute am meisten gelernt und bist artig gewesen, Du darfst früher nach Hause gehn als die Andern.
16. Du bist noch nicht groß genug, um eine Flasche Wein auszutrinken, Du mußt erst noch ein Ende/etwas wachsen und größer werden.
17. Geh, sei so gut und sag Deiner Schwester, sie sollte die Kleider für eure Mutter fertig nähen und mit der Bürste rein machen.
18. Hättest Du ihn gekannt! dann wäre es anders gekommen, und es thäte besser um ihn stehn.
19. Wer hat mir meinen Korb mit Fleisch gestohlen?
20. Er that so als hätten sie ihn zum Dreschen bestellt; sie haben es aber selbst gethan.
21. Wem hat er die neue Geschichte erzählt?
22. Man muß laut schreien, sonst versteht er uns nicht.
23. Wir sind müde und haben Durst.
24. Als wir gestern Abend zurück kamen, da lagen die Andern schon zu Bett und waren fest am schlafen.
25. Der Schnee ist diese Nacht bei uns liegen geblieben, aber heute Morgen ist er geschmolzen.
26. Hinter unserm Hause stehen drei schöne Apfelbäumchen mit rothen Aepfelchen.
27. Könnt ihr nicht noch ein Augenblickchen auf uns warten, dann gehen wir mit euch.
28. Ihr dürft nicht solche Kindereien treiben!

29. Unsere Berge sind nicht sehr hoch, die euren sind viel höher.
30. Wieviel Pfund Wurst und wieviel Brod wollt ihr haben?
31. Ich verstehe euch nicht, ihr müßt ein bißchen lauter sprechen.
32. Habt ihr kein Stückchen weiße Seife für mich auf meinem Tische gefunden?
33. Sein Bruder will sich zwei schöne neue Häuser in eurem Garten bauen.
34. Das Wort kam ihm vom Herzen!
35. Das war recht von ihnen!
36. Was sitzen da für Vögelchen oben auf dem Mäuerchen?
37. Die Bauern hatten fünf Ochsen und neun Kühe und zwölf Schäfchen vor das Dorf gebracht, die wollten sie verkaufen.
38. Die Leute sind heute alle draußen auf dem Felde und mähen/hauen.
39. Geh nur, der braune Hund thut Dir nichts.
40. Ich bin mit den Leuten da hinten über die Wiese ins Korn gefahren.

Später wurden noch die deutschen Dialekte außerhalb des Deutschen Reichs erhoben, 1988 in Luxemburg und zwischen 1926 und 1933 u.a. in Österreich, Südtirol, der Schweiz und der Tschechoslowakei, so dass am Schluss insgesamt 51.480 Fragebögen aus 49.363 Orten vorlagen. Der Sprachstand beläuft sich damit insgesamt auf die Zeit von 1877 bis 1933, ist also bereits historisch zu nennen. Von 1888 bis 1923 wurden daraus von Georg Wenker, Ferdinand Wrede und vor allem Emil Maurmann 1.668 handgezeichnete und handkolorierte Blätter erstellt, die heute am Forschungsinstitut »Deutscher Sprachatlas« in Marburg archiviert sind. Da diese Karten nicht gedruckt werden konnten, gab es eine reduzierte Fassung, den so genannten »Deutschen Sprachatlas (DSA)«, der von Ferdinand Wrede und später Walther Mitzka sowie Bernhard Martin in Form von 128 schwarz-weißen Karten erstellt wurde und zwischen 1927 und 1956 erschien. Eine Neubearbeitung ausgewählter Fragebögen mit insgesamt 462 Karten wurde als »Kleiner Deutscher Sprachatlas (KDSA)« von Werner H. Veith sowie Wolfgang Putschke und Lutz Hummel erstellt und erschien zwischen 1984 und 1999. Zwischen 2001 und 2003 erfolgten schließlich unter der Leitung von Jürgen Erich Schmidt und Joachim Herrgen die Verfilmung und Digitalisierung sowie der Online-Zugang der 1.668 Originalkarten am Deutschen Sprachatlas in Marburg, bekannt als »DiWA« bzw. »Digitaler Wenker-Atlas«.

Neuere Sprachatlanten entstanden in den 1990er Jahren vor allem im Süden Deutschlands. So ist Bayern inzwischen vollständig neuerhoben (»Bayerischer Sprachatlas«), Baden-Württemberg fast ganz (»Südwestdeutscher Sprachatlas«, der Rest wird gerade im Projekt »Sprachalltag in Nord-Baden-Württemberg« erhoben) und im »Mittelrheinischen Sprachatlas« das Saarland ganz und Rheinland-Pfalz links der Mosel. In Südwestfalen werden gerade Anfänge gemacht mit dem »Siegerländer Sprachatlas« und dem »Wittgensteiner Sprachatlas« (die Erhebungen laufen gerade), beide Projekte sind an der Universität Siegen am Lehrstuhl für Deutsche Sprachwissenschaft beheimatet.

Für detaillierte Dialektdaten aus Südwestfalen muss und kann also auf den DiWA zurückgegriffen werden (wobei hier der Sprachstand der 2. Hälfte des 19. Jahrhunderts dargestellt wird, da neuere Dialektdaten fehlen). Nachfolgend betrachten wir im DiWA Südwestfalen hinsichtlich der Phänomene der Hochdeutschen Lautverschiebung (anhand der Wörter *ich, machen, Dorf, das, Apfel, Pfund*) und der Diphthongierung (anhand der Wörter *weiß, Haus, Häuser*).

Hinsichtlich der Hochdeutschen Lautverschiebung erwarten wir: a) überall unverschobene Formen von *Appel* und *Pund*, b) unverschobene Formen von *ik, maken* und *Dorp* nördlich von Siegen-Wittgenstein, dazu unverschobenes *dat* im Siegerland, aber verschobenes *das* im Bereich Wittgenstein.

Hinsichtlich der Diphthongierung erwarten wir Diphthonge in Teilen Südwestfalens, sowohl südlich als auch nördlich der Benrather Linie, wobei im ersteren Fall wiederum der Bereich Wittgenstein betroffen sein wird, der sich i. Allg. »hochdeutscher« verhält als das Siegerland.

Die folgenden Abbildungen 12 bis 20 basieren auf den jeweiligen Karten des Digitalen Wenker-Atlasses (http://www.diwa.info/DiWA/atlas.aspx; Bearbeitung P.M.V.).

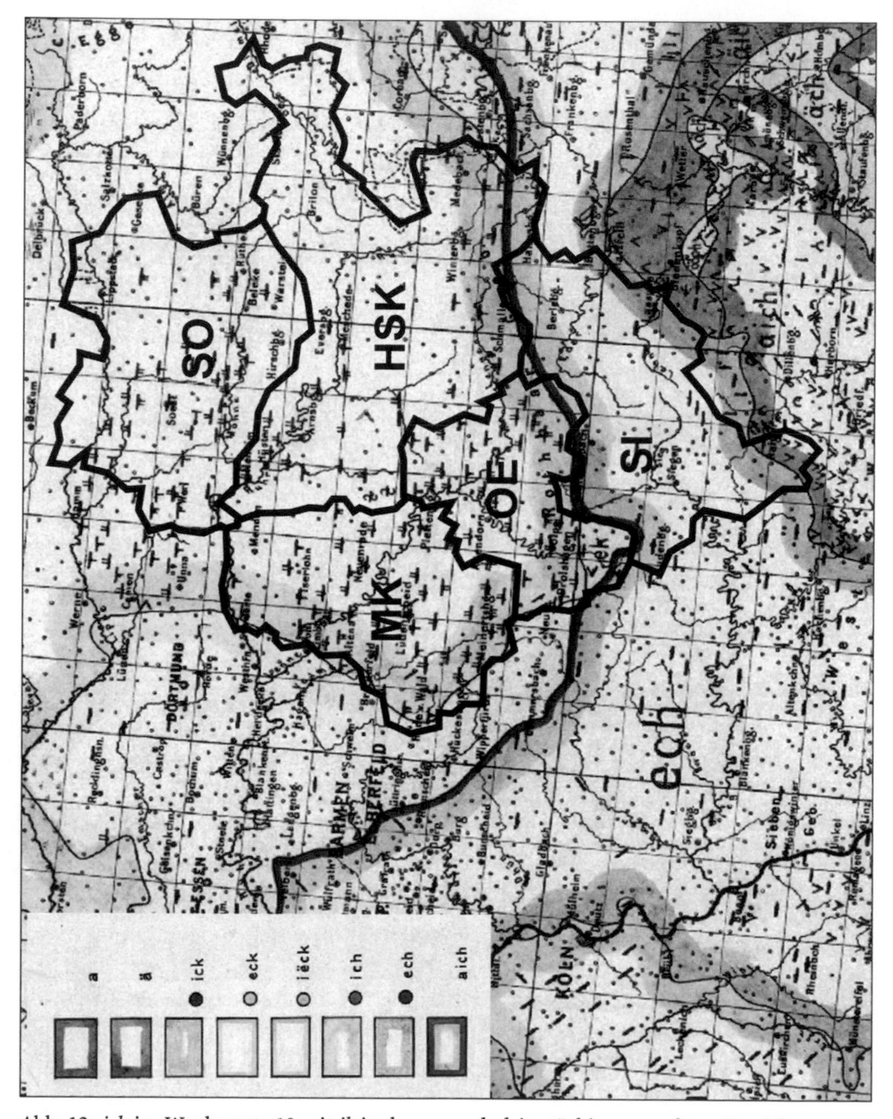


Abb. 12: *ich* im Wenkersatz 10 mit *ik* im braun und *ek* im türkis umrandeten Bereich

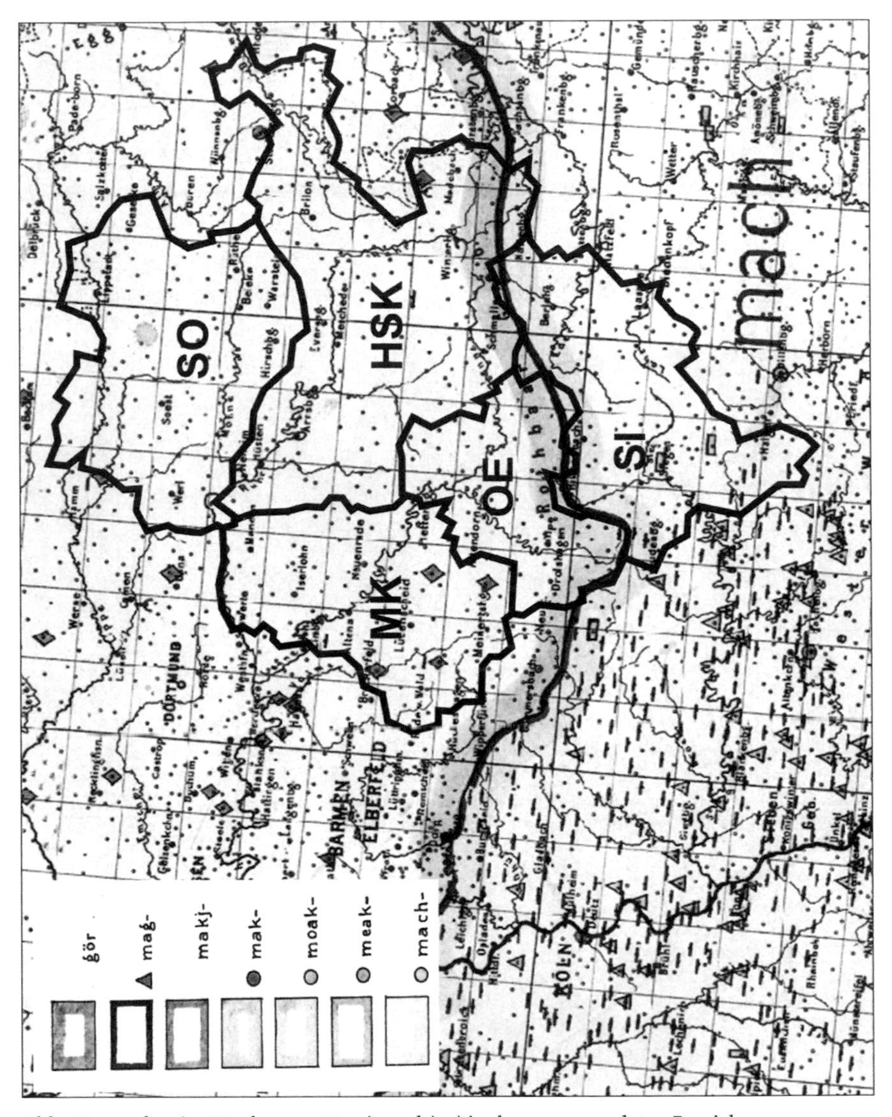


Abb. 13: *machen* im Wenkersatz 17 mit *mak(en)* im braun umrandeten Bereich

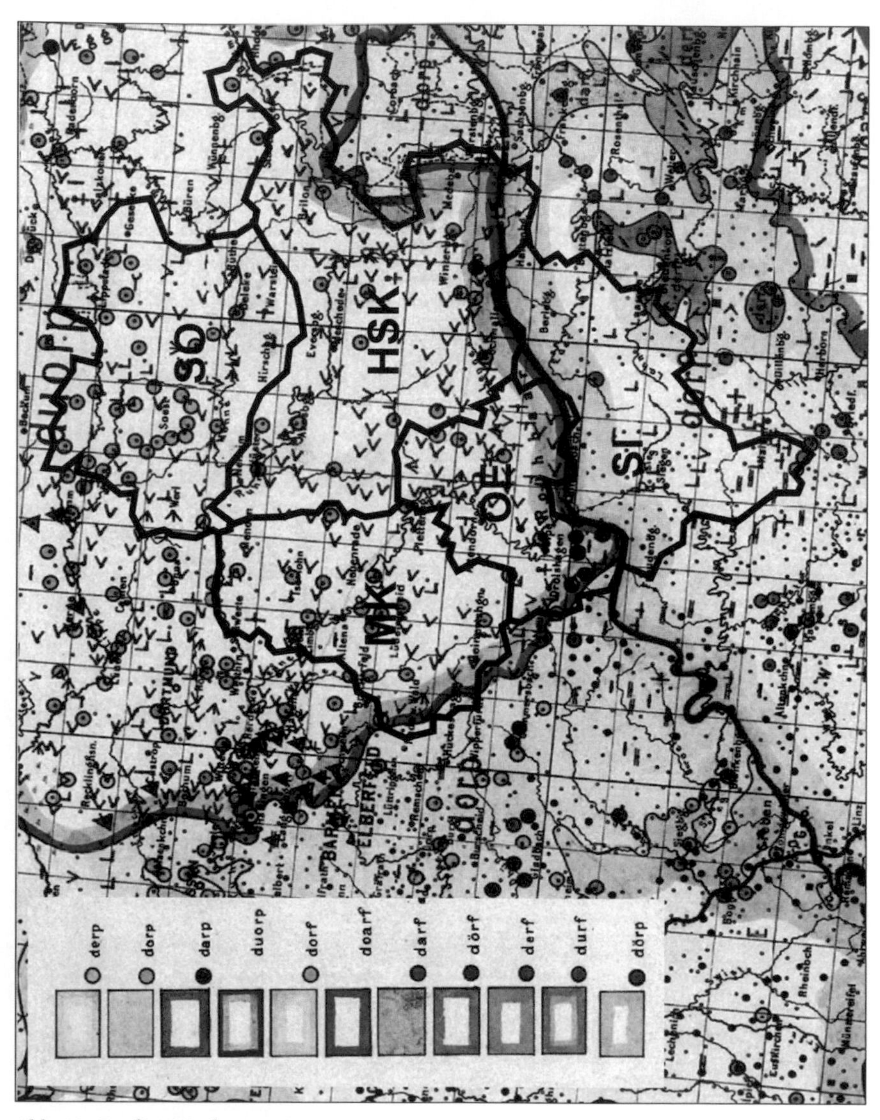


Abb. 14: *Dorf* im Wenkersatz 37

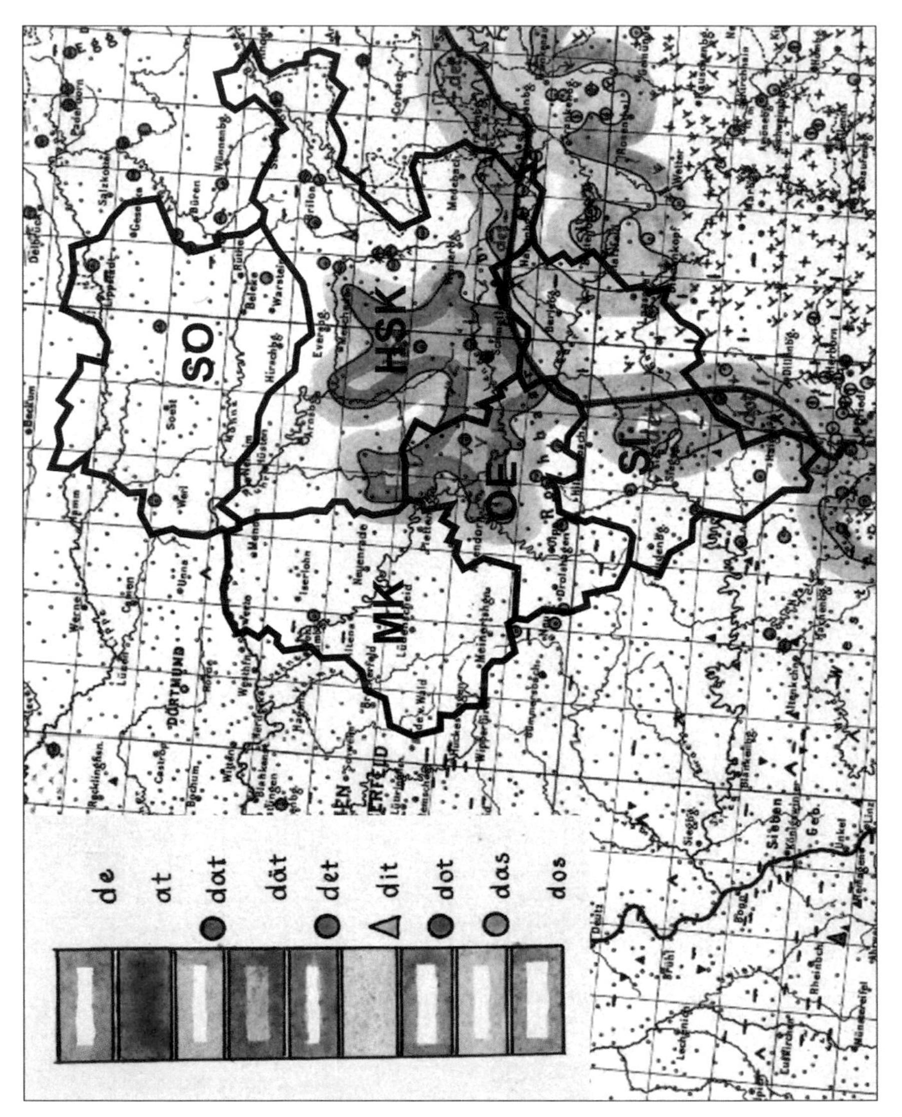


Abb. 15: *das* im Wenkersatz 35 mit *dat* im gesamten Gebiet (ohne orange, blau, rosa und lila umrandete Gebiete)

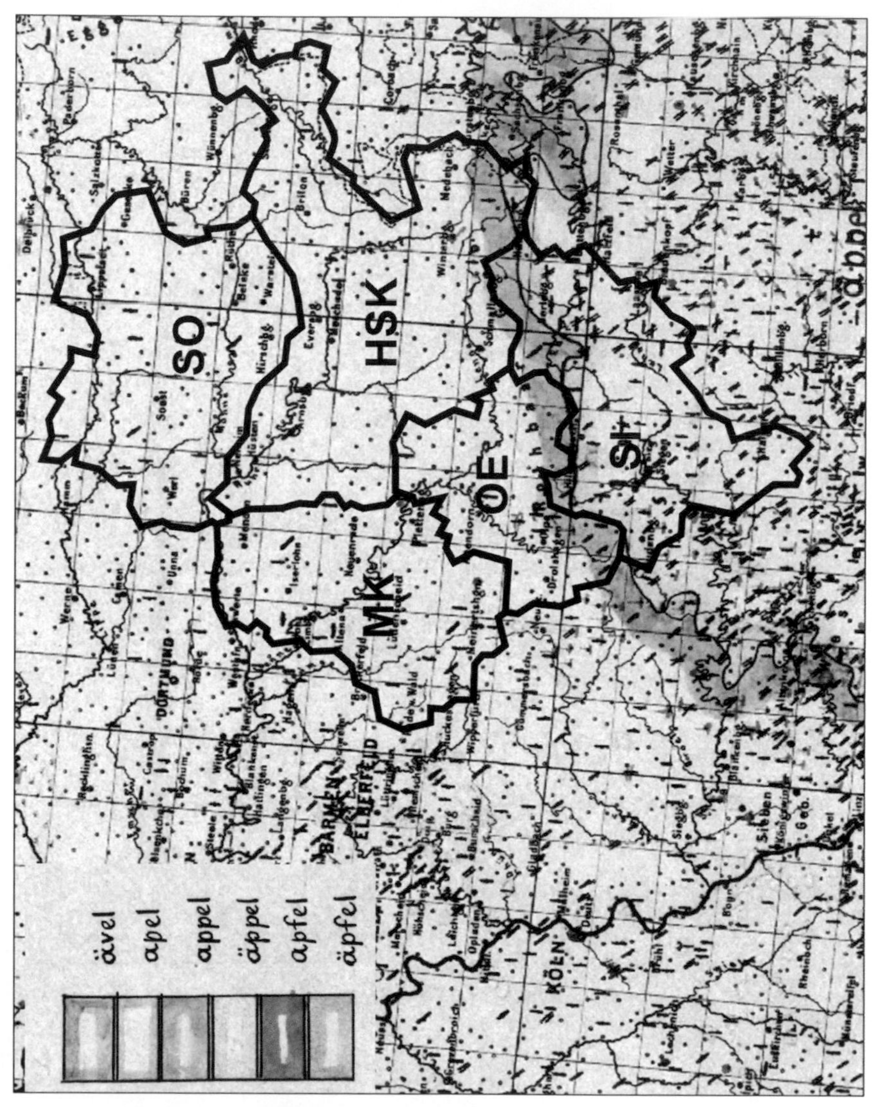


Abb. 16: *Apfel(bäumchen)* im Wenkersatz 26 mit *appel* im braun und *äppel* im hellblau umrandeten Bereich (die Verschiebung zu *pf* erscheint erst ca. 100 km östlich der Grenze Südwestfalens)

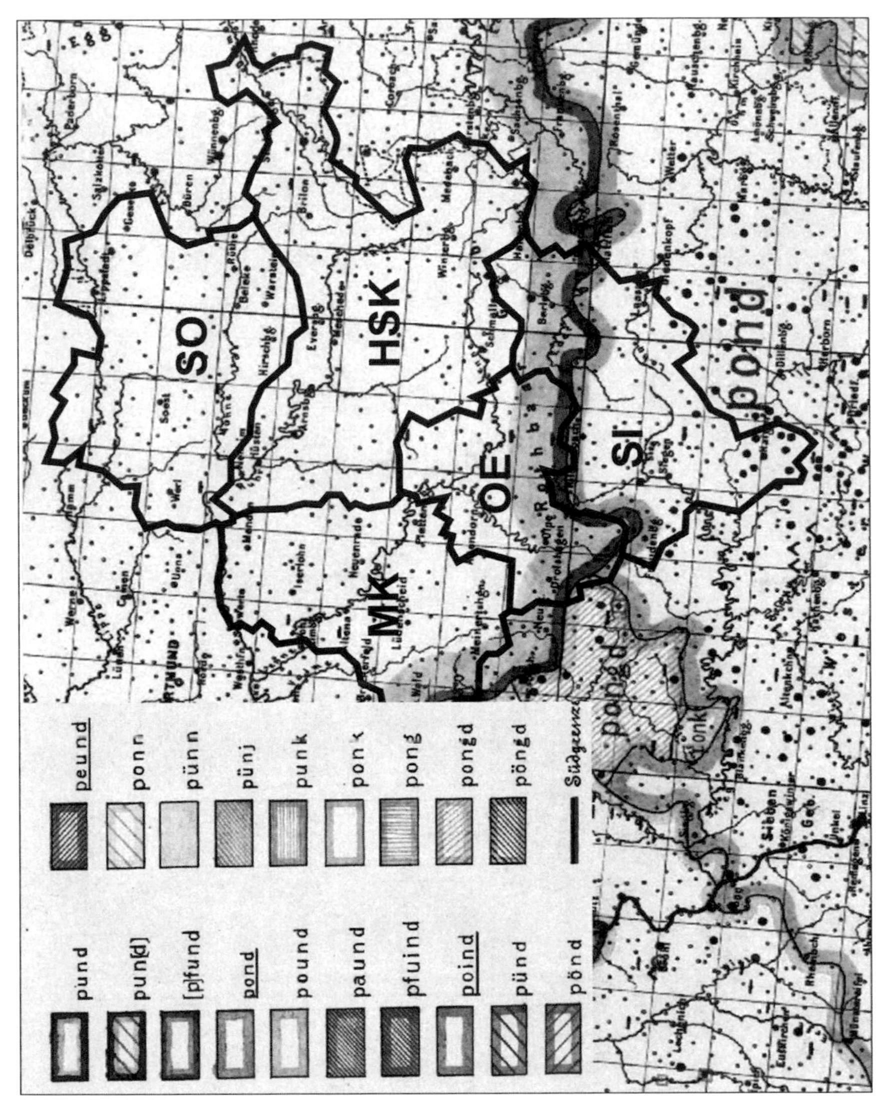

Abb. 17: *Pfund* im Wenkersatz 30 mit *pund* im braun umrandeten Bereich (die Verschiebung zu *pf* erscheint hier schon ca. 70 km weiter östlich)

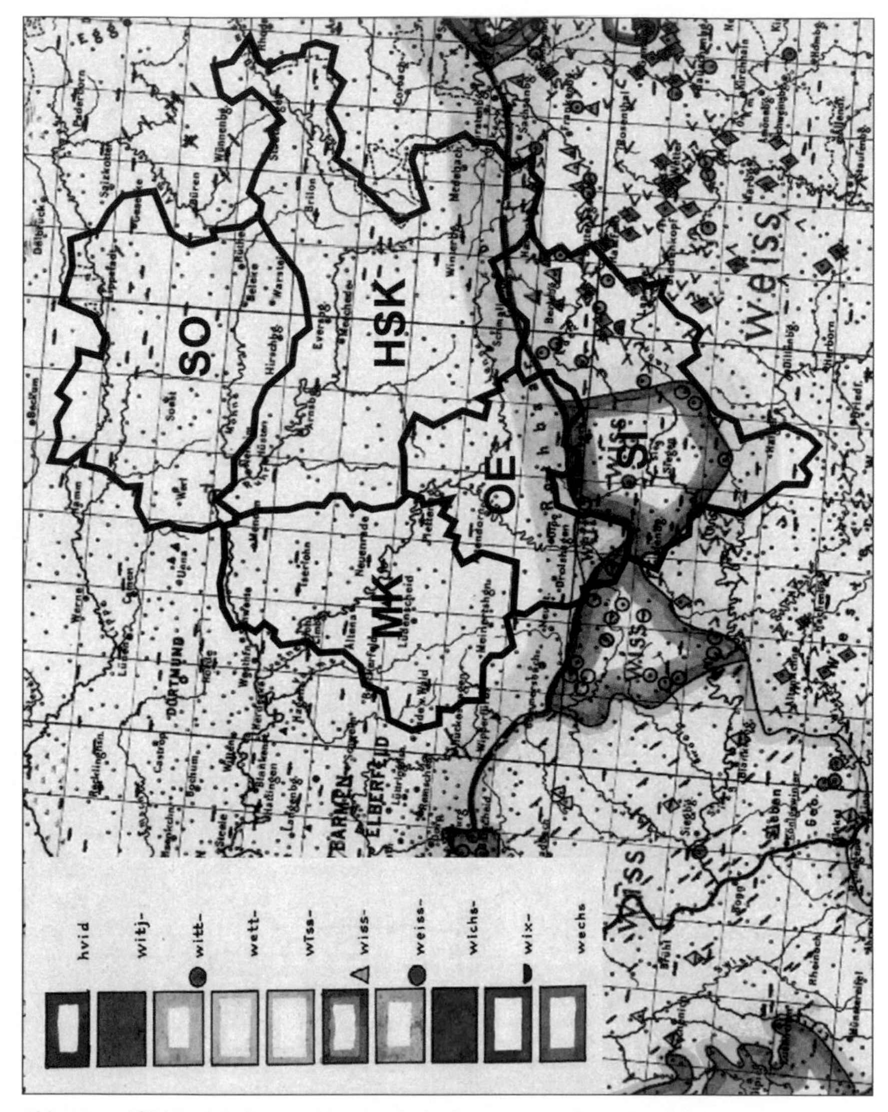


Abb. 18: *weiß(e)* im Wenkersatz 32 mit *witt* im braun umrandeten Bereich

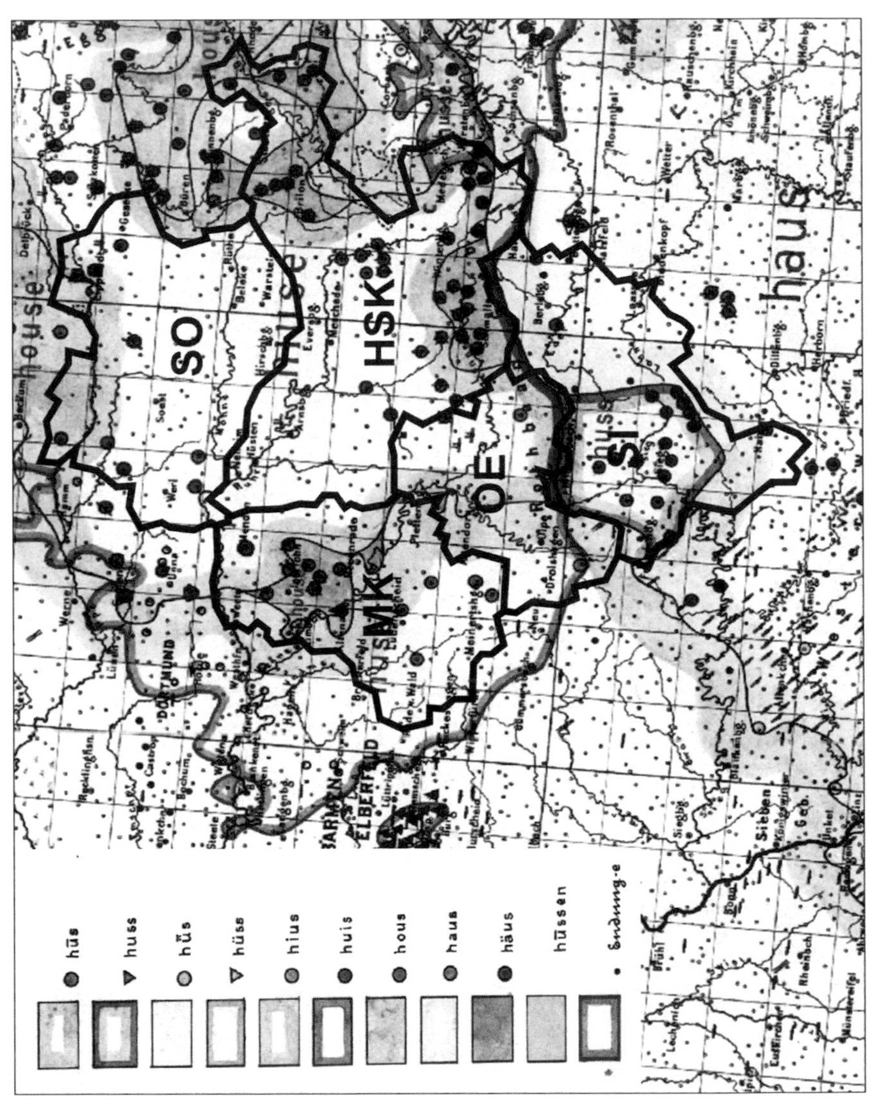


Abb. 19: *Haus(e)* im Wenkersatz 26

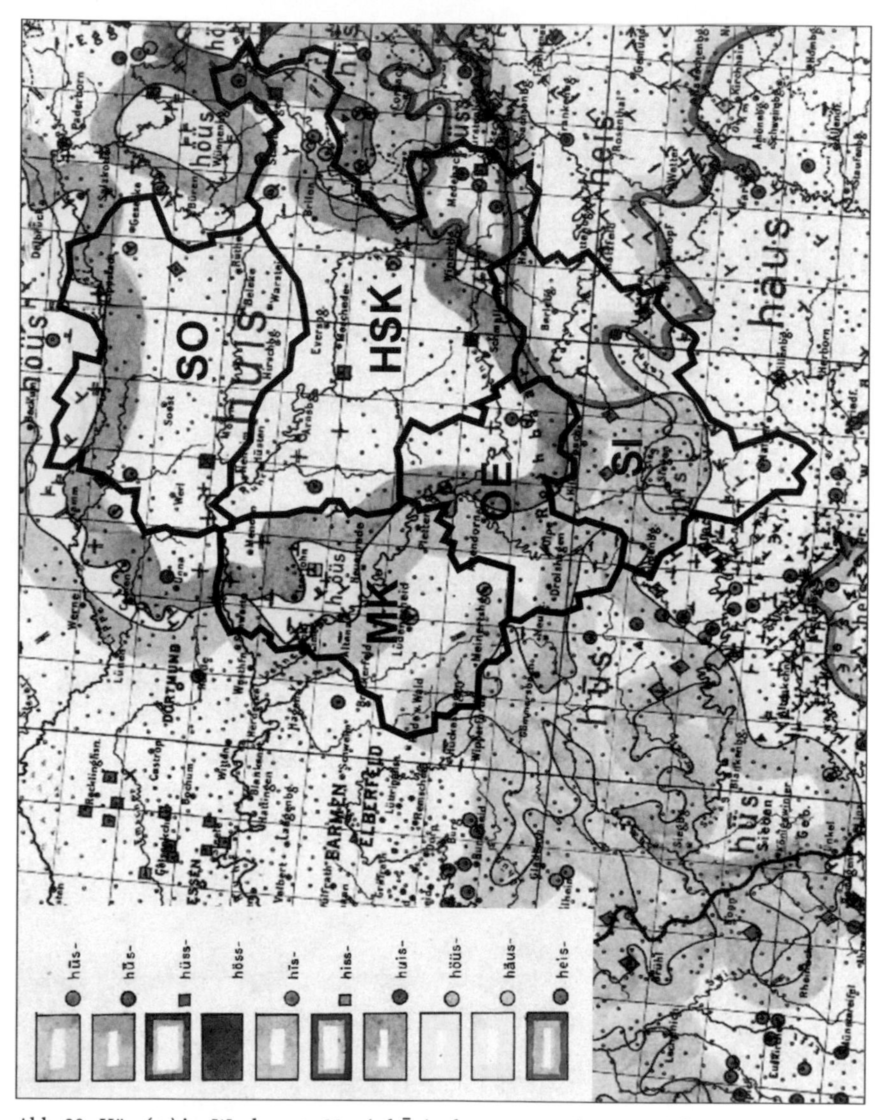


Abb. 20: *Häus(er)* im Wenkersatz 33 mit *hūs* im braun umrandeten Bereich

Der Deutsche Sprachatlas wurde später durch den Deutschen Wortatlas (DWA) ergänzt, die Erhebungen erfolgten von 1939 bis 1942 durch Walther Mitzka (1888 – 1976), der 200 Fragen an Lehrer in 48.381 Orte des deutschen Sprachgebietes verschickte (ohne die Schweiz). Die Ergebnisse sind in 22 Bänden (1951 – 1980) erschienen (die obigen Karten nach König (Abb. 8 und 10) basieren auf Ergebnissen aus dem Deutschen Sprachatlas und dem Deutschen Wortatlas, deshalb wird hier ein Sprachstand um 1900 angegeben).

Südwestfalen wird im Augenblick gerade neu im Westfälischen Wörterbuch erhoben, allerdings ohne den Kreis Siegen-Wittgenstein, der südlich der Benrather Linie und damit nicht im niederdeutschen Gebiet liegt (Näheres unter http://www.lwl.org/LWL/Kultur/komuna/projekte/westf_woerterbuch). Für den Altkreis Siegen liegt allerdings das sehr bekannte Siegerländer Wörterbuch von Jakob Heinzerling und Hermann Reuter vor, das den Sprachstand im Siegerland zwischen dem 1. und dem 2. Weltkrieg wiedergibt. Es enthält auch 65 Karten und ist so eine Mischung zwischen Wörterbuch und Sprachatlas, auf dem der gerade erwähnte Siegerländer Sprachatlas aufbauen kann. Ergänzt werden diese Wörterbücher außerdem durch kleinräumigere Ortswörterbücher, Ortsgrammatiken und Mundartarchive, die einen weiteren wichtigen Beitrag zur neueren Dialekterfassung leisten.

## Literatur

Bellmann, Günter: Mittelrheinischer Sprachatlas. 5 Bände und Einführung. Tübingen 1994 – 2002.

Goossens, Jan: Westfälisches Wörterbuch. 2 Bände und Einführung. Neumünster 1969 – 2011.

Heinzerling, Jakob / Reuter, Hermann: Siegerländer Wörterbuch. 2. Auflage. Siegen 1968 [1938].

Herrgen, Joachim: ›Dialektologie des Deutschen‹, in: Auroux, Sylvain [u. a.] (Hg.): Geschichte der Sprachwissenschaften. Berlin / New York 2006 (Handbücher zur Sprach- und Kommunikationswissenschaft), S. 1513 – 1535.

Eichinger, Ludwig M. / Eroms, Hans-Werner / Hinderling, Robert / König, Werner / Munske, Horst Haider / Wolf, Norbert Richard (Hg.): Bayerischer Sprachatlas. 46 Bände in verschiedenen Teilprojekten. Heidelberg 1996 – 2011.

König, Werner: dtv-Atlas Deutsche Sprache. 17., durchges. und korr. Aufl. München 2007 [1978].

Mitzka, Walter / Schmitt, Ludwig Erich: Deutscher Wortatlas. 22 Bände. Gießen 1951 – 1980.

Siemes, Christof: ›Letzte! Für Verlierer gibt es bei Olympia wenig Gnade‹, in: *DIE ZEIT* 2012/33, S.16.

Schupp, Volker / Steger, Hugo (Hg.): Südwestdeutscher Sprachatlas. Hauptband und Registerband. Marburg 1989 – 2012.

Vandeputte, Omer: Niederländisch. Die Sprache von 20 Millionen Niederländern und Flamen. 5., überarb. Aufl. Rekkem 1995 [1981].

Veith, Werner H.: Kleiner Deutscher Sprachatlas. Dialektologisch bearb. von Werner H. Veith. Computativ bearb. von Lutz Hummel und Wolfgang Putschke. 2 Bände. Tübingen 1984 – 1999.

Wenker, Georg: Sprach-Atlas der Rheinprovinz nördlich der Mosel sowie des Kreises Siegen. Marburg 1878.

Wrede, Ferdinand [u. a.]: Deutscher Sprachatlas. auf Grund des Sprachatlas des Deutschen Reichs von Georg Wenker begonnen v. Ferdinand Wrede, fortgesetzt v. Walther Mitzka u. Bernhard Martin. Marburg 1927 – 1956.

## Internet-Quellen

http://christoph.stoepel.net/geogen [29. 12. 2012].

http://www.diwa.info/DiWA/atlas.aspx [29. 12. 2012].

http://www.diwa.info/Geschichte/Uebersicht.aspx [29. 12. 2012].

http://www.lwl.org/LWL/Kultur/komuna/projekte/westf_woerterbuch [29. 12. 2012].

http://www.rheinische-geschichte.lvr.de/Test_Kartographie/Rheinprovinz_Regbezirke_1871_600p.jpg [29.12.12].

http://www.siegen-wittgenstein.de/standard/page.sys/details/eintrag_id=3429/content_id=2745/808.htm [29.12.12].

http://www.suedwestfalen.com/suedwestfalen/die-juengste-region-deutschlands.html [29. 12. 2012].

Ulrike Buchmann

# Südwestfalen inklusiv – Inszenierung regionaler Netzwerkstrukturen als Bildungs- und Entwicklungslandschaften

In Südwestfalen genügt ein Blick in die tägliche Medienberichterstattung, um einen Eindruck davon zu erhalten, dass auch in der hiesigen Region die Vergesellschaftung von Jugend als problem- und risikobehaftet betrachtet wird. Es sind u. a. Phänomene wie

- ein hoher Anteil an Jugendlichen, die nach dem Absolvieren der allgemeinen Schulpflicht nicht in einen weiterqualifizierenden Bildungsgang, ein Ausbildungs- oder Erwerbsarbeitsverhältnis einmünden können und im sogenannten »Übergangssystem« (vgl. z. B. Autoren Bildungsberichterstattung 2010) versorgt werden,
- die mit PISA erneut ins Blickfeld gerückten Benachteiligungen im Bildungssystem, besonders auch im Zusammenhang mit Migration,
- mit sozialer Herkunft verbundener Analphabetismus,
- so genannte »Mismatches« und Passungsproblematiken (z. B. Diskussionen um mangelnde Ausbildungsreife oder die Vielzahl an Ausbildungs- und Studienabbrüchen),
- die Pathologisierung (z. B. erhöhte Ritalinrezeptierungen) und Kriminalisierung (z. B. Diskussion um Bußgelder bei Schulverweigerung) von Kindern und Jugendlichen,
- ein expandierender Nachhilfemarkt,
- jüngst vor allem auch die Diskussionen um die alternde Gesellschaft und die Herausforderungen, die sich daraus auch für die Jüngeren ergeben,

die auf eine veränderte Problemwahrnehmung hindeuten. Kinder und Jugendliche scheinen in besonderer Weise betroffen von den krisenhaften Auswirkungen komplexer werdender gesellschaftlicher Strukturwandel- und Transformationsprozesse. Vielfältige Übergangsproblematiken und Exklusionsrisiken, sich zwischenzeitlich über den gesamten Lebensverlauf hinziehend, geben davon Zeugnis. Die gängigen Problemdiagnosen, die entweder auf individuelle Defizite oder aber ungünstige institutionelle Bedingungen abstellen, scheinen der Komplexität gesellschaftlicher Praxis nur (noch) unzureichend Rechnung zu tragen. Auch die auf ihnen beruhenden Interventionsmaßnahmen, ob schulischer oder außerschulischer Art, sind damit zwangsläufig nicht oder nur begrenzt geeignet – so dokumentiert es auch die nationale Bildungsberichterstattung seit geraumer Zeit (siehe die jährlichen Bildungs- und Berufsbildungsberichte des Bundesministeriums für Bildung und Wissenschaft) – Inklusion im Sinne gesellschaftlicher Teilhabe für alle Jugendlichen zu sichern.

Hier nun liegt die spezielle Herausforderung für die Region Südwestfalen, die gleichzeitig als Chance begriffen werden kann, sich als Modellregion mit Transferpotential zugunsten der Menschen, die hier leben und zukünftig leben wollen, zu entwickeln und zu positionieren. Denn die zunehmenden politischen, sozialen, wirtschaftlichen und ökologischen internationalen Verflechtungen erfordern einerseits die Entwicklung supranationaler Bewältigungsstrategien, verlangen aber gleichzeitig regionale Handlungsentwürfe, die viel stärker als bisher in der Verantwortlichkeit der regionalen Akteure liegen. Südwestfalen verfügt durchaus über das Potential auch unter den restriktiven Bedingungen demografischer Veränderungen als attraktive Wissenschafts- und Wirtschaftsregion bestehen zu können – vorausgesetzt es kann als generationenübergreifender Lebens- und Entwicklungsraum zukunftsweisende Akzente setzen. Das werde ich im Folgenden begründen mit Blick auf die anstehenden Herausforderungen (1), die Bedeutung der Region für ihre Bewältigung (2), über eine Konkretion der von der Region in diesem Zusammenhang zu leistenden Inklusions-Aufgabe (3) sowie über einen Ausblick auf die Umsetzung im Rahmen eines »Regionalnetworking Südwestfalen« (4).

## (1) Die Herausforderung: Gesellschaftlicher Wandel unter veränderten Rahmenbedingungen

Seit Mitte der 1990er Jahre zeigt sich eine politisch gewollte liberalisierende, deregulierende und privatisierende (Steuerungs-)Logik in den gesellschaftlichen Reproduktionsbereichen, also Post und Telekommunikation, öffentlicher Verkehr, Energie- und Wasserversorgung, Gesundheit und Bildung. Von dieser Entwicklung ist insbesondere die nachwachsende Generation betroffen und damit auch die allgemeine und berufliche Bildung als gesellschaftliche Reproduktionsinstitutionen. Zur Bewältigung der damit einhergehenden Übergangs-Risiken sind Menschen auf die Entwicklung eines komplexen Kompetenzspektrums von Selbst-, Sach- und Sozialkompetenz angewiesen, um z. B. die gesellschaftlich erzwungene Neuorganisation des Verhältnisses von Erwerbsarbeit, öffentlicher Arbeit und Familienarbeit zu bewältigen und zukunftsweisend zu gestalten. Eine in diesem Sinne angelegte (über Curricula gesicherte) Entwicklung und Entfaltung des Humanvermögens wird an der Universität Siegen als gleichermaßen hohe wie langfristig-anspruchsvolle Forschungsaufgabe der Bildungs- und Berufsbildungswissenschaft verstanden. Auf der Zielebene erfordert diese Aufgabe nichts Geringeres als die Sicherung einer realen Utopie von Zivilgesellschaft – oder anders ausgedrückt die Ermöglichung von Inklusion im Sinne gesellschaftlicher Teilnahme unter Transformationsbedingungen: Es kommt mithin darauf an, dass die Wirkgefüge und ambivalenten Kräfte, die generell in modernen Gesellschaften relevant werden, *von den Menschen nachvollzogen und verstanden werden* können, um ihnen die Möglichkeit zu geben, *gestaltend* in die sich verändernden gesellschaftlichen Strukturen eingreifen zu können. Um das zu sichern, stehen alle gesellschaftlichen Reproduktionsinstitutionen – also Familien wie auch das (Berufs)Bildungs- und Sozialwesen – zu Beginn des 21. Jahrhunderts vor großen Herausforderungen, die zum einen Chancen, vor allem aber ein erhebliches Risiko- und Gefährdungspotential bergen.

Moderne gesellschaftliche Strukturen für Bildungs- bzw. Entwicklungsprozesse sind durch Ambivalenzen und Unsicherheiten ebenso wie durch Unübersichtlichkeit, Individualisierung und Rationalisierung gekennzeichnet, um nur einige wenige, aber für das Verhältnis von Bildungs- und Beschäftigungssystem und die Fragen der Passung zentrale Aspekte zu nennen. Die Vergesellschaftung von Arbeit erfolgt in den Antinomien der modernen Gesellschaft unter Bedingungen, die sich aus bildungswissenschaftlicher Perspektive mit dem Gegensatzpaar »Orthodoxie und Avantgarde« (Lisop 1992, S. 59) oder soziologisch in der Antithetik von »Globalisierung und Fragmentierung« (Menzel 1998) fassen lassen. Im ersten Fall rekurriert die Autorin auf den Widerspruch, der mit der Notwendigkeit entsteht, über Bildungsprozesse die Anpassung an Bestehendes zu leisten (Weltverstehen) und gleichzeitig die Entwicklung von Neuem (Weltgestaltung) zu ermöglichen. Im zweiten Fall wird auf die Spezifik der Gleichzeitigkeit von ökonomischer Globalisierung und sozialer Fragmentierung (z. B. Individualisierung / Pluralisierung von Lebenslagen / Marginalisierung) hingewiesen.

So gestaltet sich insbesondere das Verhältnis Individuum – Gesellschaft paradox und kompliziert, weil es einerseits individualisiert und andererseits standardisiert ausgestaltet ist. Der Beruf zum Beispiel als eine Vergesellschaftungsform von Arbeit stößt als Orientierungsmuster der nachwachsenden Generation offensichtlich an seine Grenzen, wie etwa die sogenannten »Mismatches« am Arbeitsmarkt (vgl. Buchmann 2007) und ebenso ein – davon nicht unabhängig zu betrachtendes – verändertes Berufswahl-Verhalten von Jugendlichen (vgl. Renker 2001) vermuten lassen. Der allseits beschworene Mythos vom Lebenslangen Lernen tut sein Übriges, um die Leitfunktion von Beruf als Unsicherheitsbewältigungs-*Größe* in seiner herkömmlichen Form in Frage zu stellen. Denn: Die berufliche Erstausbildung scheint nur noch notwendige, aber nicht mehr hinreichende Voraussetzung, um einerseits an zunehmend technisierten Arbeitsplätzen, aber auch in anderen gesellschaftlichen Kontexten bestehen zu können.

## (2) Das Ziel: Internationale Herausforderungen regional bewältigen

Will man diese aktuellen Herausforderungen, vor denen das (Berufs)Bildungssystem im Allgemeinen und speziell in der Region Südwestfalen steht, als Chance begreifen, dann kommt man – angesichts dafür notwendiger individueller Kompetenzerfordernisse und einem prognostizierten dramatischen Bevölkerungsrückgang (siehe Bundesamt/Landesämter für Statistik) – nicht umhin, Inklusion als gesellschaftliche Aufgabe zu begründen und zu realisieren. Das setzt aber zunächst eine Klärung dessen voraus, was als Herausforderung betrachtet und was unter Inklusion verstanden wird, um anschließend das regionale Networking als Bewältigungsstrategie für die Erfordernisse des Strukturwandels in der Region begründen und auf erste konkrete Ansätze hinweisen zu können. Der Strukturwandel wird im Bereich öffentlicher Dienstleistungen insbesondere über das New Public Management (NPM) flankiert, das u. a. Strukturförderungsprogramme wie die »Regionale 2013« hervorgebracht hat. Abschließend ist Inklusion als gemeinsame Aufgabe der regionalen Akteure zu skizzieren.

Die Tatsache, dass in jüngerer Zeit immer wieder – wissenschaftlich wie gesellschaftlich – die UN Menschenrechtskonvention und der dort gestärkte Inklusionsbegriff diskutiert werden, ist lediglich als ein äußerer Anlass zu werten, der nur eine Teillogik bzw. einen spezifischen Fall der Gesamtproblematik darstellt. Dieser spezielle Fall (*gesellschaftliche Integration von Menschen mit körperlichen oder seelischen Beeinträchtigungen*) macht jedoch – ähnlich wie die weiteren Fälle *Migration*, *Gender* oder *Benachteiligungen* ebenso wie das allgemeine Phänomen *Demografie* – auf eine generelle Problematik aufmerksam, nämlich auf die offensichtlich von unterschiedlichen Akteuren geteilte Sorge um das Auseinanderfallen von Gesellschaft angesichts tiefgreifender Veränderungsprozesse, die (sozial)wissenschaftlich auch als Transformation bezeichnet werden. Sie sind durch Komplexität, Unübersichtlichkeit und Unkalkulierbarkeit gekennzeichnet. Zahlreiche tiefgreifende Veränderungen provozieren (auch) bei den Menschen in Südwestfalen Unsicherheiten und Ängste: Demografischer Wandel, neue technische Verfügbarkeiten und Rationalisierungsformen, Entwicklungen, wie sie mit den Begriffen Einwanderungsgesellschaft – Parallelgesellschaft – Tafelgesellschaft[1] umschrieben werden, der Verlust der Europazentrik, ein wachsender Menschen-, Kinder- und Organhandel, ein verschärfter weltweiter Wettbewerb um die Sicherung von Rohstoffbasen, die Entstehung europaweiter Arbeitsmärkte, neue Formen der Wissensdistribution und -verfügbarkeit etc. Ängste wiederum sind – das lässt sich historisch vielfach zeigen – schlechte Ratgeber, wenn es um gesellschaftliche Entwicklung und Gestaltung geht. Insofern stellt sich für die regionale Bildungspolitik und -praxis gleichsam die Frage, auf welche Art und Weise mit den transformationsbedingten Verunsicherungen umzugehen ist, wie sie kompensatorisch und prophylaktisch gleichermaßen zu verarbeiten sind. Die damit einhergehenden Aufklärungsbedarfe spiegeln sich in zwei aktuellen wissenschaftlichen Diskursen bzw. legitimieren sich doppelt:

a) bildungspolitisch, weil die neue Steuerungslogik im Bereich öffentlicher Dienstleistungen eine Überprüfung der Aufgabenerfüllung im (Berufs)Bildungssystem erzwingt und
b) bildungstheoretisch insofern, als die aktuellen gesellschaftlichen Herausforderungen explizit auf den mündigen Bürger, die mündige Bürgerin als Output des (Berufs)Bildungssystems angewiesen sind bzw. handlungstheoretisch und -praktisch gewendet Professionalität auf Seiten der pädagogischen Akteure voraussetzen.

Beide Diskurse stellen auf Modernisierungsrückstände ab, die sowohl die disziplinären Wissensbestände als auch die didaktischen, curricularen oder institutionellen Handlungspraxen betreffen; sind sie doch verantwortlich dafür, dass Bewusstseinsformen bzw. Mentalstrukturen des Individuums und struktureller Wandel der Gesellschaft zunehmend zeitlich auseinandertreten, in ein time lag geraten. Dieses time lag soll – so der politische Wille – über die neuen Steuerungen in den gesellschaftlichen Reproduktionsbereichen in Bearbeitung gebracht werden; im Bildungsbereich z. B. über Schul-, Ausbildungs- und Hochschulentwicklungsprogramme, die Reorganisation von Bildungsgängen oder die Entwicklung von Qualitätssicherungsstrategien.

1 Tafelgesellschaft meint die Polarisierung in der Überflussgesellschaft: Überangebot und Konsumentscheidungen provozieren einen Überschuss, der von Tafeln etc. an Menschen verteilt wird, die keinen Zugang zu Arbeit und Konsum haben und nur so ihre Existenz sichern können.

## (3) Die Aufgabe: Inklusion als gesellschaftliche Teilnahme unter Transformationsbedingungen ermöglichen

Bildungsinstitutionen dienen der gesellschaftlichen Reproduktion, und sie sind dem Bildungsauftrag sowie dem Demokratie- und Sozialstaatsgebot verpflichtet. Im jeweiligen zeithistorischen Kontext wird dieser Auftrag jedoch – gemäß den jeweils vorherrschenden gesellschaftlichen Interessens- und Akteurs-Konstellationen – unterschiedlich operationalisiert. Dabei dominierten in der Regel Teilfunktionen innerhalb der (Gesamt)Reproduktionslogik: Historisch wurden insbesondere die Selektions-, Allokations- und Qualifikationsfunktion des Bildungssystems besonders hervorgehoben, so dass sich ein entsprechendes Selbstverständnis bei den pädagogischen Akteuren und ein darauf bezogenes Professionswissen- und -handeln ebenso herausbilden konnte wie die bekannte pädagogische, auf Institutionen und Personen bezogene Arbeitsteilung. Institutionelle Differenzierungen (z. B. das dreigliedrige Schulsystem in der Sekundarstufe I) ebenso wie das Spektrum an unterschiedlichen pädagogischen (und affinen) Berufsbildern und wissenschaftlichen (Teil)Disziplinen (z. B. Schulpädagogik, Berufs- und Wirtschaftspädagogik, Sozialpädagogik) zeugen von dieser reproduktionsbezogenen Arbeitsteilung. In besonderem Maße gilt das für den Umgang mit Jugendlichen mit Förderbedarf bzw. sozialen Benachteiligungen und das inzwischen kaum unüberschaubare Spektrum an Interventionsmaßnahmen in kompensatorischer Absicht. Gleichzeitig dokumentieren neben der erwähnten PISA-Studie und der nationalen (Berufs)Bildungsberichterstattung der Armutsbericht des Deutschen Gewerkschaftsbundes und des Paritätischen Wohlfahrtsverbandes sowie die Datenbasen des Statistischen Bundesamtes eine sich verschärfende soziale Segregation, die Demokratisierung und gesellschaftliche Teilhabe für einen großen Teil der nachwachsenden Generation blockiert und insofern gesellschaftlichen Handlungsbedarf markiert: Bildungsinstitutionen – und speziell das berufliche Ausbildungswesen aufgrund seiner Schnittstellenfunktion zwischen Bildungs- und Beschäftigungssystem – verlieren offensichtlich ihre Integrationsfunktion und geraten zunehmend unter Legitimationsdruck, der sich aufgrund der neuen Steuerungslogik im Bereich öffentlicher Bürokratien, die das Verhältnis von Individuum und Gesellschaft neu justiert, zusätzlich verschärft.

### (3.1) New Public Management (NPM) als neue Reproduktionssteuerung: Wider kontraproduktive Teillogiken und Arbeitssteilung

Mit dem New Public Management (NPM) ist das Bildungs- bzw. Ausbildungswesen – in dieser Konkretheit historisch erstmalig – aufgefordert zu zeigen, was es im Hinblick auf gesellschaftlich relevante Problemlagen und anstehende Aufgaben zu leisten in der Lage ist und wo gegebenenfalls seine Grenzen liegen. Denn: Das in der Verfassung Grund gelegte Subsidiaritätsprinzip wird unter den Bedingungen des New Public Managements als Verpflichtung zur Mitwirkung konkretisiert. Das neue Integrationsprinzip *Teilnahme* substituiert das bisherige Integrationsprinzip *Teilhabe*, mit der Folge, dass bei einer Mitwirkungsverweigerung auch ein Leistungsausschluss erfolgen kann – das gilt für Personen wie für Institutionen. Die Dialektik dieser neuen Handlungsregulationen basiert einerseits auf Elementen einer neoliberalen Ökonomik, konstituiert sich andererseits aber auch durch kommunitaristische Elemente. Insofern haben wir es gleichzeitig mit einer Kontextsteuerung *von oben* und einer zivilen Bürgergesellschaft *von unten* zu tun. Dabei muss die ökonomische Handlungsrationalität nicht notwendig die soziale dominieren.

Mangelnde Professionalität im Umgang mit den neuen Prinzipien und Instrumenten allerdings verhindert offenbar die Nutzung von eingeräumten Autonomiezuwächsen. Um den Verpflichtungen des NPM nachzukommen und darin Autonomie zu wahren, käme es darauf an, die curricularen Wissensbasen und ihr Verhältnis zueinander dahingehend kritisch zu hinterfragen, ob sie sich angesichts der komplexen Anforderungen an einen autonomen Bürger, an eine autonome Bürgerin – wie sie NPM voraussetzt – als Grundlage für die Vergesellschaftung der nachwachsenden Generation überhaupt noch eignen oder aber modifiziert, reorganisiert oder neureguliert werden müssten. Genau dazu nämlich verpflichtet die neue Logik – insbesondere mit Blick auf die Inklusionsfrage als einen zentralen Auftrag der Personal- und Organisationsentwicklung sowie der Profilbildung im Rahmen der Schulentwicklung. Das Neue daran ist die Eigenverantwortlichkeit der Institutionen und Regionen für die Erfüllung der Modernisierungsnotwendigkeiten im Sinne des Bildungsauftrags, bei deren Nichterfüllung (finanzielle) Sanktionierungen bis hin zu Schließungen drohen.

## (3.2) Gesellschaftliche Reproduktion: Dialektik von Teilnahme und Exklusion

Der Inklusionsdiskurs verweist auf ein bekanntes Desiderat: Es fehlt überwiegend an bildungs- und berufsbildungswissenschaftlichen[2] Bedingungsanalysen als Grundlage für die Identifizierung professionstheoretischer und pädagogischer Handlungsbedarfe und damit für die curriculare Gestaltung von Bildungsgängen (vgl. Rauner 2004, Huisinga / Buchmann 2003, Buchmann / Kell 2001). Die vorhandenen Studien allerdings machen auf folgendes aufmerksam: Strukturwandelprozesse provozieren – zwecks Bewältigung der Aufgabenkomplexität unter Transformationsbedingungen – neue Formen gesellschaftlicher Arbeitsteilung und neue gesellschaftliche Arbeitsschneidungen, die wiederum die Bedarfe an konkretem Arbeitsvermögen der Subjekte verändern. In der Folge verschärft sich die oben bereits angesprochene Passungsproblematik zwischen vermittelten Qualifikationen einerseits und Bedarfen an verwissenschaftlichtem Arbeitsvermögen in Wirtschaft, Politik und privaten Haushalten andererseits. Das führt auch in den nichtakademischen Berufsbildungsgängen zu einem erheblichen Professionalisierungsdruck und zwar im Hinblick auf die Aneignung allgemeiner Wissenskontingente und auf eine subjektbezogene Kompetenzentwicklung, die fachliche Selbstständigkeit und Entscheidungsfähigkeit auch in öffentlichen und privaten Situationen ermöglicht. Desgleichen unterliegen einfache Tätigkeiten in Geringbeschäftigtenverhältnissen einem Shift. Insbesondere die sogenannten Jedermann- / Jedefrauqualifikationen sind aufgrund historisch gewachsener Berufsstrukturen einerseits durch Semi-Professionalität und De-Qualifizierung gekennzeichnet, erfordern aber andererseits angesichts einer zunehmend wissensbasierten Produktion und Dienstleistung (und hier insbesondere in personenbezogenen Dienstleistungsberufen) aufgrund wachsender Nachfragen an Fachlichkeit und Qualität ein spezifisches Maß an Fach-, Sozial- und Selbstkompetenz; spätestens damit verliert die Selektions(teil)logik der klassischen Bildungsgänge ihre Legitimation.[3] Um dem Inklusionsgedanken zu entsprechen, sind curriculare und institutionelle Alternativen für die praktische Bildungsarbeit im allgemeinen und den beruflichen Kontext zu entwickeln und umzusetzen, die den spezifischen Dispositionen der Jugendlichen ebenso gerecht werden wie den Anforderungen hochtechnisierter, verwissenschaftlichter Arbeitskontexte. Ein solches Entwicklungsprogramm ist nicht ge-

2 Wie an anderer Stelle ausführlich begründet, benutze ich den Terminus *Bildungswissenschaft* synonym für *Erziehungswissenschaft* und *Berufsbildungswissenschaft* statt *Berufs- und Wirtschaftspädagogik* (vgl. Buchmann 2007).

3 Genau genommen hat die Selektionslogik diese nie wirklich gehabt, weil ihr die irrige, wissenschaftlich nicht haltbare Annahme zugrunde liegt, Leistung ließe sich durch Grenzziehungen – und nicht durch günstige Entwicklungsbedingungen im Sinne von Öffnungen – generieren.

nerell für alle und weder deduktiv noch induktiv zu begründen, sondern zeichnet sich als ein permanentes In-Bezug-Setzen folgender Zusammenhänge im jeweils spezifischen regionalen Gefüge/Kontext aus:

### Überprüfung pädagogisch-curricularer Wissensbestände (Subjektwissen)

Die unter aktuellen Bedingungen nicht mehr hintergehbare Zielperspektive ›Entwicklung und Entfaltung des Humanvermögens‹ erfordert eine Prüfung der fachlichen Wissensbestände hinsichtlich ihrer aktuellen Erklärungskraft (Wissen über die nachwachsende Generation, ihre regional, national wie international differenten Lebenswelten) wie auch der zukünftig tragfähigen Problemlösepotentiale, um Erziehungs- und Bildungsaufgaben aus der nachholenden Bearbeitung zu entbinden und in ein forecasting zu bringen.

Wenn Jugendliche einerseits Probleme haben, einen halbseitigen Text zu verfassen und zu verstehen, gleichzeitig aber seitenweise bloggen, weltweit twittern, stundenlang rappen, Xing-Profile anlegen, Web 2.0-gestützt ihr Mofa-Tuning erklären und nebenbei ihren Second Life-Charakter pflegen können, dann erfordert professionelles pädagogisches Handeln die Entwicklung lebensweltorientierter Projektcurricula und Lernfeldkonstruktionen, damit die (vorhandenen) Potentiale über sinnstiftende Zugänge zur Entfaltung gelangen können und darüber letztlich gesellschaftliche Teilnahme ermöglichen. Erst damit wäre dem *Vermittlungs*anspruch im (berufs)bildungswissenschaftlichen Sinn Rechnung getragen (vgl. Huisinga / Buchmann 2006).

In unterschiedlichen Forschungsprojekten konnten sinnästhetische Zugänge (z. B. Kunst-, Musik-, Tanz- und Theaterproduktionen) im Hinblick auf Sinnstiftungen und Motivation zum Lernen, also als Grundlage für die Entfaltung formaler Bildungsressourcen, bei Jugendlichen erfolgreich nachgewiesen werden. Offensichtlich begünstigt die parallele Nutzung lebensweltnaher Notationssysteme z. B. den Schrifterwerb (z. B. Graffiti, Rhythmik, Musik; vgl. Buchmann / Huisinga 2011).

In Südwestfalen sind zwischenzeitlich zahlreiche Kulturprojekte mit Kindern und Jugendlichen realisiert bzw. institutionalisiert worden; so z. B. (neben vielen weiteren) die Theater- und Tanzproduktionen mit Schüler(inn)en am Apollo-Theater Siegen, das Kinderatelier Südsauerland des Künstlerbundes Südsauerland oder die 2011 neu eröffnete Jugendkunstschule Schmallenberg als Einrichtung des Freundeskreis kunsthaus alte mühle e.V. Auch das Regionale-Projekt »Südwestfalen macht Schule« erprobt in Zusammenarbeit von Kulturschaffenden, Museen, Schulen und der Universität neue Lernorte und -anlässe für die jungen Menschen in der Region.

### Institutionelle Implikationen erfordern pädagogische Organisations- und Personalentwicklung

Schulen und pädagogische bzw. soziale Einrichtungen sind einerseits in ihrer Autonomie gestärkt, aber gleichzeitig aufgefordert, ihren Beitrag zum gesellschaftlichen Auftrag explizit zu formulieren, über Output-orientierte Verfahren systematischer Überprüfung zuzuführen und gegebenenfalls die Ziele, Arbeitsorganisationsprozesse und / oder -strukturen einer Überarbeitung bzw. Neuregulierung zu unterziehen. Das pädagogische Arbeitsvermögen verändert sich damit in entscheidender Weise: Pädagogisches Arbeiten in (Berufs)Schulen z. B. setzt – zwecks Sicherung der dafür unabdingbaren Autonomiegrade – ein Engagement in Schulentwicklungspolitik und -management voraus. Das Kerngeschäft *Unterrichten* wird notwendigerweise um professionelle Personal- und Organisationsentwicklung erweitert werden müssen, um z. B. angesichts des aktuell vielfach beobachtbaren In- und Outsourcings von Aufgaben in gesellschaftliche Institutionen die damit notwendige neue Arbeitsteilung zwischen z. B. Familien, Schulen und ggf. auch Betrieben aktiv mitzugestalten.

Der europäische Bildungsrechtsraum konfrontiert das deutsche Bildungssystem mit G8-Strukturen, konsekutiven BA-/MA-Studiengängen, einem Kreditpunktesystem (ECTS) im Hochschulbereich und die Berufsbildung mit dem Europäischen Qualifikationsrahmen (EQR). Diese Bildungsgangvorgaben sind inhaltlich-curricular neu zu konfigurieren, so dass sie Bildungsprozesse als Lebensprozesse ermöglichen. Autonomie, Profilbildung und Output-Orientierung als drei zentrale Prinzipien des NPM erlauben und erfordern eine Schulprofilbildung über neue *regionale* (Berufs)Bildungsgänge und spezifische Lernfeldkonstruktionen (z. B. in den Bereichen Automotive, Beratung, Gesundheit, Touristik), die auf die Inszenierung von regionalen Bildungslandschaften in Kooperation mit den regionalen Akteuren zielen. Personal- und Organisationsentwicklung wird so zu einem unverzichtbaren Teil professionellen pädagogischen Handelns.

Das Department Erziehungswissenschaft·Psychologie der Universität Siegen hat diese Entwicklungen zum Anlass genommen und 2009 einen neuen Studiengang im Schnittfeld der unterschiedlichen bildungswissenschaftlichen Teildisziplinen (Allgemeine, Berufs- und Wirtschafts-, Schul- und Sozial-Pädagogik) implementiert. Ziel des Bachelorstudiengangs »Pädagogik: Entwicklung und Inklusion« ist die Professionalisierung der Studierenden im Hinblick auf Personal- und Institutionenentwicklung in den unterschiedlichen pädagogischen Handlungsfeldern, von der frühkindlichen bis hin zur Senior(inn)en-Betreuung. Das innovative Studienmodell enthält eine eineinhalbjährige Praxisphase, in der die Studierenden zwei Tage in der Woche in einer der pädagogischen Institutionen intensiv begleitet in der Region Projekte bearbeiten. An der Universität werden die Praxiserfahrungen in begleitenden Seminaren im Hinblick auf die (berufs)bildungswissenschaftlichen Theoriebezüge reflektiert. Flankiert durch ein Mentoring in den rund 40 Praxiseinrichtungen, mit denen Kooperationsverträge geschlossen wurden, sind die Studierenden in eine neue Form von Theorie-Praxis-Kopplung eingebunden. Der Studiengang steht somit auch für ein komplexes Forschungsprogramm und über die Institutionen besteht Zugriff auf einen bisher einmaligen *regionalen Forschungspark.*

Im schulischen Handlungsfeld werden innovative Kooperations- und Übergangsmodelle zwischen abgebenden und aufnehmenden Schulformen und außerschulischen Institutionen erprobt.

## Strukturelle Implikationen erfordern ein neues Selbstverständnis der pädagogischen Akteure (Professionswissen)

Politische Steuerungen haben in der Vergangenheit eine pädagogische Handlungslogik begünstigt, in deren Fokus eine *gesellschaftlich-instrumentelle Nützlichkeit* stand. Deren Regulationslogik bestimmte sich zentral durch Zurichtung und Anpassung einerseits, Defizitorientierung und Exklusion andererseits. Genau dieses Muster stellt der Transformationsprozess jedoch in Frage. Die Berücksichtigung der politischen, rechtlichen, ökonomischen und bildungswissenschaftlichen Implikationen von pädagogischen Interventionen bei ihrer Planung und Durchführung orientiert sich an Grundsätzen wie *Professionalität, Prophylaxe* und *Potential- bzw. Ressourcen*orientierung. Sie sind konstitutiver Bestandteil eines neuen professionellen Selbstverständnisses in der Region.

Das neue Selbstverständnis ermöglicht den Akteuren einen Beitrag zur Auflösung von Antinomien und von Standardisierungen zugunsten der lernenden Subjekte. So berücksichtigen z. B. (Berufs)Bildungsmoratorien die veränderten psychosozial-motivationalen Lagen und Sozialisationserfahrungen der nachwachsenden Generation, um eine Akkumulation inkorporierten kulturellen Kapitals (vgl. Bourdieu 1983) bzw. den Erwerb formaler Bildung im Sinne der Verfügung über kognitive, emotionale und soziale Kräfte (vgl. Huisinga 1996) als Voraussetzung von gesellschaftlicher Teilnahme zu ermöglichen.

In Bezug auf den universitären Kontext steht hier insbesondere die Einheit von Forschung und Lehre im Fokus, die dafür Sorge trägt, dass sich wissenschaftliche Expertise weiterentwickelt und Erfahrungswissen darauf bezogen reflektiert werden kann. Insofern stellt das Ziel der Universität Siegen, sich als mittelgroße Forschungsuniversität zu positionieren, eine wichtige Grundlage für die Entwicklung von Professionalität in Studiengängen dar, von denen die Region und ihre Entwicklung profitieren können.

Innovative Formen der wissenschaftlichen Weiterbildung für pädagogische

Akteure sind z.B. in gemeinsamen Seminaren oder Projektstudien zu spezifischen (berufs)bildungswissenschaftlichen Fragen derzeit in der Erprobungsphase. Die in der Umsetzung befindliche Universitätsschule im berufsbildenden Bereich setzt im Hinblick auf die Theorie-Praxis-Kopplung neue Akzente.

### Gesellschaftliche Implikationen erfordern eine transdisziplinäre Orientierung (Transformationswissen)

Mit Blick auf die transdisziplinären Diskurse besteht eine anspruchsvolle Herausforderung und Verantwortung für pädagogisch Professionelle darin, die im schulischen Kontext relevanten Wissensbasen auf ihren Beitrag zu gesellschaftlichen Verteilungsfragen, zur ökologisch und ökonomisch nachhaltigen Ressourcenbewirtschaftung inkl. des Umgangs mit den individuellen Vermögen zu hinterfragen, und zwar jenseits parzellierter paradigmatischer Sichten und in Auseinandersetzung – Reflexion wie Transfer betreffend – mit den Handlungspraxen. Generell entzieht sich die Komplexität dieser realen Bedingungen eindimensionalen fachlichen Zugängen. Die fachlichen Wissensbasen und ihr Verhältnis zueinander sind dahingehend kritisch zu hinterfragen, ob sie sich angesichts der komplexen Anforderungen an einen autonomen Bürger / an eine autonome Bürgerin – wie sie NPM voraussetzt – als Grundlage für die Enkulturation der nachwachsenden Generation im schulischen Kontext eignen oder aber modifiziert, reorganisiert oder neureguliert werden müssten.

Die benannten Passungsproblematiken stellen auf die Differenz zwischen gesellschaftlich erwarteten Anforderungen einerseits und erworbenen Qualifikationen andererseits ab, konkret auf
- das Beschäftigungssystem (Mismatches, Timelags etc.),
- die öffentliche Arbeit (Nachfolgeprobleme in Ehrenämtern, Politikverdrossenheit etc.),
- die private Reproduktionsarbeit (alle Fragen, die sich im Konstrukt Gesundheit verdichten, aber auch Erziehungsprobleme, Vernachlässigungen etc.).

Deren Bearbeitung setzt allerdings die Generierung neuer Wissensarchitekturen voraus, die wiederum auf inter- bzw. transdisziplinäre Diskursstrukturen angewiesen sind.

Diesbezüglich bietet die hiesige Region spezifische Standortvorteile, wenn z.B. die Reorganisation der Universität Siegen von zwölf Fachbereichen zu vier Fakultäten, die Kooperationen mit der Fachhochschule Südwestfalen oder außeruniversitären (Forschungs)Einrichtungen (z.B. auch akademischen Lehrkrankenhäusern) Perspektivenwechsel und Neuorientierungen bei allen Beteiligten ermöglichen. Die neu gegründete Fakultät II Bildung·Architektur·Künste ist – das zeigt die Historie vielfach – prädestiniert für die Gewinnung neuer transdisziplinärer Sichten in Forschung und Lehre mit nicht unerheblichem Innovationspotential für unterschiedliche soziale und wirtschaftliche Handlungsfelder. Damit sind nur einige wenige Beispiele für die regionalen Entwicklungsnotwendigkeiten und -möglichkeiten angesprochen.

## (4) Der Modus: Regionalnetworking in Südwestfalen

Inklusion – als gesellschaftliche Teilnahmemöglichkeiten aller Bürgerinnen und Bürger verstanden – bemüht mit dem Begriff *Networking* die Perspektive der griechischen Polis, soweit es moderne Demokratien betrifft die des *Gemeinwesens* bzw. der *Zivilgesellschaft.*

Drei Argumentationszusammenhänge sollen verdeutlichen, warum derzeit die Fragen der *civil society* erneut in den Mittelpunkt des wissenschaftlichen und öffentlichen Interesses rücken:

1. Mit dem vor allem im letzten Drittel des 20. Jahrhunderts in den europäischen Industriestaaten relevant werdenden ökonomischen Problem der Unterkonsumtion aufgrund der Produktivitätssteigerungen zunehmend technisierter Produktionsprozesse wird von der OECD eine Reduktion der Staatsquote in den Industrieländern gefordert, die über neue Steuerungsmodelle (s. o.) realisiert werden soll. Gemeinsam ist diesen Modellen, dass sie einen systematischen Rückzug staatlicher Eingriffe implizieren.
2. Das ökonomisch und ökologisch Krisenhafte der aktuellen Situation ist so fundamentaler Natur, dass ein konsequentes Umdenken erforderlich ist. Dabei stößt man auf ein Problem, das Sloterdijk (2009) beispielsweise dazu veranlasste die Gattungsbezeichnung von Nietzsches Zarathustra – Ein Buch für alle und für keinen – in einem seiner neueren Essays wörtlich zu nehmen: »Für keinen« hieße es, weil es die Eliten, an die das Buch sich wenden könne, noch nicht gäbe. »Für alle« hieße es deshalb, weil ein neues Auswahlverfahren begonnen habe, in dem festgestellt werde, wer sich von der Krise ansprechen ließe. Die Menschheit teile sich in die, die weitermachen wie bisher, und jene, die bereit seien, eine Wende zu vollziehen.
3. Mit – (berufs)bildungswissenschaftlichem – Blick auf den ständig wachsenden Anteil junger Erwachsener, der aufgrund nicht realisierter Grundbildung von gesellschaftlicher Teilnahme ausgeschlossen wird, geraten deskriptive Sichten unter Legitimationszwang, und es stellt sich die Frage nach der Zivilgesellschaft als Utopie einer auf Gerechtigkeit basierenden Communitas völlig neu.

Die generellen zukünftigen Entwicklungsperspektiven insbesondere in Regionen, die wie Südwestfalen in ökonomischer Hinsicht mittelständisch strukturiert und von der demografischen Entwicklung frühzeitig und besonders intensiv betroffen sind, hängen angesichts der aufgezeigten Bedingungen ganz wesentlich davon ab, inwiefern es gelingt, die vorhandenen Potentiale zu nutzen, allen Generationen gesellschaftliche Teilnahme zu ermöglichen oder, anders ausgedrückt, die reale Utopie einer inklusiven Region umzusetzen.

Die institutionellen Bedingungen für ein solches gemeinsames Unterfangen in Südwestfalen stehen gut. Direkt vor Ort findet sich eine Universität mit breitem disziplinärem Spektrum, die gleichzeitig überschaubar genug ist, um (Weiter)Entwicklungen im Sinne von Avantgarde zu ermöglichen, und die mit politischen, wirtschaftlichen und sozialen Akteuren vernetzt ist. Eine Fachhochschule mit unterschiedlichen Standorten ebenso wie ein breites Spektrum an schulischen und außerschulischen Regel- und Modellangeboten könn(t)en hier zusammenwirken und innovative Verbünde mit der regionalen Wirtschaft auf Produktions- und Dienstleistungsebene realisieren, die über die häufig praktizierten, aber viel zu kurz gedachten unmittelbaren Nützlichkeitserwägungen hinausgehen.

Das setzt allerdings gemeinsame Anstrengungen voraus, die sich als Notwendigkeiten zu einer professionellen Personal- und Organisationsentwicklung zusammenfassen und verallgemeinern lassen. Mit Blick auf die Professionalisierung der Akteure sind dann insbesondere auf Dichotomien beruhende klassische Paradigmen wie z. B. Stadt – Land oder Theorie – Praxis hinsichtlich ihrer Erklärungskraft zu überprüfen und ggf. einer Neubearbeitung zuzuführen. Ein weiterer Schritt in Richtung Professionalisierung ist die Generierung transdisziplinärer *Wissensarchitekturen*, um etwa eine *Potentialorientierung* statt der üblichen Defizitsicht, aber auch eine *technische, ökonomische, gesundheitliche Grundbildung* im Sinne der Nachhaltigkeit zu ermöglichen sowie das Erfahrungswissen aus den Handlungspraxen mit wissenschaftlicher Expertise neu zu koppeln.

Auf die regionalen Institutionen bezogen, ginge es darum – unabhängig vom Alter – ein an den genannten Professionalitätsstandards orientiertes *Lernen vor Ort* über ein regionales Curriculum zu sichern, das *Übergänge* ermöglicht. Das setzt deren professionelle Moderation unter der Maßgabe Inklusion (statt Selektion) voraus. Die Inszenierung einer solchen regionalen Bildungslandschaft als Moratorium aber verlangt nach Offenheit, nach einem intellektuellen Klima, in dem die Bedingungen vor Ort systematisch – nämlich über ein institutionalisiertes Theorie-Praxis-Modell – mit den allgemeinen nationalen und internationalen Entwicklungen korreliert werden, um so frühzeitig die Weichen für notwendige Weiterentwicklungen oder Reorganisationen stellen zu können. Ein regionales Moratorium von der Kinderbetreuung bis hin zur wissenschaftlichen

Weiterbildung gedacht, das nicht als Belastung, sondern als gestaltungsoffene, notwendige Bedingung regionaler Entwicklung begriffen und von allen Akteuren mitgetragen und verantwortet wird, entspricht einer realen Utopie von *Urbanität.* In ihr werden neue Begegnungen und Entdeckungen gefördert, das Einbeziehen bzw. die Teilnahme aller Bevölkerungsgruppen selbstverständlich und neue soziale Rituale möglich (vgl. dazu z.B. Eisinger / Schneider 2003).

Die Modi, über die sich ein inklusives Regionalnetworking realisieren lässt, treffen auf die an einigen Beispielen skizzierten günstigen Bedingungen vor Ort und ließen sich u.a. mithilfe folgender Initiativen unterstützen:

- Die notwendige Bestandserhebung ist über eine *regionale* Berichterstattung hinsichtlich Demografie, (Berufs)Bildung, Technik sowie Versorgung und Beratung zu leisten.
- Neue Formen der Zusammenarbeit lassen sich über Präsenzphasen (in Institutionen und Unternehmen) in allen Bildungsgängen sowie z.B. auch über gemeinsame Forschungsprojekte realisieren, die nicht regional im Sinne von provinziell sind, wohl aber die Region als Forschungsfeld betrachten und nutzen.
- Als institutionalisierte Wege des Wissenstransfers werden Mentoring-Modelle und Regionalkonferenzen eingerichtet.
- Der Aufbau einer regionalen Bildungslandschaft (z.B. über die Einrichtung von Bildungszentren) wird als gemeinsame ideelle und finanzielle Aufgabe aller Akteure in Südwestfalen angenommen.
- Alternative Übergangsformen in Ausbildung und Beschäftigung, z.B. als Casting organisiert oder über ein Manufakturmodell realisiert (vgl. Buchmann / Huisinga 2012), werden erprobt und installiert.
- Über die Ausschreibung von Forschungsprojekten, die neues Wissen zu den oben genannten Desideraten hervorbringen, und auch über bildungswissenschaftliche Stiftungsprofessuren wird eine Wissensgenerierung und -distribution für, in und über die Region hinaus befördert.

Mit der neuen Steuerungslogik und damit auch über die Regionale 2013 ist eine Weichenstellung zugunsten höherer Rationalität bei der Bewältigung gesellschaftlicher Aufgaben erfolgt. Die Voraussetzungen für eine solche höhere Rationalität über eine inklusive Regionalgestaltung sind, das habe ich zu zeigen versucht, in Südwestfalen in günstiger Weise gegeben. Die Umsetzung allerdings setzt entsprechenden Gestaltungswillen bei allen Beteiligten voraus.

## Literatur

Autorengruppe Bildungsberichterstattung (Hg.): Bildung in Deutschland 2010. Ein indikatorengestützter Bericht mit einer Analyse zu Perspektiven des Bildungswesens im demografischen Wandel. Bielefeld 2010.

Bourdieu, Pierre: ›Ökonomisches Kapital, kulturelles Kapital, soziales Kapital.‹, in: Kreckel, Reinhard (Hg.): *Soziale Ungleichheiten. Soziale Welt.* Soziale Welt Sonderband 2. Göttingen 1983, S. 183 – 198.

Buchmann, Ulrike: Subjektbildung und Qualifikation. Ein Beitrag zur Entwicklung berufsbildungswissenschaftlicher Qualifikationsforschung. Frankfurt am Main 2007.

Buchmann, Ulrike / Kell, Adolf: Konzepte zur Berufsschullehrerbildung. Abschlussbericht. Bonn 2001.

Buchmann, Ulrike / Huisinga, Richard: Vermittlung von Grundbildung im Kontext von Wirtschaft und Arbeit: Alphabetisierung als vernetzte Bildung im Sozialraum/Konzipierung, Entwicklung, Erprobung und Evaluation eines prospektiv orientierten Alphabetisierungs- und Grundbildungskonzepts für junge Erwachsene. Abschlussbericht/Förderkennzeichen: 01AB073405, PT-DLR, Renner. Bonn / Berlin 2011.

Buchmann, Ulrike / Huisinga, Richard: ›Subjektentwicklung und Inklusion im Übergangssystem. Überlegungen zu einem Forschungsprogramm‹, in: Bojanowski, Arnulf / Eckert, Manfred (Hg.): *Black Box Übergangssystem.* Münster 2012, S. 143 – 156.

Bundesministerium für Bildung und Wissenschaft (Hg.) (jährlich): Berufsbildungsbericht. Bonn/Berlin.

Eisinger, Angelus / Schneider, Michel (Hg.): Stadtland Schweiz. Basel 2003.

Huisinga, Richard: Bildung und Zivilisation: Vorstudien in theoretischer und forschungspraktischer Absicht. Frankfurt am Main 1996.

Huisinga, Richard / Buchmann, Ulrike (Hg.): Curriculum und Qualifikation: Zur Reorganisation von Allgemeinbildung und Spezialbildung. Anstöße Bd. 15. Frankfurt am Main 2003.

Huisinga, Richard / Buchmann, Ulrike: ›Zur empirischen Begründbarkeit von Lernfeldern und zur gesellschaftlichen Vermittlungsfunktion von Lehrplänen‹, in: Pätzold, Günter / Rauner, Felix (Hg.): *Qualifikationsforschung und Curriculumentwicklung.* ZBW Beiheft 19, 2006, S. 29 – 39.

Lisop, Ingrid: ›Bildung und Qualifikation diesseits von Zwischenwelten, Schismen und Schizophrenien‹, in: Kipp, Martin / Czycholl, Reinhard / Meueler, Erhard (Hg.): *Paradoxien in der beruflichen Aus- und Weiterbildung. Zur Kritik der Modernitätskrisen.* Frankfurt am Main 1992, S. 59 – 80.

Menzel, Ulrich: Globalisierung versus Fragmentierung. Frankfurt am Main 1998.

Rauner, Felix: ›Qualifikationsforschung und Curriculum – ein aufzuklärender Zusammenhang‹, in: Rauner, Felix (Hg.): *Qualifikationsforschung und Curriculum. Analysieren und Gestalten beruflicher Arbeit und Bildung.* Reihe: Berufsbildung, Arbeit und Innovation, Bd. 25. Bielefeld 2004, S. 9 – 43.

Renker, Gerhard: Neues Lernen: eine subjektwissenschaftlich orientierte Studie zu aktuellen Fragen der beruflichen Beratung von Jugendlichen. Dissertation, Siegen 2001.

Sloterdijk, Peter: Du musst dein Leben ändern. Berlin 2009.

Volker Stein & Arnd Wiedemann*

# Universitäre Führungskräfteweiterbildung in Südwestfalen: Die »Universität Siegen Business School« als regionaler Nachhaltigkeitsmotor

»Aus der Region – für die Region – mit der Region« ist nicht von ungefähr der Leitspruch der Universität Siegen Business School, die zudem den Namen »Südwestfälische Akademie für den Mittelstand« führt. Ihr Selbstverständnis ergibt sich aus der Kombination von zwei Funktionen: der Führungskräfteweiterbildung, die einen akkreditierten und damit vollwertigen universitären MBA-Titel vergibt (»Executive Master of Business Administration«), und der Regionalvernetzung, die als politische Funktion weit über die bildungsbezogene Kernaufgabe hinausreicht.

## 1. Hintergrund

### 1.1 Entstehung

Die Gründungsidee für die Universität Siegen Business School stammte 2008 aus der Region Südwestfalen: Die dort beheimatete Wirtschaft sprach die Erwartung aus, dass die Universität Siegen den regionalen Führungskräftenachwuchs im Hinblick auf seine umfassende Wettbewerbsfähigkeit professionell schulen könne. Insbesondere die Wirtschaftsförderungsgesellschaft des Landkreises, Kreditinstitute sowie die Industrie- und Handelskammer sahen die Universität Siegen als einzige Universität Südwestfalens mit ihrer Fakultät für Wirtschaftswissenschaften, Wirtschaftsinformatik und Wirtschaftsrecht als den prädestinierten Ansprechpartner zur Verwirklichung dieses Projekts an.

Die Aufbauphase, die bis 2010 dauerte, begann mit der Bestimmung des Leitungsteams: einem Lehrstuhlinhaber für Finanz- und Bankmanagement

* Die Autoren danken sehr herzlich einem ungenannt bleiben wollenden Spender aus der Region Südwestfalen, dessen großzügige Spende an die Fakultät III der Universität Siegen auch zur Weiterentwicklung der »Südwestfälischen Akademie für den Mittelstand. Universität Siegen Business School« eingesetzt wurde.

sowie einem Lehrstuhlinhaber für Personalmanagement und Organisation. Die Themen »Geld« und »Menschen« sowie »unternehmensbezogene Weiterbildung« waren hiermit von vornherein abgedeckt. In der Aufbauphase wurde nicht nur eine Anschubfinanzierung der Öffentlichen Hand aus dem Innovationsfonds des Ministeriums für Innovation, Wissenschaft, Forschung und Technologie des Landes Nordrhein-Westfalen akquiriert, sondern auch das curriculare Programm der Business School, ihre administrativ-organisatorische Verankerung in der Universität Siegen wie auch ihre regionalpolitische Verankerung in Südwestfalen grundgelegt.

Nach erfolgreicher Akkreditierung des Business School-Studiengangs im Jahr 2010 startete der erste MBA-Jahrgang. Seitdem wird die Führungskräfteweiterbildung sowohl in ihrer Vollzeit- als auch in ihrer Teilzeitvariante von den Studierenden angenommen.

### 1.2 Regionales Netzwerk

Eine Besonderheit der Universität Siegen Business School ist ihre vielfältige regionale Verwurzelung. Eine Triebfeder dafür, die Business School nicht allein an der Universität Siegen zu etablieren, sondern ihre Basis zu verbreitern, war die nordrhein-westfälische Initiative »Regionale Südwestfalen 2013«. Ihr Hintergrund ist, dass die Region Südwestfalen 2007 aus den Landkreisen Siegen-Wittgenstein, Olpe, Märkischer Kreis, Hochsauerlandkreis und Soest gebildet wurde. Das Strukturprogramm »Regionale« ermöglicht es den ausgewählten Regionen Nordrhein-Westfalens, sich nach dreijähriger Vorbereitung regional und überregional zu präsentieren und damit aufzuwerten; 2013 ist Südwestfalen die ausgewählte Regionale-Region. Vorbild dieses Strukturprogramms ist nicht zuletzt das benachbarte »Ostwestfalen-Lippe«, das diese Entwicklung bereits in der Vergangenheit erfolgreich durchlaufen hat, aber auch von der Einrichtung europäischer Großregionen lässt sich Einiges lernen (vgl. Scholz / Stein 2006). Ohne auf die Einzelheiten dieser Regionalentwicklung einzugehen (mehr hierzu findet sich unter www.suedwestfalen.com), ist auf ihren multidimensionalen Charakter hinzuweisen: So geht es nicht allein um politische, wirtschaftliche, soziale und kulturelle Integration, sondern grundsätzlich um die Integration aller denkbaren Sachverhalte. Die Bereitstellung von Bildung ist eine weitere Dimension. Mit ihr kann eine Business School als »Transmissionsriemen« der regionalen Integration dienen, indem sie

- die im Zuge der lokalen Gründungsinitiative engagierten Partner aus Wirtschaft und von Wirtschaftsverbänden in allen Landkreisen spiegelt, also etwa weitere Industrie- und Handelskammern und Wirtschaftsförderungsgesellschaften als Unterstützer gewinnt;

- die regionalen Unternehmen als Kuratoren wirbt, die mit ihrem Namen nicht nur sichtbar die Idee der professionellen Führungskräfteweiterbildung, sondern zudem das Zusammenwachsen Südwestfalens unterstützen;
- die Landräte aller fünf südwestfälischen Kreise (sowie weitere Landräte der Nachbarkreise) wie auch Bürgermeister der Universitätsstandorte als Ehrenkuratoren auszeichnet und sich ihrer Hilfe versichert, wenn es um den Standortfaktor Bildung geht;
- die weiteren in Südwestfalen beheimateten Hochschulen (Fachhochschule Südwestfalen, Hochschule Hamm-Lippstadt sowie die private BiTS Unternehmer-Hochschule), die selbst nicht im relativ kleinen Segment der postgradualen Führungskräfteweiterbildung mit eigenen Angeboten tätig sind, als Partner kooptiert und durch engen Austausch von Dozenten und Infrastruktur das MBA-Angebot gemeinsam realisiert;
- die Öffentlichkeit ganz Südwestfalens mittels umfangreicher Öffentlichkeitsarbeit auf die übergreifende Servicefunktion der Business School hinweist und ihr das Angebot mit Regionalbezug ins Bewusstsein rückt.

Alles dies hat die Universität Siegen Business School realisieren und damit ein tragfähiges regionales Netzwerk aufbauen können. Der sichtbare Ausdruck dieser Integrationsfunktion ist ihr vollständiger Name »Südwestfälische Akademie für den Mittelstand. Universität Siegen Business School«.

### 1.3 Inhaltliche Fokussierung

Wirtschaftswissenschaftler sprechen gerne vom USP (oder von der »Unique Selling Proposition«), wenn sie ein Alleinstellungsmerkmal bezeichnen wollen, also ein Merkmal, mit dem sich eine Organisation von ihren Wettbewerbern erfolgreich abheben kann. Die neu zu gründende Universität Siegen Business School (sie ist kein profitorientiertes Unternehmen, sondern öffentlich-rechtlicher Bildungsanbieter) musste sich allerdings in einem im Wesentlichen verteilten Markt für Führungskräfteweiterbildung und MBA-Programme etablieren: Allein in Deutschland, Österreich und der Schweiz sind gemäß »MBA-Guide 2012« rund 220 Hochschulen mit etwa 450 MBA- und weiterbildenden Master-Programmen auf dem Markt (vgl. Kran 2012). Im Weltmaßstab ist bereits von einem »Hyper-Wettbewerb« unter den MBA-Programmen die Rede (vgl. Sharkey / Beeman 2008). Wenn dieses Vorhaben also von Erfolg gekrönt sein sollte, dann galt es, einen tragfähigen USP zu finden. Dies war nur durch das Andocken an regionale USP möglich:

- Der auf die Wirtschaft bezogene USP der Region Südwestfalen ist der Mittelstand: Südwestfalen ist durch mittelständische Unternehmen geprägt, von

denen viele von Simon (1997; 2007; 2012) immer wieder als »Hidden Champions« identifiziert werden.
- Der USP vieler einzelner Unternehmen ist es, jeglichen Anforderungen von Kunden flexibel zu entsprechen und diese erfolgreich am Markt umzusetzen.
- Ein zentraler USP der Fakultät für Wirtschaftswissenschaften, Wirtschaftsinformatik und Wirtschaftsrecht ist ihr Mittelstandsbezug in Forschung und Lehre: So gibt es nicht nur drei explizite Mittelstands-Lehrstühle und ein spezielles Mittelstands-Masterprogramm, sondern zudem mittelständische Beratungsleistungen, Mittelstandstagungen, Mittelstandspreise, ein Gründerzentrum, viele mittelstandsorientierte Initiativen mit der heimischen Wirtschaft und eine exklusive Verzahnung mit dem Institut für den Mittelstand in Bonn.

Für die Universität Siegen Business School muss sich daher ein andockfähiger USP an den Leitplanken »Mittelstand – Flexibilität – Professionalität« orientieren. Der USP der Universität Siegen Business School lautet daher: »Wir können die Logik des Systems ›Mittelstand‹ auf professionellem Niveau erklären und dies flexibel mit den individuellen Anforderungen der Lernenden verzahnen, um zur Weiterentwicklung von Studierenden, ihren Unternehmen und der Region Südwestfalen insgesamt beizutragen.«

Dieser USP zeigt sich zunächst im inhaltlichen Programm: Alle angebotenen Kurse haben einen expliziten Mittelstandsbezug, der gerade nicht darin besteht, dass die Unternehmensführungslogik von Großunternehmen herunterskaliert wird. Der Mittelstand folgt, über seine Größenspezifika hinaus, einer eigenen Rationalität, die sich in Abgrenzung zu Großunternehmen beispielsweise durch eine größere Nähe der Mitarbeiter zu den strategischen Entscheidungen, durch eine familiärere Unternehmenskultur oder durch eine fokussiertere Internationalität auszeichnet (vgl. von der Oelsnitz / Stein / Hahmann 2007, S. 218).

Dieser USP setzt sich darüber hinaus in der Angebotserstellung fort. So berücksichtigt die Flexibilität nicht nur die Bedürfnisse des Mittelstands im Hinblick auf die zeitlichen Restriktionen (hier werden die persönlichen Anwesenheitszeiten der Studierenden in der Business School im Rahmen der durch die Akkreditierung gesetzten Möglichkeiten minimiert und es besteht die Option, sich erst nach dem Besuch mehrerer Kurse für den gesamten MBA zu entscheiden), sondern auch im Hinblick auf die wirtschaftliche Tragfähigkeit (hier werden immer nur die Kurse abgerechnet, die tatsächlich besucht wurden) sowie im Hinblick auf die räumlichen Präferenzen (hier werden die Kurse über das gesamte Südwestfalen hinweg angeboten).

Im Endeffekt besteht ein inhaltliches Angebot, das mit der Professionalität und Expertise einer forschungsstarken Universität unter Einbindung von Partnern anderer Hochschulen sowie Unternehmen mit einem einzigartigen

Profil realisiert wird. Dass es letztlich nicht auf Südwestfalen beschränkt bleibt, sondern bundesweit angeboten wird, versteht sich von selbst.

## 2. Konzeption als nachhaltige Business School

### 2.1 Drei alternative Ansätze

Eine Business School aufzubauen ist, wie jede Gründungsinitiative, auf dauerhaften Erfolg hin angelegt. Auf der strategischen Ebene stellt sich damit die Frage der Marktpositionierung, jedoch nicht allein: Darüber hinaus ist es – noch abstrakter – hilfreich, die grundlegende Philosophie der Konzeption zu bestimmen. Organisationaler Sinn entsteht nicht nur retrospektiv wie beim »Sense-making« nach Weick (1995), sondern auch proaktiv als soziale Konstruktion der Realität (vgl. Berger / Luckmann 1966). Im Kontext der Managementlehre werden traditionell zwei Ansätze unterschieden, um einem Vorhaben eine sinnvolle Richtung zu geben:

- Beim ersten Ansatz schaut die Organisation zunächst außerhalb der eigenen Organisation, welcher Marktbedarf besteht, und damit, was die Kunden wollen. In diesem »market-based« Ansatz (vgl. Porter 1980; 1985) werden dann die Ansprüche verschiedener Kundengruppen bestimmt, untereinander gewichtet und dann in der Rangfolge abnehmender Erfolgswahrscheinlichkeiten bedient. Damit wird von vornherein sichergestellt, dass es Abnehmer für eine erstellte Leistung geben wird.
- Beim zweiten Ansatz schaut die Organisation zunächst innerhalb der eigenen Organisation, welche Ressourcen vorhanden sind und was man aus ihnen machen kann. In diesem »resource-based« Ansatz (vgl. Barney 1991) ergibt sich dann die Kernleistung aus den spezifischen Kompetenzen und deren einzigartiger Kombination. Damit wird von vornherein sichergestellt, dass die erstellte Leistung etwas Besonderes ist, was Erfolgschancen besitzt.

Es liegt nahe, dass sich mittlerweile in der Managementlehre die Kombination beider Ansätze durchgesetzt hat (vgl. z. B. Barnett 2007), man also sowohl auf die Kundenbedürfnisse als auch auf die verfügbare Ressourcenbasis schaut, um sich letztlich einen nachhaltigen Wettbewerbsvorteil zu erschließen: Dieser ist dann von Konkurrenzanbietern nicht so leicht nachzuahmen.

Ein weiterer Ansatz schält sich allerdings gerade erst als handlungsleitend heraus:

- Beim dritten Ansatz wechselt die Organisation zunächst ihre Sicht weg von ihren eigenen Interessen und hin zu den Interessen aller möglichen Anspruchsgruppen, für die sie Verantwortung übernehmen kann oder will. In diesem »responsibility-based« Ansatz sind die Interessen der eigenen Organisation den Interessen Anderer nachgelagert. Diese fremden und zum Teil auch nicht-wirtschaftlichen Interessen bewusst zu befriedigen kann der Organisation Legitimität verschaffen und damit die gesellschaftliche Akzeptanz bewirken, mit ihren Leistungen »quasi nebenbei« auch Gewinn zu machen. Diese Sichtweise wird in der Organisationsforschung als Neo-Institutionalismus bezeichnet (vgl. Powell / DiMaggio 1991).

Der dritte Ansatz trägt der Einsicht Rechnung, dass Nachhaltigkeit nicht allein aus eigener Kraft entsteht, sondern von der Wahrnehmung des Organisationshandelns durch die Umwelt abhängig ist. Die Umwelt ist aber nicht unveränderlich gegeben, sondern wiederum das Ergebnis organisationalen Handelns, das damit die Abhängigkeit von immateriellen Ressourcen wie Akzeptanz, Wohlwollen oder Reputation gestaltet (vgl. Campbell 2007; Porter / Kramer 2006).

Wie lassen sich diese drei Ansätze auf die Universität Siegen Business School übertragen? Während sich der erste Ansatz (market-based) durch den initialen Bedarf der regionalen Unternehmen an fortgeschrittener Führungskräfteweiterbildung schon 2008 manifestiert hat, wird der zweite Ansatz (resource-based) durch den einzigartigen USP der »Südwestfälischen Akademie für den Mittelstand. Universität Siegen Business School« erfüllt.

Heutzutage ist man hiermit bereits weiter als 2004: Zu dieser Zeit hat der kanadische Managementforscher Mintzberg unter Einsatz seiner Prominenz vehement kritisiert, dass (vor allem US-amerikanische) Business Schools es versäumt haben, der ursprünglichen Idee von Business Schools zu entsprechen, nämlich eine fortgeschrittene Ausbildung für fortgeschrittene Studenten auf einem fortschrittlichen ethischen Fundament bereitzustellen (vgl. Mintzberg 2004). In der Folge dieser und weiterer Kritik (z.B. Bennis / O'Toole 2005) verpflichteten sich die Business Schools auf ein Ethos der berufsbezogenen Professionalisierung und damit auf unmittelbar ausbildungs- und studierendenbezogene Grundprinzipien (vgl. z.B. Blass / Weight 2005a; 2005b), die für die Universität Siegen Business School sowieso von Beginn an selbstverständlich waren.

Doch vor allem der dritte Ansatz (responsibility-based) erforderte über die ethische Grundpositionierung hinaus Denkarbeit in vielfältige Richtungen: Wie kann die Universität Siegen Business School in der Region Südwestfalen etwas bewegen, was zur regionalen Integration beiträgt? Wie lassen sich neuere gesellschaftliche Ideen wie die des Mitmachens (»Partizipation«) in das Angebot integrieren? Wie lässt sich die neuere gesellschaftliche Idee der »Corporate Social Responsibility« (kurz: CSR) glaubhaft einlösen, wofür übernimmt die Universität Siegen Business School also Verantwortung?

Vornehmlich ist CSR (vgl. z. B. Habisch u. a. 2005; Crane u. a. 2008) nicht ein Instrument zur Erreichung eigener Ziele; dies ist in der Regel nur eine erwünschte Nebenwirkung. Häufige Probleme mit der CSR bestehen allerdings darin, dass ihre Notwendigkeit nicht (ein)gesehen wird oder dass es keine Zuständigkeit für CSR-Fragen im Unternehmen gibt oder dass CSR insgesamt zu einem nicht eingelösten Lippenbekenntnis degeneriert (vgl. Tremmel 2003). Daher können gut gemeinte, aber nicht eingelöste »responsibility-based« Ansätze schnell gegenteilig wirken und dem Ruf einer Organisation schaden. Gesucht ist grundsätzlich eine glaubhaft gelebte und damit eingelöste Verantwortungskultur.

## 2.2 Gelebte Verantwortungskultur

Eine glaubhafte Verantwortungskultur ist eine, die so mit Inhalt gefüllt wird, dass Außenstehende die Verantwortungsübernahme erkennen und anerkennen. Für die Universität Siegen Business School lässt sich dies anhand der drei CSR-Komponenten, die das »Triple Bottom Line-Modell« (Elkington 1997) differenziert, erläutern.

Der erste Verantwortungsbereich liegt in der ökonomischen Nachhaltigkeit. Sie meint nicht die wirtschaftliche Stabilität der Organisation selbst, sondern den Beitrag, den die Organisation zur wirtschaftlichen Stabilität der Allgemeinheit leistet. In vorliegendem Fall werden folgende Komponenten bewusst verfolgt:

- Für die Region Südwestfalen und ihre Unternehmen wird das Ziel verfolgt, den heimischen Bildungsstandort zu stärken und damit die Region attraktiver für Menschen zu machen, die Entwicklungsperspektiven in dieser Region suchen.
- Für die Unternehmen Südwestfalens wird das Ziel verfolgt, deren Ausstattung mit Humankapital zu verbessern. Langfristprobleme wie der demografische Wandel und der damit verbundene Fach- und Führungskräftemangel werfen auch in Südwestfalen ihre Schatten voraus. Eine qualitativ verbesserte Ausstattung der Region Südwestfalen mit Führungskräften trägt dazu bei, dass die Folgen des demografischen Wandels abgemildert werden können, dass die Unternehmensleistungen marktfähiger werden und dass Arbeitsplätze gesichert werden oder sogar neu entstehen.
- Für die Menschen der Region Südwestfalen wird das Ziel verfolgt, deren Bemühungen im »lebenslangen Lernen« durch ein auf die Bedürfnisse der Bevölkerung zugeschnittenes Angebot zu unterstützen. Lebenslanges Lernen ist gerade auch für diejenigen Personen notwendig, die bereits erste Karriereschritte gemacht haben; erfahrungsgemäß ist jedoch ein regional verfügbares Angebot mit echtem berufsbezogenen Mehrwert für diese Personen selten.

Der zweite Verantwortungsbereich ist die ökologische Nachhaltigkeit. Dieser Aspekt ist in der Regel schwierig zu finden, weil er vor allem dort vermutet wird, wo unmittelbar Umweltbelastungen entstehen und dann vermindert werden. Dennoch ist dies ein immer wichtiger werdendes Feld auch für Business Schools, durch welches sich diese voneinander abgrenzen können (vgl. Jabbour 2010). Auch hier übernimmt die Universität Siegen Business School zwei wichtige Funktionen:

- Für die Region Südwestfalen und ihre Unternehmen wird das Ziel verfolgt, die Führungskräfte auf ökologische Problematiken hinzuweisen und mittels eines auch auf ökologisches Managen ausgerichteten Lehrprogramms mit umweltbewusster Führung vertraut zu machen. Hierzu zählt beispielsweise auch, regionale ökologische Traditionen wie die Siegerländer Haubergswirtschaft (vgl. Becker 1991) als Grundmodell mittelständischen Wirtschaftens auf die Managementherausforderungen moderner Unternehmen zu beziehen.
- Für die regionale Umwelt wird unter anderem durch zeitliche Konzentration der Präsenzkurse darauf Wert gelegt, dass der $CO_2$-Fußabdruck des Angebots der Business School nicht über Gebühr mit Umweltbelastungen verbunden ist. In diesem Sinne wird zudem die Einrichtung von Fahrgemeinschaften unterstützt.

Im Hinblick auf den dritten Verantwortungsbereich rückt die soziale Nachhaltigkeit in den Fokus der Betrachtung. Sie verbindet die Tätigkeit der Universität Siegen Business School mit der Regionalintegration Südwestfalens:

- Für die Region Südwestfalen wird das Ziel verfolgt, zur Netzwerkbildung über die Grenzen der an Südwestfalen beteiligten Landkreise hinweg beizutragen. Dies bewirken nicht nur die Kursangebote, in denen sich Personen aus ganz Südwestfalen und darüber hinaus kennenlernen, sondern auch Kuratoriumssitzungen und die aktive Teilnahme an Veranstaltungen der Netzwerkpartner durch die Universität Siegen Business School.
- Für die Unternehmen der Region Südwestfalen wird das Ziel verfolgt, ihnen die Vielfalt ihrer Unternehmen und Führungskräfte näherzubringen. Unter den Studierenden entsteht ein branchenübergreifendes und regionenübergreifendes Netzwerk von Führungsnachwuchskräften. Die Kontakte können nicht nur geschäftlich genutzt werden, sondern dienen auch der Integration der Menschen Südwestfalens auf persönlicher Ebene.
- Für die Menschen der Region Südwestfalen wird das Ziel verfolgt, ihnen die Vielfalt der Landschaft und der Kulturregion zu zeigen. Daher werden die Kurse gezielt in verschiedenen Orten ganz Südwestfalens angeboten, damit jeder Studierende diese Vielfalt »erfährt«. Hinzu kommt, dass die Universität Siegen Business School die Familien der Studierenden einbindet, beispielsweise in Form gemeinsamer Kennenlernabende, Absolventenfeiern und Al-

umnitreffen, und bei der Studiengestaltung die Work-Life-Balance der Studierenden berücksichtigt. Einen Schritt weiter gehen die Möglichkeiten zur Partizipation der Öffentlichkeit, die über die bewährten Kanäle der sozialen Medien stattfinden; zudem versucht der Vorstand der Universität Siegen Business School, eine südwestfalenweite Präsenz aufzubauen.

Eine glaubhafte Verantwortungskultur im Sinne aller drei Nachhaltigkeitsaspekte ist – nicht zuletzt im Sinne des in der Business School gelehrten »Professionalisierungsmodells des Personalmanagements« (Stein 2010) – eine differenzierte und auf Expertise basierende Daueraufgabe, die zudem »Chefsache« sein muss. Wenn die Leitung einer Organisation das Primat der Verantwortlichkeit nicht ernst nimmt und vorlebt, wird die gesamte Organisation dem auch nicht folgen.

## 3. Fazit

Zusammenfassend ist festzuhalten, dass sich die Universität Siegen Business School bewusst als »regionaler Nachhaltigkeitsmotor« positioniert. Nicht als einziger, aber als einer unter vielen, die dazu beitragen, dass das »Mosaik Südwestfalen« sich Stück für Stück zusammensetzt sowie Schritt für Schritt als Ganzes sichtbarer wird.

Dem »responsibility-based« Ansatz folgend – und den inhaltlichen USP ergänzend – formulieren wir unseren Nachhaltigkeitsanspruch: »Wir bündeln die Kompetenzen der Region und bringen die Akteure zusammen. Damit bieten wir im Bereich des lebenslangen Lernens das Entwicklungssprungbrett für persönliche Weiterentwicklung und unternehmerische Innovation.«

Dies bedeutet, dass die Universität Siegen Business School nicht alleine inhaltlich die Nachhaltigkeit verfolgt, beispielsweise durch speziell auf Nachhaltigkeit und CSR ausgerichtete Seminare im Rahmen des Lehrprogramms, wie sie in vielen führenden Business Schools etabliert werden (vgl. Matten / Moon 2004; Stubbs / Cocklin 2008). Auch organisatorisch und institutionell ist die Business School auf Nachhaltigkeit hin ausgerichtet. Vor allem trägt sie dazu bei, regionale Lernnetzwerke als Voraussetzung für eine nachhaltige Wirtschaftsstruktur (vgl. Clarke / Roome 1999) zu etablieren.

Was lässt sich über Südwestfalen hinaus von der »Universität Siegen Business School. Südwestfälische Akademie für den Mittelstand« lernen? Sicherlich, dass man in einem weitgehend verteilten Markt für Führungskräfteweiterbildung als neuer Anbieter nur eine Chance zur erfolgreichen Etablierung hat, wenn man von vornherein eine Ausrichtung auf moderne Managementprinzipien des 21. Jahrhunderts vornimmt. Eine rein inhaltliche und auf die Kunden bezogene

Marktpositionierung reicht nicht mehr aus. Vielmehr ist die Ergänzung durch die Positionierung als nachhaltiger, verantwortlicher Anbieter wichtig. Genauso wichtig ist aber das dauerhafte Einlösen der gemachten Versprechen, also die gelebte Verantwortungskultur.

## Literatur

Barnett, Michael L.: ›Stakeholder influence capacity and the variability of financial returns to corporate social responsibility‹, in: *Academy of Management Review* 32 (2007), S. 794 – 816.

Barney, Jay B. (1991): ›Firm resources and sustained competitive advantage‹, in: *Journal of Management* 17 (1/1991), S. 99 – 120.

Becker, Alfred: Der Siegerländer Hauberg. Vergangenheit, Gegenwart und Zukunft einer Waldwirtschaftsform. Kreuztal 1991.

Bennis, Warren G. / O'Toole, James: ›How business schools lost their way‹, in: *Harvard Business Review* 83 (5/2005), S. 96 – 104.

Berger, Peter L. / Luckmann, Thomas: The social construction of reality. New York 1966.

Blass, Eddie / Weight, Pauline: ›The MBA is dead – part 1: God save the MBA!‹, in: *On the Horizon* 13 (4/2005a), S. 229 – 240.

Blass, Eddie / Weight, Pauline: ›The MBA is dead – part 2: long live the MBL!‹, in: *On the Horizon* 13 (4/2005b), S. 241 – 248.

Campbell, John L.: ›Why would corporations behave in socially responsible ways? An institutional theory of corporate social responsibility‹, in: *Academy of Management Review* 32 (2007), S. 946 – 967.

Clarke, Sarah / Roome, Nigel (1999): ›Sustainable business: learning – action networks as organizational assets‹, in: *Business Strategy & the Environment* 8 (1999), S. 296 – 310.

Crane, Andrew / McWilliams, Abagail / Matten, Dirk / Moon, Jeremy / Siegel, Donald S. (Hg.): The Oxford handbook of corporate social responsibility. Oxford – New York 2008.

Elkington, John: Cannibals with forks: The triple bottom line of 21st century business. Oxford 1997.

Habisch, André / Jonker, Jan / Wegner, Martina / Schmidpeter, René (Hg.): Corporate social responsibility across Europe. Heidelberg 2005.

Jabbour, Charbel José Chiappetta: ›Greening of business schools: a systemic way‹, in: *International Journal of Sustainability in Higher Education* 11 (2010), S. 49 – 60.

Kran, Detlev: Der MBA- und Master-Guide 2013. Weiterbildende Management-Studiengänge in Deutschland, Österreich und der Schweiz. 12. Auflage. Köln 2012.

Matten, Dirk / Moon, Jeremy: ›Corporate social responsibility education in Europe‹, in: *Journal of Business Ethics* 54 (2004), S. 323 – 337.

Mintzberg, Henry: Managers not MBAs. London 2004.

Porter, Michael E.: Competitive Strategy. Techniques for Analyzing Industries and Competitors. New York / London 1980.

Porter, Michael E.: Competitive Advantage. Creating and Sustaining Superior Performance. New York / London 1985.

Porter, Michael E. / Kramer, Mark R.: ›Strategy & society. The link between competitive advantage and corporate social responsibility‹, in: *Harvard Business Review* 84 (12/2006), S. 78–92.

Powell, Walter W. / DiMaggio, Paul J. (Hg.): The new institutionalism in organizational analysis. Chicago / London 1991.

Scholz, Christian / Stein, Volker: ›Europäische Großregionen als wirtschaftliche Keimzellen einer überregionalen Identität? Anspruch, Wirklichkeit und Perspektiven‹, in: Robertson-von Trotha, Caroline Y. (Hg.): *Europa in der Welt – die Welt in Europa.* Baden-Baden 2006, S. 75–88.

Sharkey, Thomas W. / Beeman, Don R.: ›On the edge of hypercompetition in higher education: the case of the MBA‹, in: *On the Horizon* 16 (3/2008), S. 143–151.

Simon, Hermann: Die heimlichen Gewinner. Erfolgsstrategien unbekannter Weltmarktführer. Frankfurt am Main 1997.

Simon, Hermann: Hidden Champions des 21. Jahrhunderts: Die Erfolgsstrategien unbekannter Weltmarktführer. Frankfurt am Main 2007.

Simon, Hermann: Hidden Champions Aufbruch nach Globalia. Die Erfolgsstrategien unbekannter Weltmarktführer. Frankfurt am Main 2012.

Stein, Volker: ›Professionalisierung des Personalmanagements: Selbstverpflichtung als Weg‹, in: *Zeitschrift für Management* 5 (3/2010), S. 201–205.

Stubbs, Wendy / Cocklin, Chris: ›Teaching sustainability to business students: Shifting mindsets‹, in: *International Journal of Sustainability in Higher Education* 9 (2008), 206–221.

Tremmel, Jörg: Nachhaltigkeit als politische und analytische Kategorie. Der deutsche Diskurs um nachhaltige Entwicklung im Spiegel der Interessen der Akteure. München 2003.

von der Oelsnitz, Dietrich / Stein, Volker / Hahmann, Martin: Der Talente-Krieg. Personalstrategie und Bildung im globalen Kampf um Hochqualifizierte. Bern / Stuttgart / Wien 2007.

Weick, Karl E.: Sensemaking in organizations. Thousand Oaks / London / New Delhi 1995.

## Die Autorinnen und Autoren des Heftes

Univ.-Prof. Dr. Veronika ALBRECHT-BIRKNER, Universität Siegen, Professur für Kirchen- und Theologiegeschichte.

Univ.-Prof. Dr. Gustav BERGMANN, Universität Siegen, Lehrstuhl für Innovations- und Kompetenzmanagement.

Univ.-Prof. Dr. Ulrike BUCHMANN, Universität Siegen, Professur für Berufs- und Wirtschaftspädagogik.

Dr. Cornelia FRAUNE, Universität Siegen, ForschungsKollegSiegen (FoKoS).

Kai GIESELER, Student am Department Kunst / Fotografie der Universität Siegen.

Dirk GLASER, Geschäftsführer der Südwestfalen Agentur mit Sitz in Olpe.

Univ.-Prof. Dr. Carsten HEFEKER, Universität Siegen, Lehrstuhl für Europäische Wirtschaftspolitik, Direktor des ForschungsKollegSiegen (FoKoS).

Univ.-Prof. Dr. Stephan HABSCHEID, Universität Siegen, Professur für Germanistik / Angewandte Sprachwissenschaft.

Dr. Simon HEGELICH, Universität Siegen, Geschäftsführer des ForschungsKollegSiegen (FoKoS).

Prof. Dr. Thomas HEUPEL, FOM Hochschule, Mittelstandsforschung und Unternehmensführung, Prorektor für den Bereich Forschung, Studienleitung Hochschulstudienzentrum Siegen.

Joanna HINZ, Studentin am Department Kunst / Fotografie der Universität Siegen.

Univ.-Prof. Dr. Gero Hoch, Universität Siegen, Lehrstuhl für BWL, insb. Unternehmensrechnung.

Univ.-Prof. Uschi Huber, Universität Siegen, Professur für künstlerische Fotografie.

Univ.-Prof. Dr. Jürgen Jensen, Universität Siegen, Forschungsinstitut Wasser und Umwelt, Abteilung Wasserbau und Hydromechanik.

apl. Prof. Dr. em. Jürgen Kühnel, Universität Siegen, Germanistik.

M. Sc. Kim-Kathrin Kunze, Universität Siegen, Lehrstuhl für Marketing.

PD Dr. Petra Lohmann, Universität Siegen, Department Architektur, Baugeschichte und Denkmalpflege.

Lena Lumberg, Studentin am Department Kunst / Fotografie der Universität Siegen.

Dipl. Psych. Frank Luschei, Universität Siegen, Seminar für Sozialwissenschaften.

Dr. Tim Reichling, Universität Siegen, Lehrstuhl Wirtschaftsinformatik und Neue Medien.

PD Dr. Heike Sahm, Universität Siegen, Germanistik / Mediävistik.

Dipl. Wirt. Inform. Niko Schönau, Universität Siegen, Lehrstuhl Wirtschaftsinformatik und Neue Medien.

Univ.-Prof. Dr. Hanna Schramm-Klein, Universität Siegen, Lehrstuhl für Marketing, Prorektorin für Industrie, Technologie- und Wissenstransfer.

Univ.-Prof. Dr. Hildegard Schröteler-von Brandt, Universität Siegen, Professur für Stadtplanung und Planungsgeschichte.

Univ.-Prof. Dr. Angela Schwarz, Universität Siegen, Professur für Neuere und Neueste Geschichte.

Nina Stein, Studentin am Department Kunst / Fotografie der Universität Siegen.